计算机科学与技术专业核心教材体系建设——建议使用时间

课程系列	基础系列	电类系列	程序系列	系统系列	应用系列	选修系列
四年级下						
四年级上			软件工程综合实践	计算机体系结构	计算机图形学	机器学习 物联网导论 大数据分析技术 数字图像技术
三年级下			软件工程 编译原理		人工智能导论 数据库原理与技术	
三年级上			算法设计与分析	计算机网络		
二年级下			数据结构	计算机系统综合实践		
二年级上	离散数学（下）	数字逻辑设计 数字逻辑设计实验	面向对象程序设计 程序设计实践	操作系统		
一年级下	离散数学（上） 信息安全导论	电子技术基础	计算机程序设计	计算机原理		
一年级上	大学计算机基础					

面向新工科专业建设计算机系列教材

分布式数据库原理与应用

（微课版）

张　潇◎主编
高文超　李　策　闫　琰◎参编

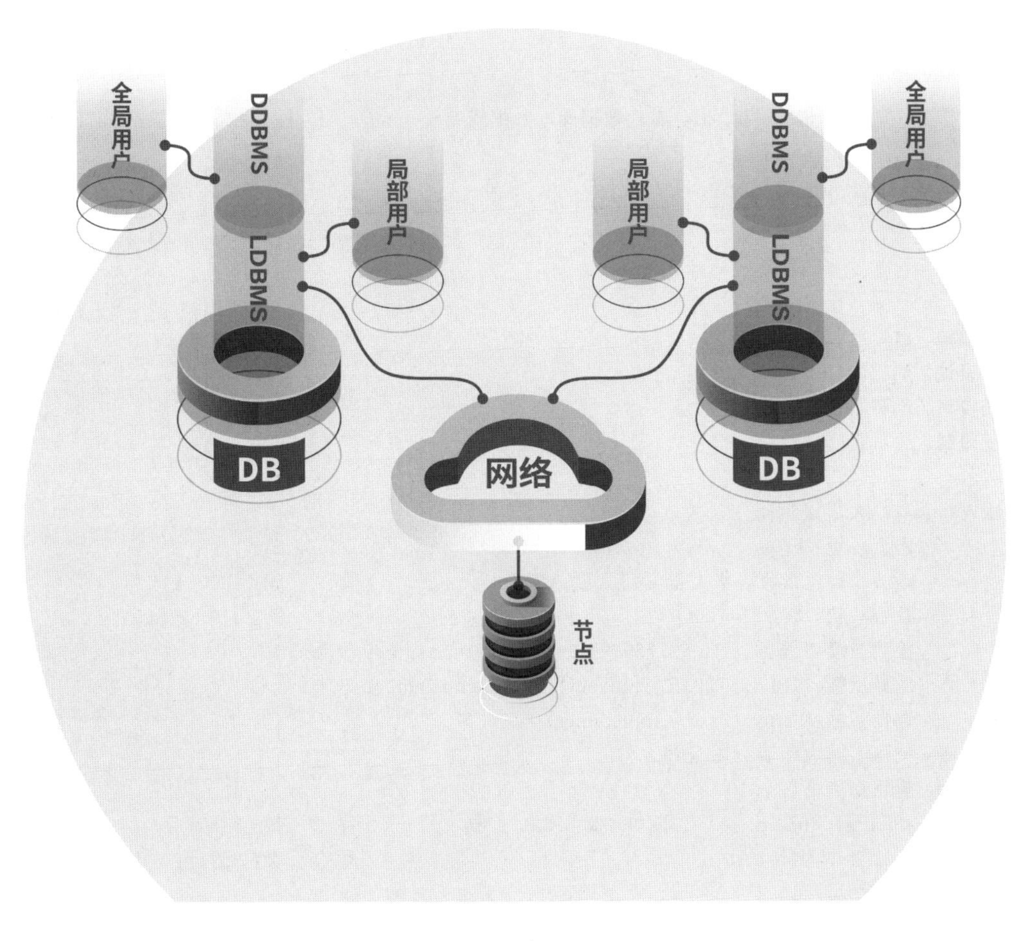

清華大學出版社
北　京

内 容 简 介

本书结合高校计算机教育的特点和本校计算机教学的实际情况编写而成，主要以介绍分布式数据库的基础知识为目的。本书共 10 章，第 1 章为分布式数据库概述，第 2 章为分布式数据库系统的结构，第 3 章为分布式数据库设计，第 4 章为分布式数据库查询优化，第 5 章为分布式查询策略的优化，第 6 章为分布式数据复制，第 7 章为分布式事务管理，第 8 章为分布式恢复管理，第 9 章为分布式并发控制技术，第 10 章为 P2P 数据管理系统。书中内容由浅入深，对分布式数据库的基础内容进行了概况介绍及案例分析，以使得每位读者通过学习都能够掌握分布式数据库的基础知识及前沿技术。

本书内容新颖，理论与实际技术相结合，适用于高等院校计算机及相关专业的学生，也可供相关行业人员作为培训及参考书使用。

图书在版编目(CIP)数据

分布式数据库原理与应用：微课版/张潇主编. —北京：清华大学出版社，2022.9 (2024.8 重印)
面向新工科专业建设计算机系列教材
ISBN 978-7-302-60330-6

Ⅰ. ①分… Ⅱ. ①张… Ⅲ. ①分布式数据库－数据库系统－高等学校－教材 Ⅳ. ①TP311.133.1

中国版本图书馆 CIP 数据核字(2022)第 043508 号

责任编辑：白立军
封面设计：刘 乾
责任校对：焦丽丽
责任印制：沈 露

出版发行：清华大学出版社
网　　址：https://www.tup.com.cn，https://www.wqxuetang.com
地　　址：北京清华大学学研大厦 A 座　　**邮　　编**：100084
社 总 机：010-83470000　　**邮　　购**：010-62786544
投稿与读者服务：010-62776969，c-service@tup.tsinghua.edu.cn
质量反馈：010-62772015，zhiliang@tup.tsinghua.edu.cn
课件下载：https://www.tup.com.cn，010-83470236
印 装 者：三河市龙大印装有限公司
经　　销：全国新华书店
开　　本：185mm×260mm　　**印　　张**：16.5　　**插　页**：1　　**字　　数**：383 千字
版　　次：2022 年 9 月第 1 版　　**印　　次**：2024 年 8 月第 3 次印刷
定　　价：59.00 元

产品编号：090389-01

出版说明

一、系列教材背景

人类已经进入智能时代，云计算、大数据、物联网、人工智能、机器人、量子计算等是这个时代最重要的技术热点。为了适应和满足时代发展对人才培养的需要，2017年2月以来，教育部积极推进新工科建设，先后形成了“复旦共识”“天大行动”“北京指南”，并发布了《教育部高等教育司关于开展新工科研究与实践的通知》《教育部办公厅关于推荐新工科研究与实践项目的通知》，全力探索形成领跑全球工程教育的中国模式、中国经验，助力高等教育强国建设。新工科有两个内涵：一是新的工科专业；二是传统工科专业的新需求。新工科建设将促进一批新专业的发展，这批新专业有的是依托于现有计算机类专业派生、扩展而成的，有的是多个专业有机整合而成的。由计算机类专业派生、扩展形成的新工科专业有计算机科学与技术、软件工程、网络工程、物联网工程、信息管理与信息系统、数据科学与大数据技术等。由计算机类学科交叉融合形成的新工科专业有网络空间安全、人工智能、机器人工程、数字媒体技术、智能科学与技术等。

在新工科建设的“九个一批”中，明确提出“建设一批体现产业和技术最新发展的新课程”“建设一批产业急需的新兴工科专业”。新课程和新专业的持续建设，都需要以适应新工科教育的教材作为支撑。由于各个专业之间的课程相互交叉，但是又不能相互包含，所以在选题方向上，既考虑由计算机类专业派生、扩展形成的新工科专业的选题，又考虑由计算机类专业交叉融合形成的新工科专业的选题，特别是网络空间安全专业、智能科学与技术专业的选题。基于此，清华大学出版社计划出版“面向新工科专业建设计算机系列教材”。

二、教材定位

教材使用对象为“211工程”高校或同等水平及以上高校计算机类专业及相关专业学生。

三、教材编写原则

(1) 借鉴 *Computer Science Curricula* 2013(以下简称 CS2013)。CS2013 的核心知识领域包括算法与复杂度、体系结构与组织、计算科学、离散结构、图形学与可视化、人机交互、信息保障与安全、信息管理、智能系统、网络与通信、操作系统、基于平台的开发、并行与分布式计算、程序设计语言、软件开发基础、软件工程、系统基础、社会问题与专业实践等内容。

(2) 处理好理论与技能培养的关系,注重理论与实践相结合,加强对学生思维方式的训练和计算思维的培养。计算机专业学生能力的培养特别强调理论学习、计算思维培养和实践训练。本系列教材以"重视理论,加强计算思维培养,突出案例和实践应用"为主要目标。

(3) 为便于教学,在纸质教材的基础上,融合多种形式的教学辅助材料。每本教材可以有主教材、教师用书、习题解答、实验指导等。特别是在数字资源建设方面,可以结合当前出版融合的趋势,做好立体化教材建设,可考虑加上微课、微视频、二维码、MOOC 等扩展资源。

四、教材特点

1. 满足新工科专业建设的需要

系列教材涵盖计算机科学与技术、软件工程、物联网工程、数据科学与大数据技术、网络空间安全、人工智能等专业的课程。

2. 案例体现传统工科专业的新需求

编写时,以案例驱动,任务引导,特别是有一些新应用场景的案例。

3. 循序渐进,内容全面

讲解基础知识和实用案例时,由简单到复杂,循序渐进,系统讲解。

4. 资源丰富,立体化建设

除了教学课件外,还可以提供教学大纲、教学计划、微视频等扩展资源,以方便教学。

五、优先出版

1. 精品课程配套教材

主要包括国家级或省级的精品课程和精品资源共享课的配套教材。

2. 传统优秀改版教材

对于已经出版的、得到市场认可的优秀教材,由于新技术的发展,计划给图书配上新的教学形式、教学资源的改版教材。

3. 前沿技术与热点教材

反映计算机前沿和当前热点的相关教材，例如云计算、大数据、人工智能、物联网、网络空间安全等方面的教材。

六、联系方式

联系人：白立军
联系电话：010-83470179
联系和投稿邮箱：bailj@tup.tsinghua.edu.cn

“面向新工科专业建设计算机系列教材”编委会
2019年6月

面向新工科专业建设计算机系列教材编委会

FOREWORD

前言

自20世纪70年代中期开始，随着计算机网络技术的迅速发展以及地理位置分散的公司、团体和各种组织对数据库的广泛需求，分布式数据库系统在集中式数据库系统的基础上产生并逐渐发展起来。20世纪90年代以后，分布式数据库逐渐进入商用化阶段，传统的关系数据库向分布式数据库逐渐过渡，越来越多的企事业单位选择采用分布式数据库。随着分布式数据库应用的广泛普及，行业的人才需求越来越多，各高等院校计算机及相关专业普遍开设分布式数据库课程，专业教学及行业培训迫切需要理论知识与实际应用相结合的高质量教材。

通过项目及企业合作，作者具备多年分布式数据库管理研究及开发经验，同时担任中国矿业大学（北京）国家级一流专业计算机科学与技术本科生的分布式数据库教学工作，本书正是基于以上工作基础及经验撰写而成。

本书重点介绍经典的分布式数据库系统的基本理论和关键技术，全书共分为10章，内容包括分布式数据库概述、分布式数据库系统的结构、分布式数据库设计、分布式数据库查询优化、分布式查询策略的优化、分布式数据复制、分布式事务管理、分布式恢复管理、分布式并发控制技术和P2P数据管理系统。

第1章首先介绍了数据库的基本知识；然后介绍了分布式数据库的概念及其性能，在此基础上，阐述了分布式数据库系统的优缺点和分布式数据库系统的主要技术；最后介绍了几款典型的分布式数据库系统。

第2章首先介绍了分布式系统的组成部分和基本类型；然后介绍了物理结构和逻辑结构、体系结构、模式结构，简单介绍了多数据库系统与对等型数据库系统；最后阐述了Oracle数据库系统的架构。

第3章首先对关系代数做了简要介绍；然后讲解了按照自上而下的设计策略进行的数据分布设计，主要包括分片的定义和作用、水平分片和垂直分片、分片的设计原理以及分片的表示方法和分配设计模型，并介绍了设计案例。

第4章首先介绍了分布式数据库的查询优化相关理论、分布式查询处理流程以及传统查询优化和分布式查询优化研究的内容；然后介绍了查询分解、从全局查询到片段的转化以及全局优化。

第 5 章主要介绍基于半连接算法的查询优化、基于直接连接的查询优化算法、R* 中的查询优化算法和 SSD-1 算法。

第 6 章主要介绍数据复制的概念、分类、参考模型、原理、体系结构及 Oracle 的复制技术、Sybase 的复制技术、IBM 数据库复制技术、MySQL 复制技术。

第 7 章主要介绍分布式事务的概念、特性,以及事务管理的控制模型及两阶段提交协议和三阶段提交协议。

第 8 章首先介绍了恢复管理机制的基础知识,包括恢复的基本概念、故障类型、恢复模型、数据库日志等;其次为更好地理解分布式数据库管理系统中的恢复协议奠定基础,简述了集中式数据库管理系统的恢复算法;最后讨论了分布式数据库系统的故障恢复。

第 9 章首先介绍了分布式并发控制的概念;然后详细讨论了基于锁的分布式控制技术和基于时间戳的分布式控制技术。

第 10 章主要介绍 P2P 系统的拓扑结构、资源定位方式、数据管理系统及其体系结构和 P2P 系统的查询处理方式。

本书由中国矿业大学(北京)机电与信息工程学院计算机系张潇、高文超、李策、闫琰撰写。其中,张潇编写了第 1～3 章和第 6～9 章,李策编写了第 4 章,高文超编写了第 5 章,闫琰编写了第 10 章。张潇统阅了全书。

在撰写本书的过程中,努力使本书覆盖已有分布式数据库系统的经典理论和技术,尽力跟踪该学科的新发展和新技术,力求使本书具有实用性的同时保持先进性,并突出本书特色。但由于作者学识有限,本书难免有不足之处,敬请专家和学者批评指正。

编　者

2022 年 5 月

CONTENTS

目录

第1章　分布式数据库概述 …… 1

1.1　数据库系统 …… 1

1.1.1　数据库的概念 …… 1

1.1.2　数据库管理系统 …… 2

1.1.3　数据库系统简介 …… 3

1.2　数据模型 …… 4

1.2.1　数据模型概述 …… 4

1.2.2　数据之间的联系 …… 4

1.2.3　关系模型 …… 6

1.2.4　网状模型 …… 7

1.2.5　层次模型 …… 8

1.3　关系数据库与 SQL …… 8

1.3.1　关系数据库 …… 8

1.3.2　结构查询语言 SQL …… 9

1.4　分布式数据库的基本概念 …… 11

1.4.1　分布式数据库 …… 11

1.4.2　分布式数据库管理系统 …… 12

1.4.3　分布式数据库系统 …… 14

1.5　分布式数据库的特性和优缺点 …… 15

1.5.1　分布式数据库的特性 …… 15

1.5.2　分布式数据库系统的优缺点 …… 17

1.6　分布式数据库的主要技术简介 …… 18

1.7　典型的分布式数据库系统 …… 19

习题 1 …… 21

第 2 章　分布式数据库系统的结构 …… 22

2.1　分布式数据库系统的组成 …… 22

2.1.1　分布式数据库系统与用户有关的组成部分 …… 22

2.1.2 分布式数据库系统与数据有关的组成部分 …… 23
2.1.3 分布式数据库系统与网络有关的组成部分 …… 23
2.2 分布式数据库系统的分类 …… 26
2.2.1 按数据管理模型分类 …… 26
2.2.2 按系统全局控制类型分类 …… 26
2.3 分布式数据库的物理结构和逻辑结构 …… 27
2.3.1 分布式数据库系统的物理结构 …… 27
2.3.2 分布式数据库系统的逻辑结构 …… 28
2.4 分布式数据库的体系结构 …… 28
2.4.1 数据库系统的几种体系结构 …… 28
2.4.2 分布式数据库的体系结构概述 …… 30
2.5 分布式数据库系统的模式结构 …… 32
2.6 分布式数据库系统的组件结构及功能 …… 36
2.6.1 应用处理器的功能 …… 36
2.6.2 数据处理器的功能 …… 37
2.6.3 分布式数据库系统的组件结构 …… 37
2.6.4 数据字典 …… 37
2.7 多数据库系统与对等型数据库系统 …… 40
2.7.1 多数据库系统 …… 40
2.7.2 对等型数据库系统 …… 41
2.8 Oracle 数据库系统的体系结构 …… 43
习题 2 …… 47

第 3 章 分布式数据库设计 …… 48

3.1 关系数据库管理系统的关系运算 …… 48
3.1.1 传统的集合运算 …… 49
3.1.2 专门的关系运算 …… 51
3.2 设计方法与分布设计的目标 …… 54
3.2.1 Top-Down 设计过程 …… 54
3.2.2 Bottom-Up 设计过程 …… 55
3.2.3 数据库分布设计的目标 …… 55
3.3 分片的定义及分类 …… 56
3.3.1 分片的定义和作用 …… 56
3.3.2 分片设计过程 …… 57
3.3.3 分片原则 …… 57
3.3.4 分片的类型 …… 58
3.3.5 分布式数据库数据分布透明性 …… 58
3.4 水平分片 …… 59

3.4.1 水平分片的概念 …… 59
3.4.2 水平分片的操作 …… 62
3.4.3 水平分片的原理 …… 62
3.5 导出水平分片 …… 65
3.5.1 导出水平分片的概念 …… 65
3.5.2 导出水平分片的操作 …… 66
3.5.3 导出水平分片的作用 …… 67
3.6 垂直分片 …… 68
3.6.1 垂直分片的概念 …… 68
3.6.2 垂直分片的操作 …… 70
3.6.3 垂直分片的设计方法 …… 70
3.7 混合分片 …… 71
3.7.1 混合分片的概念 …… 71
3.7.2 混合分片的规范化设计 …… 72
3.8 分片的表示方法 …… 73
3.8.1 图形表示法 …… 73
3.8.2 分片树表示方法 …… 73
3.9 分布式数据库数据分配设计类型 …… 74
3.9.1 分配设计的概念 …… 74
3.9.2 数据分配的准则 …… 74
3.9.3 分配类型 …… 75
3.10 分配设计算法 …… 77
3.10.1 数据分配方法优劣的度量 …… 77
3.10.2 非冗余分配算法 …… 78
3.10.3 冗余分配算法 …… 78
3.10.4 与数据分配问题相关的统计信息 …… 80
3.11 分布式数据库设计案例 …… 82
习题 3 …… 84

第 4 章 分布式数据库查询优化 …… 86

4.1 分布式数据库查询优化概述 …… 86
4.1.1 分布式查询优化的必要性 …… 86
4.1.2 分布式查询优化的目标 …… 88
4.2 查询优化的基本概念 …… 89
4.2.1 关系代数等价变化规则 …… 89
4.2.2 查询树 …… 92
4.2.3 数据库参数 …… 93
4.2.4 关系运算的特征参数 …… 93

4.3 分布式查询处理过程与优化层次 …… 96
4.3.1 分布式查询处理过程 …… 96
4.3.2 分布式查询优化过程 …… 97
4.3.3 查询优化层次模式 …… 100
4.4 查询分解 …… 101
4.4.1 查询规范化 …… 101
4.4.2 查询分析与查询约简 …… 102
4.4.3 查询重写 …… 104
4.5 公共子表达式的确定 …… 105
4.6 全局查询到片段查询的转换 …… 107
4.7 综合应用案例分析 …… 109
习题 4 …… 110

第5章 分布式查询策略的优化 …… 112

5.1 查询处理策略选择涉及的问题 …… 112
5.2 基于半连接算法的查询优化 …… 113
5.2.1 半连接操作的定义 …… 113
5.2.2 半连接操作过程和代价估算 …… 114
5.2.3 基于半连接算法的查询优化案例 …… 115
5.3 基于直接连接的查询优化算法 …… 115
5.3.1 直接连接操作的策略 …… 116
5.3.2 嵌套循环连接算法 …… 116
5.3.3 基于排序的连接算法 …… 119
5.3.4 站点依赖算法 …… 121
5.3.5 分片和复制算法 …… 123
5.3.6 Hash 划分算法 …… 123
5.4 SDD-1 算法 …… 124
5.4.1 SDD-1 算法的基本概念 …… 124
5.4.2 SDD-1 算法概述 …… 124
5.4.3 SDD-1 算法案例 …… 125
5.5 R* 中的查询优化算法 …… 132
5.5.1 System R 算法 …… 132
5.5.2 System R* 算法 …… 133
习题 5 …… 134

第6章 分布式数据复制 …… 135

6.1 数据复制的概念 …… 135
6.1.1 数据复制 …… 135

6.1.2 基本概念 …… 136
6.2 数据复制的分类 …… 137
6.3 数据复制的参考模型 …… 140
6.4 数据库复制原理 …… 141
6.5 数据复制的体系结构 …… 143
6.5.1 变化捕获 …… 144
6.5.2 分发 …… 146
6.5.3 同步 …… 147
6.5.4 冲突的检测与解决 …… 147
6.6 Oracle 的复制技术 …… 148
6.6.1 Oracle 的高级复制技术 …… 148
6.6.2 Oracle 的流复制技术 …… 149
6.7 Sybase 的复制技术 …… 150
6.8 IBM 数据库复制技术 …… 152
6.9 SQL Server 复制技术 …… 152
6.9.1 复制类型 …… 152
6.9.2 复制代理 …… 154
6.10 MySQL 复制技术 …… 154
习题 6 …… 155

第7章 分布式事务管理 …… 156

7.1 事务的概念与特性 …… 156
7.1.1 数据库事务的概念 …… 156
7.1.2 事务的基本特性 …… 157
7.1.3 事务与数据库的一致性状态 …… 159
7.2 事务的类型 …… 160
7.3 分布式数据库事务 …… 161
7.3.1 分布式数据库事务的概念 …… 161
7.3.2 分布式数据库事务的特点 …… 161
7.3.3 分布式事务的生命期 …… 162
7.3.4 分布式事务管理的目标 …… 163
7.4 局部事务管理器与分布式事务管理器 …… 163
7.5 分布式事务执行控制模型 …… 165
7.5.1 主从控制模型 …… 165
7.5.2 三角控制模型 …… 165
7.5.3 层次控制模型 …… 166
7.6 分布式事务的两阶段提交协议(2PC 协议) …… 167
7.6.1 协议参与者 …… 167

7.6.2 两阶段提交协议算法 …… 168
7.6.3 两阶段提交协议的优缺点 …… 170
7.6.4 两阶段提交协议的实现方法 …… 171
7.7 三阶段提交协议(3PC 协议) …… 174
7.7.1 三阶段提交协议算法 …… 174
7.7.2 三阶段提交协议的特点 …… 177
7.7.3 两阶段提交协议和三阶段提交协议的比较 …… 178
习题 7 …… 179

第 8 章 分布式恢复管理 …… 180

8.1 分布式恢复概述 …… 180
8.2 数据库日志文件 …… 181
8.2.1 日志文件 …… 181
8.2.2 检查点 …… 183
8.3 数据库故障类型 …… 184
8.3.1 局部事务内部故障 …… 184
8.3.2 站点故障 …… 185
8.3.3 存储介质故障 …… 185
8.3.4 网络故障 …… 186
8.4 故障恢复策略 …… 187
8.4.1 常用的恢复策略 …… 187
8.4.2 数据库故障恢复模型 …… 188
8.5 集中式数据库恢复协议 …… 189
8.5.1 数据库的更新问题 …… 189
8.5.2 集中式数据库恢复协议概述 …… 191
8.6 两阶段提交协议(2PC 协议)故障恢复 …… 196
8.6.1 两阶段提交协议的终结协议 …… 196
8.6.2 两阶段提交协议的故障重启动协议 …… 199
8.6.3 两阶段提交协议场地故障恢复 …… 200
8.6.4 通信故障恢复 …… 201
8.7 三阶段提交协议(3PC 协议)故障恢复 …… 202
8.7.1 三阶段提交协议的终结协议 …… 202
8.7.2 三阶段提交协议场地故障恢复 …… 204
8.7.3 三阶段提交协议通信故障恢复 …… 206
8.8 分布式可靠性协议 …… 207
习题 8 …… 208

第9章 分布式并发控制技术 …… 209
9.1 并发控制的基本概念 …… 209
9.1.1 事务的并发执行 …… 209
9.1.2 并发事务的冲突 …… 210
9.2 调度表与可串行化问题 …… 214
9.2.1 调度表 …… 214
9.2.2 集中式数据库事务调度可串行化问题 …… 215
9.2.3 分布式事务调度可串行化问题 …… 216
9.3 基于锁技术的并发控制 …… 217
9.3.1 锁的类型与锁粒度 …… 217
9.3.2 两阶段封锁协议(2PL 协议) …… 219
9.3.3 基于锁的并发控制方法的实现 …… 220
9.4 基于时间戳的并发控制算法 …… 221
9.4.1 时间戳模型 …… 222
9.4.2 基本时间戳方法 …… 223
9.4.3 保守时间戳方法 …… 224
9.5 乐观并发控制方法 …… 227
9.6 分布式死锁及处理 …… 227
9.6.1 超时法解决死锁 …… 228
9.6.2 死锁等待图 …… 228
9.6.3 集中式死锁检测 …… 229
9.6.4 层次死锁检测 …… 230
9.6.5 分布式死锁检测 …… 231
9.6.6 分布式死锁的预防 …… 232
习题9 …… 232
第10章 P2P数据管理系统 …… 234
10.1 P2P 系统概述 …… 234
10.2 P2P 系统的拓扑结构 …… 235
10.3 P2P 数据管理系统 …… 238
10.4 P2P 数据管理系统的体系结构 …… 239
10.5 P2P 数据管理系统查询处理 …… 240
习题10 …… 243
参考文献 …… 244

第1章

分布式数据库概述

本章首先介绍数据库的基本知识，然后介绍分布式数据库的概念及其性能，在此基础上，阐述分布式数据库系统的优缺点和分布式数据库系统的主要技术，最后介绍几款典型的分布式数据库系统。

1.1 数据库系统

数据库系统是为适应数据处理的需要而发展起来的一种较为理想的数据处理系统，也是一个为实际可运行的存储、维护和应用系统提供数据的软件系统，是存储介质、处理对象和管理系统的集合体。

1.1.1 数据库的概念

数据是载荷信息的媒体，包括数值型和非数值型数据。数值型数据是以数字表示信息，而非数值型数据是以符号及其组合来表示信息，是描述事物的符号记录。例如字符、文字、图表、图形、图像、语言、声音等均属于非数值型数据。信息(information)和数据的概念不同，信息是经过加工处理后的数据，即信息＝数据＋处理。例如输入一个人的数据“出生日期”，经过计算机内部的数据处理，产生了这个人的“年龄”，这个年龄就是信息。

数据处理是指将数据转换成信息的过程。广义地讲，它包括数据的存储、传送、排序、计算、转换、检索、制表及仿真等操作。狭义地讲，数据处理是对数据进行的加工整理。数据处理的目的是最终输出人们需要的结果，即产生信息。提到信息这个概念，要提及信息系统，信息系统是由人、硬件、软件组成的。

数据库(DataBase，DB)是数据管理发展到一定时期才出现的。数据库是长期存储在计算机外存上的、有结构的、可共享的数据集合，按一定的数据模型描述、组织和存储，具有能为各种用户共享、数据间联系紧密而又有较高的数据独立性等特点，具有较小的数据冗余度和较高的数据安全性和完整性、易扩展性。数据库的创建、运行和维护是在数据库管理系统控制下实现的，并可为各种用户共享。

1.1.2 数据库管理系统

数据库管理系统(DataBase Management System,DBMS)是一种操纵和管理数据的大型软件,用于建立、使用和维护数据库。它对数据库进行统一管理和控制,以保证数据库的安全性和完整性。用户通过DBMS访问数据库中的数据,数据库管理员也通过DBMS进行数据库的维护工作。它可使多个应用程序和用户用不同的方法在同时或不同时刻去建立、修改和询问数据库。大部分DBMS提供数据定义语言(Data Definition Language,DDL)和数据操作语言(Data Manipulation Language,DML),供用户定义数据库的模式结构与权限约束,实现对数据的追加、删除等操作。

数据库管理系统的主要功能包括如下几个方面。

(1) 数据定义:DBMS提供DDL供用户定义数据库的三级模式结构、两级映像以及完整性约束和保密限制等约束。DDL主要用于建立、修改数据库的库结构。DDL所描述的库结构仅仅给出了数据库的框架,数据库的框架信息被存放在数据字典(data dictionary)中。

(2) 数据操作:DBMS提供DML供用户实现对数据的追加、删除、更新、查询等操作。

(3) 数据库的运行管理:数据库的运行管理功能是DBMS的运行控制、管理功能,包括多用户环境下的并发控制、安全性检查和存取限制控制、完整性检查和执行、运行日志的组织管理、事务的管理和自动恢复,即保证事务的原子性。这些功能保证了数据库系统的正常运行。

(4) 数据组织、存储与管理:DBMS要分类组织、存储和管理各种数据,包括数据字典、用户数据、存取路径等,需确定以何种文件结构和存取方式在存储器上组织这些数据,如何实现数据之间的联系。数据组织和存储的基本目标是提高存储空间利用率,选择合适的存取方法提高存取效率。

(5) 数据库的保护:数据库中的数据是信息社会的战略资源,所以数据的保护至关重要。DBMS对数据库的保护通过4个方面来实现:数据库的恢复、数据库的并发控制、数据库的完整性控制、数据库安全性控制。DBMS的其他保护功能还有系统缓冲区的管理以及数据存储的某些自适应调节机制等。

数据库的恢复是指在数据库中发生了数据不正确或数据库被破坏时,DBMS让数据库尽可能恢复到出错前最近的一个正确状态。数据库的并发控制是指在多个用户同时对一个数据进行操作时,DBMS通过控制策略,尽可能防止数据库中的数据出现混乱。数据完整性控制是指保证数据库中数据及语义的正确性和有效性,防止任何对数据造成错误的操作。数据安全性控制是指杜绝未经授权的用户非法存储数据库中的数据,严格控制用户在规定的权限范围内操作或访问规定范围的数据。

(6) 数据库的维护:这一部分包括数据库的数据载入、转换、转储、数据库的重组合、重构以及性能监控等功能,这些功能分别由各个使用程序来完成。

(7) 通信:DBMS具有与操作系统的联机处理、分时系统及远程作业输入的相关接口,负责处理数据的传送。对网络环境下的数据库系统,还应该包括DBMS与网络中其他软件系统的通信功能以及数据库之间的互操作功能。

1.1.3　数据库系统简介

数据库系统是指在计算机系统中引入数据库后的系统。一般由数据库、数据库管理系统、数据库应用系统、应用程序开发工具、数据库用户构成。其结构如图 1-1 所示。除了支持数据库运行的基本计算机系统外,数据库系统涉及的相关软件包括如下几个方面。

(1) 应用程序。应用程序又称数据库应用程序,指使用数据库技术管理数据的应用程序。在终端用户的角度看,就是一个个界面。这些界面可以用于实现事务管理、辅助设计、智能决策、数据分析、模拟等功能,它们构成了特定应用环境的数据库应用系统,如企业信息管理系统、教学信息管理系统、员工信息管理系统、学生信息管理系统、财务信息管理系统等。

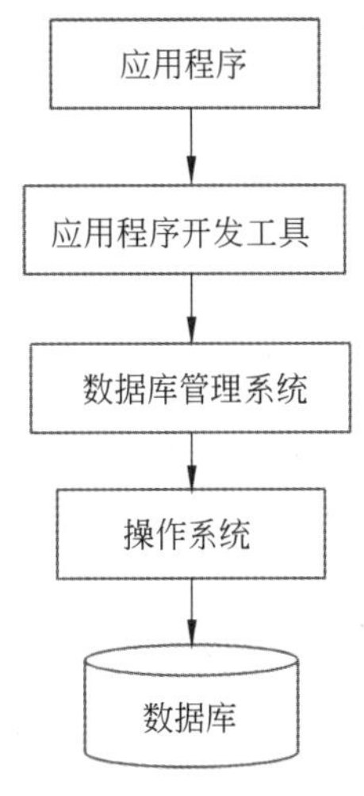

图 1-1　数据库系统结构图

(2) 应用程序开发工具。用来实现数据库应用系统(又称数据库应用程序)的开发语言或集成开发环境称为应用程序开发工具,如 Java 语言、Visual Basic、Visual C++ 等开发语言和集成开发环境。

(3) 数据库管理系统。不同的厂商开发了不同的数据库管理系统。常用的 DBMS 有 Oracle、Sybase、SQL Server、DB2、Informix、Access、MySQL、VFP 等。

(4) 数据库。数据库是数据库系统的核心工作对象。它是集中并按照一定的结构形式存储的一批数据的集合。这些数据是围绕用户需求,从各个业务规则中提炼出来的。这些数据是集成并可共享的。

数据库系统涉及的人员包括终端用户、应用程序员和数据库管理员等。其中,终端用户为数据库系统需求提出者,更是数据库的使用者。他们熟悉自己领域的业务知识,即有待借助数据库系统实现的业务逻辑。他们将这些业务逻辑描述给应用程序员,然后由程序员去实现这些需求。应用程序员负责根据终端用户和系统分析员给出的需求,分析、设计、开发、维护数据库系统中的应用程序,实现对数据库中数据的存取,同时以用户容易理解和操作的方式展现给用户。数据库管理员广义地泛指所有分析、创建、管理和维护数据库的人员,包含了系统分析员、数据库设计人员以及日后的数据库管理与维护人员。

数据库研究跨越计算机应用、系统软件和理论三个领域,其中应用促进新系统的研制开发,新系统带来新的理论研究,而理论研究又对前两个领域起着指导作用。数据库系统的出现是计算机应用的一个里程碑,它使得计算机应用从以科学计算为主转向以数据处理为主,从而使计算机得以在各行各业乃至家庭普遍使用。在它之前的文件系统虽然也能处理持久数据,但是文件系统不提供对任意部分数据的快速访问,而这对数据量不断增大的应用来说是至关重要的。为了实现对任意部分数据的快速访问,就要研究许多优化技术。这些优化技术往往很复杂,是普通用户难以实现的,所以就由系统软件(数据库管理系统)来完成,而提供给用户的是简单易用的数据库语言。由于对数据库的操作都由数据库管理系统完成,所以数据库就可以独立于具体的应用程序而存在,又可以为多个用户所共享。因此,数据的独立性和共享性是数据库系统的重要特征。数据共享节省了大量人力和物力,为数据库系统的广泛应用奠定了基础。数据库系统的出现使得普通用户能够方便地将日常数据存入计算机并在需要的时候快速访问它们,从而使得计算机走出科研机构进入各行各业、进入家庭。

1.2 数据模型

1.2.1 数据模型概述

数据库是某个企业、组织或部门所涉及的数据集合,它用于存放所有的数据并且反映数据彼此之间的联系,设计数据库系统时,一般先用图或表的形式抽象地反映数据彼此之间的关系,称为建立数据模型。常用的数据模型一般可分为两类:一类是语义数据模型,如实体-联系模型(E-R 模型)、面向对象模型等;另一类是经典数据模型,如层次模型、网状模型、关系模型等。第一类模型强调语义表达能力,建模容易、方便,概念简单、清晰,易于用户理解,是现实世界到信息世界的第一层抽象,是用户和数据库设计人员之间进行交流的语言。第二类模型用于数据(机器)世界,一般和实际数据库对应,例如层次模型、网状模型、关系模型分别和层次数据库、网状数据库和关系数据库对应,可在机器上实现,这类模型有更严格的形式化定义,常需加上一些限制或规定。设计数据库系统时通常利用第一类模型进行初步设计,之后按一定方法转换为第二类模型,再进一步设计全系统的数据库结构,全系统的数据库结构通常包括数据结构、数据操作和数据的约束条件三方面内容。数据模型这三方面的内容完整地描述了一个数据模型。

数据结构描述的是数据库数据的组成、属性及其相互间的联系。在数据库系统中通常按数据结构的类型来命名数据模型,如层次结构、网状结构和关系结构的模型分别命名为层次模型、网状模型、关系模型。

数据操作是指对数据库中各种对象的实例允许执行的操作的集合,包括操作及有关的操作规则,数据库的操作主要有检索和维护(包括录入、删除、修改)等两大类操作。数据模型要定义这些操作的确切含义、操作符号、操作规则及实现操作的语言。数据结构是对系统静态属性的描述,数据操作是对系统动态属性的描述。

数据的约束条件是指数据完整性规则的集合,它是指定数据模型中数据及其联系所具有的制约和依存规则,用于限定符合数据模型的数据库状态及其变化,以保证数据的完整性。

1.2.2 数据之间的联系

现实世界的事物之间彼此是有联系的,代表实体的数据之间也存在联系。对于不同实体集合之间的实体与实体的联系可分为三类。

1. 一对一联系

若对于实体集 A 中每个实体，实体集 B 中有一个实体与之联系，反之对于实体集 B 中每个实体，实体集 A 中有一个实体与之联系，则称实体集 A 与实体集 B 之间具有一对一联系，记为 1∶1。例如，企业集合中企业和法人代表集合中法人代表的联系。假如每个企业有一个法人代表，而一个法人代表只在一个企业任职，则它们是一对一联系，一般来讲如果 B 是 A 的代表，或者是 A 中独具特色的内容，则 A 和 B 的联系是一对一联系。

2. 一对多联系

若对于实体集 A 中的每个实体，实体集 B 中有 n 个实体（$n>1$）与之联系，而对于实体集 B 中的每个实体，实体集 A 中有一个实体与之联系，则称实体集 A 与实体集 B 有一对多联系，记为 1∶N。例如，一个学院可有多个系，而一个系只属于一个学院，则学院与系之间是一对多联系。一个系内有许多教师，而一位教师只属于一个系，系和教师之间是一对多联系。一般来讲如 A 是 B 的领导实体或 B 与 A 是所属关系，则 A 和 B 之间就是一对多联系。如果 B 是组成 A 的部分，而 B 中某一个实体组成到 A 中某一个实体之中，则 A 与 B 也是一对多联系。

3. 多对多联系

对于实体集 A 中的每个实体，实体集 B 中有 n 个实体（$n>1$）与之联系，反之对于实体集 B 中的每个实体，实体集 A 中有 m 个实体（$m>1$）与之联系，则称实体集 A 与实体集 B 之间有多对多联系，记为 M∶N。例如，学生与课程之间的联系是多对多联系。如果一个产品由多个零件组成，而一个零件可组成到多个产品之中，则产品和零件是多对多联系。一般地，如果 B 是 A 从事的工作，则 A 与 B 是多对多联系。如 A 中一个实体由 B 中多个实体组成，而且 B 中一个实体可能被组成到 A 的不同实体中，则 A 与 B 是多对多联系。

实体集与实体集之间联系的性质与系统环境有关，与研究的问题有关，有时还与前提条件有关。例如 A 与 B 为组成关系，则它们的联系有可能为一对多联系，也可能为多对多联系。又如，产品与部件之间、产品与零件之间的关系可能为一对多联系，也可能为多对多联系。在一个学校中，每位教师规定最多担任一门课主讲，但课程可以有多位主讲教师，则课程和教师之间是一对多联系。在一个学校中，如果允许教师担任多门课主讲，且课程允许有多位教师主讲，则课程和教师之间是多对多联系。在一个学校中，如果允许教师担任多门课主讲，而所有课程均只有一位主讲，则教师和课程之间是多对一联系。

如果在一个系统中，实体之间联系都是一对一联系或一对多联系，则可采用层次模型来描述，使用层次数据库的效率较高。如学院、系及教师、学生等构成的系统可采用层次模型来描述。凡采用层次模型可以描述的问题也可以使用关系模型来描述。设计时 A 和 B 如果是一对一联系，则常可将 A 和 B 的数据合并存放在一个表之中。A 和 B 如果是一对多的联系，则需将 A 和 B 的数据分别存放在两个表之中，而且要在 B 中增加一个字段，该字段为 A 中的关键字，以便回答既涉及 A 又涉及 B 的检索和统计的应用问题。

如果在一个系统中实体和实体之间存在多对多联系，则常采用网状模型来描述，使用网状数据库的存储、查询速度较快，也可用关系模型来描述，这时，A 和 B 的数据分别存放在两个表之中，另外还要建立联系关系，分别由 A 和 B 的关键字数据项构成联系关系表。

在一些问题中可能涉及三个实体集合之间的联系，例如在教师、学生、课程关系中，教师和学生、学生和课程、教师和课程之间均是多对多联系。若要讨论某学生学习某课程是哪个教师教的这一类问题，则仅用前面建立的教师和学生之间的联系及学生和课程之间的联系就不能回答此问题。实际上，它们三者是 $M:N:P$ 的联系，在关系模型中能较容易地处理此问题，方法是分别为三者建立一个表，另外建立联系关系表，由三者的关键字作为数据项。

1.2.3 关系模型

用二维表格数据(即集合论中的关系)来表示实体和实体间联系的模型称为关系模型，它是经典数据模型中建模能力最强的一种，对各种类型数据联系都可描述。它以关系理论为坚实的基础，因此成为当今实用系统的主流。目前流行的数据库管理系统，如Oracle、Sybase、SQL Server、Access、VFP 等全都是关系数据库管理系统。

关系模型用二维表表示实体集，二维表由多列和多行组成，每列描述实体的一个属性，每列的标识称为属性名，在关系数据库中称为数据项或字段，表中每一行称为一个元组，在关系数据库中称为记录，记录组的集合构成表，称为关系。关系模型由多个关系表构成，每个表表示为关系名(属性 1，属性 2，…，属性 n)，例如学生(学号，姓名，性别，出生年月，专业，班级，学院)。

在一个关系的属性中，有的属性或属性组能唯一标识一个记录，称为主码或称为关键字。有些属性取值有一定范围，属性的取值范围称为域。一个域对应关系数据库表中的一个数据项的值的集合，记录中一个属性值称为分量，对应关系数据库中一条具体记录的一个数据项的具体值。

在关系模型中，对于联系有不同表示方法，对于一对多的联系，可在“多”方实体集的表中加进“一”方实体集的关键字。对于多对多联系，则可以建立一个新表，由两个实体的关键字作为其记录的属性。

在关系数据库中，用户的检索操作实际是从原来的表中根据一定的条件求得一个新表。

综合上述表述可以看出，关系模型概念单一，无论是实体还是联系，无论是查询检索源还是检索结果集都用二维表表示，其结构清晰、容易维护、适应性强、容易扩充，其坚实的理论基础使之严密细致，这些都使它长期成为实用数据库系统的主流。

对于关系模型，还要指出如下几点。

(1) 关系是记录的集合，记录在关系中的顺序不影响关系。

(2) 同一关系中任意记录不允许全同，对每一个表，一般要选定或设计关键字，用于区分不同记录。

(3) 关系的每一属性都是不可再分的基本数据类型,这种属性称为原子性。

(4) 在一个表中,属性排列顺序可以交换,不影响关系。

(5) 允许属性值为空值,表示该属性值未知,空值不同于 0,也不同于空格。它使关系数据库支持对不完全数据的处理。在表中不允许关键字全部或部分为空值,否则它就无法唯一标识一个元组。

1.2.4 网状模型

网状模型十分简单,它以矩形代表实体集,实体之间用箭头线表示联系。箭头线可为两头带箭头的连线,没有箭头代表"一",有箭头代表"多"。

从 E-R 模型转换为这种模型时,只需将所有菱形及相关无向边改为箭头线。一对多联系更改方法是画为一端是单箭头、一端是没箭头的箭头线,将多对多联系改画为两边都有箭头的箭头线,原有矩形不变。学院、系、教师、课程、学生的网状模型如图 1-2 所示。

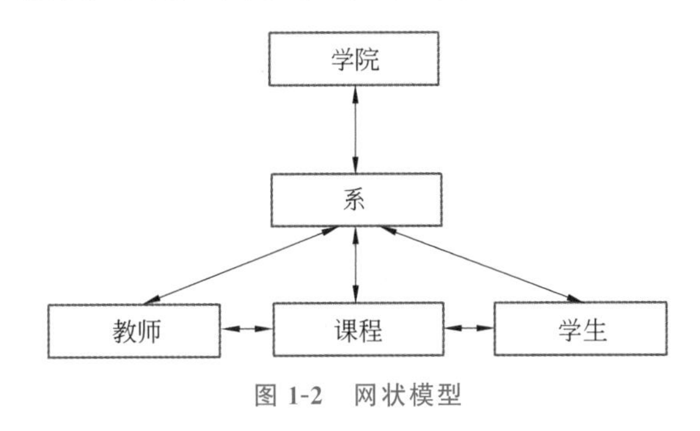

图 1-2　网状模型

上述网状模型无法在机器上实现。1969 年,美国数据系统语言协会组织的下属机构数据库任务组织(DBTG)提出了 DBTG 网状模型,它包括两种基本构件:记录类型和系类型,前者描述实体,后者描述实体间联系,记录类型是具有相同结构的一组记录的框架,相当于一个二维表的表头结构。在依之而设计的 DBTG 网状数据库中,每一条记录都对应一个实体,实体按实体集分区域存放。根据应用需要建立"系",系是由实体集为节点构成的二级树,树根实体集称为系主,叶节点实体集称为成员,这个树结构称为系型。系主由多条记录组成,每条记录和子节点中许多成员记录各构成一棵树,称为一个系值。这些系在实际存储时采用多种形式的链接实现数据之间的关联。DBTG 网状模型的构成规则可大体归纳如下。

(1) 一种记录类型可以参与多个系的组成,可以是多个系的系主记录型,也可为多个系的成员记录型。

(2) 任意两个记录类型之间可以定义多个系类型,这就使得 DBTG 网状模型能表达两个实体集之间可能存在的多种联系。

(3) 系主记录型与成员记录型之间只能是一对多联系。

(4) 在任何系中,一个成员记录值最多只能对应于一个系主记录值,即它不能属于同一系类型的不同系值。在实际问题中,如果出现一个成员记录值对应多个系主记录值的情况,就必须通过某个数据项来标识,以便区分。

(5) 允许一个系只有成员记录型而无系主记录型,这样的系称为奇异系,视“系统”为其主。这样的系只有一个系值。

(6) 不允许一种记录类型既是系主记录型又是成员记录型,这样的结构称为自回路。

1.2.5 层次模型

层次模型用树状结构表示实体集之间的关系,它以实体集(用矩形框表示)为节点,父节点与子节点之间的数据联系均为一对多联系,有且仅有一个节点无父节点,称为根节点。其他节点有且仅有一个父节点,构成树的枝和叶节点。没有子节点的节点称为叶节点。层次模型如图 1-3 所示。每个节点代表实体集,代表多个实体数据。每个实体数据都对应一个实体,这个实体又可能对应其子孙节点中一个或多个实体。因此,按层次模型设计的数据库数据结构模型由多棵树构成。层次模型根节点中每一个实体及其所有子孙节点中相关实体都构成树,其数据集合称为记录,是层次数据库中的一个存储单位。

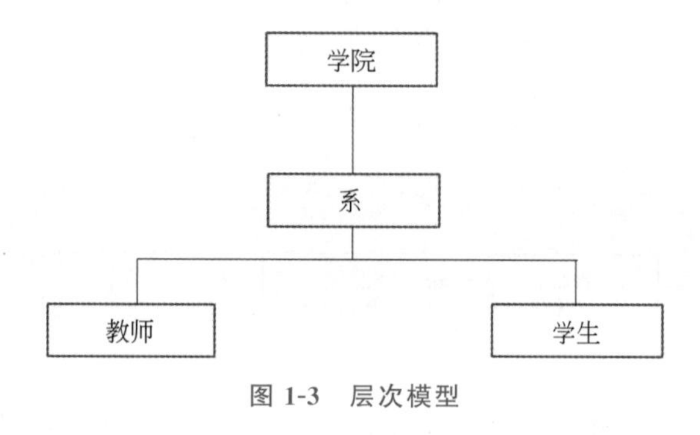

图 1-3 层次模型

1.3 关系数据库与 SQL

1.3.1 关系数据库

按关系数据模型组织的数据库是关系数据库,关系数据库系统是当今普遍应用的数据库系统,其理论基础是集合代数。按集合代数理论,关系名及其属性序列称为关系模式。一个元组为该元组所属关系模式的一个值,对应一个实体或一组联系。元组中每个分量对应该实体或联系的一个属性值。

用集合论的观点来定义关系:关系是一个元素为 $K(K\geqslant 1)$ 的元组的集合,即这个关系中有若干元组,每个元组有 K 个属性值。若把关系看成一个集合,则集合中的元素是元组。更直观地理解,可将关系看成一张二维表格。

关系具有如下特点。

(1) 关系(表)可以看成由行和列交叉组成的二维表格,它表示的是一个实体集合。

(2) 表中一行称为一个元组,可用来表示实体集中的一个实体。

(3) 表中的列称为属性。给每一列起一个名称即属性名。表中的属性名不能相同。

（4）列的取值范围称为域，同列具有相同的域，不同的列也可以有相同的域。

（5）表中任意两行（元组）不能完全相同，能唯一标识表中不同行的属性（组）称为主属性（组）或主关键字。

尽管关系与二维表格传统的数据文件有类似之处，但它们又有区别，严格地说，关系是一种规范化了的二维表格，具有如下性质。

（1）一列中的分量来自于同一个域，是同一类型的数据。

（2）列的顺序的改变不改变关系。

（3）元组次序可以任意交换而不改变关系。

（4）每一分量必须是不可再分的数据项，即具有原子性。

关系的另一个特性是候选关键字与主属性。如果一个属性（组）能唯一标识元组，且又不含有其余的属性，那么这个属性（组）称为关系的一个候选关键字。在一个关系中，如果一个属性是构成某一个候选关键字的属性集中的一个属性，则称它为主属性。如果一个属性不是构成该关系任何一个候选关键字的属性集中的一个属性，就称它为非主属性。

候选关键字有如下性质。

（1）一个关系中，候选关键字可以有多个。

（2）任何两个候选关键字值都是不相同的，因为若有两条记录的候选关键字值相同，则它和记录的关系就不是决定因素。在实际应用中，只有在任何情况下值皆不重复的属性（组）才有可能是候选关键字。由于同名同姓的人很多，因此在学生管理中，姓名一般不是候选关键字，需要设计代码来作为关键字，例如把“学号”作为学生关系的关键字。

（3）关键字可能由一个属性构成，也可能由多个属性构成。关键字不可能再与其他的属性构成新的候选关键字。在分析一个关系中有哪些候选关键字时，一般首先对一个个属性逐一分析判断，再两两判断、三三判断等。

（4）在任何关系中至少有一个关键字。因为根据关系的基本要求，在一个关系当中，任何两个元组都不完全相同，所以在一个 N 元关系当中，如果单个属性都不是关键字，任何两属性的属性组也不是关键字，任何 $K(K<N)$ 个属性的属性组都不是关键字，则该关系全部属性构成的属性组是其关键字。

1.3.2　结构查询语言 SQL

SQL（Structure Query Language）是1974年由Boyce和Chamberlin提出的。在IBM公司研制的关系数据库原型系统System R上采用了这种语言。由于它具有功能强大、使用方式灵活、语言简洁易学等突出优点，在计算机业界受到广泛欢迎。1986年10月，ANSI（美国国家标准局）的数据库委员会批准了SQL作为关系数据库语言的美国标准。这个标准也称为SQL86。此后SQL标准化工作不断进行，相继出现了SQL89、SQL2（1992）和SQL3（1993），SQL成为国际标准后，对数据库以外的领域也产生了很大影响，不少软件产品将SQL语言的数据查询功能与图形功能、软件工程工具、软件开发工具、人工智能程序结合起来。SQL已经成为关系数据库领域中的一种主流语言。SQL这一名字最初代表“结构化查询语言”，现在SQL已经成为一种标准，其名字已根本上不再有任何字母缩写的含义,其主要特点如下。

1. 一体化

SQL 能完成定义关系模式、索引、视图、录入数据、查询、维护、数据库重构及数据库安全性控制等一系列操作,能实现数据库生命期中的全部活动。

2. 语言简洁,易学易用

SQL 完成核心功能的命令总共有 8 条,其语法接近英语口语,其查询语句的各种形式可直接完成关系代数相关运算,因而容易学习,容易使用。

3. 高度非过程化

SQL 完成一项功能的一个操作只需用一条语句完成。只要求用户提出干什么,条件范围是什么,而无须指出具体每一步怎么干,程序设计简化,且不易出错。

4. 适应性极强

SQL 不仅在数据库领域被广泛应用,在数据库以外的其他领域也被广泛使用。

SQL 有 3 种使用方式:第一种是联机交互使用方式;第二种是嵌入某种高级语言的程序中,负责数据库操作;第三种是添加过程性语句与图形功能、面向对象方法及与各种软件工具相结合,形成各具特色的独立语言。第三种使用方式已成为目前语言发展的一大潮流。

5. 三级模式结构

SQL 支持关系数据库的三级模式结构,如图 1-4 所示。

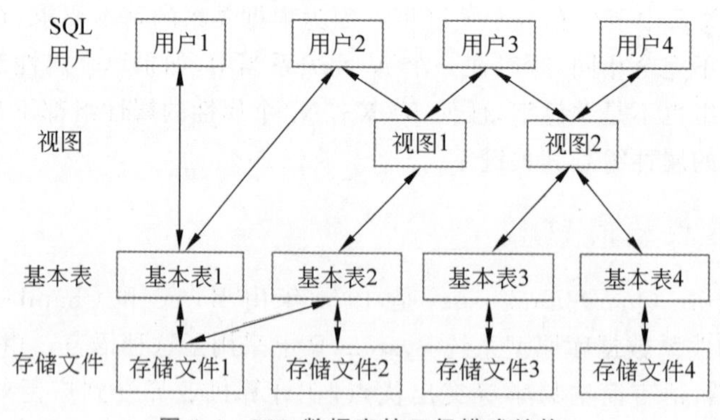

图 1-4 SQL 数据库的三级模式结构

(1) SQL 有定义视图的功能,视图是从一个或几个基本表导出的表,它本身不独立存储于数据库中,不存储对应的数据,存储的是视图的定义,是一个虚表。

(2) 可以用 SQL 对视图和基本表进行查询操作。从这个意义上说,视图和基本表一样都是关系。利用视图可以改换在应用程序中使用的基本表中数据的名字和数据类型,可以进行一些选择、变换及连接，从而减小应用程序对全局数据模式的依赖性，加强数据逻辑独立性，还可设置通过视图对基本表数据进行读写的权限，提高数据的安全性。

(3) 基本表是本身独立存在的表，每个基本表对应一个存储文件，一个表可以带若干索引，存储文件与索引组成了关系数据库的内模式，SQL有定义索引的功能。

1.4 分布式数据库的基本概念

分布式数据库的基本概念

集中式数据库把数据集中在一个数据库中进行集中管理，减少了数据冗余和不一致性，而且数据之间的联系也比较强。但集中式数据库系统存在一些弱点，如随着数据的增加，系统相当庞大，操作复杂，系统开销大；数据集中存储，大量的通信都要主机进行通信，容易形成拥塞等。伴随着小型计算机及微型计算机的普及和计算机网络的发展，分布式数据库系统崛起。

1.4.1 分布式数据库

简单地说，分布式数据库(Distributed DataBase，DDB)是物理上分布而逻辑上集中的共享数据的集合。分布式数据库是一系列在计算机网络上分布的逻辑上互相关联的数据库的集合。也就是说，分布式数据库是一个数据的集合，这些数据在逻辑上属于同一系统，但实际上又分布在一个计算机网络的若干节点上。由以上描述可以看到分布式数据库的两个重要特性：一是分布性，即数据并非存储在同一节点上；二是逻辑相关性，即数据具有相互关联的特性。

例1.1 对于某银行的电子资金转移系统，假设有3个场地，分别分布在北京、上海、成都，其中不同地区的账户记录保存在各自地区的数据库中。它们通过通信网络连接在一起，构成一个统一的分布式数据库，如图1-5所示。

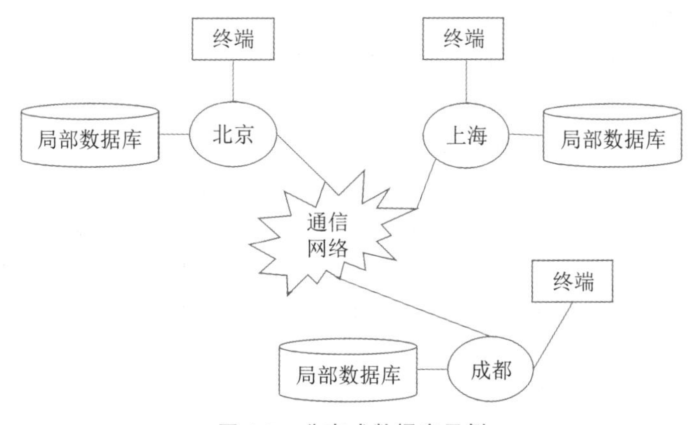

图1-5 分布式数据库示例

在上述分布式数据库中，任意一个场地可以存取本地场地的账户数据，称作局部查询。同时也可以存取另一个场地的账户数据，称作远程查询。例如，在北京场地上可以存取北京节点的账户数据，同时也可以存取上海或成都节点的账户数据。当然，北京的用户一般在北京存取其账户记录,上海的用户一般在上海存取其账户记录。也存在这样的存取用户,他在多个场地例如北京、上海都有账户记录,对这样的用户来说,远程查询是必不可少的,有时甚至需要既包含局部查询,又包含远程查询的复杂查询,如将用户记录中的一个账户记录中的资金转移到另一个账户记录。这种应用请求修改两个不同节点上的数据库。这个修改任务必须同时完成,即要么两个修改都被执行,要么都未被执行。

分布式数据库的一个主要功能就是给用户提供复杂查询的操作,使用户就像在一个单一的数据库上操作一样。也就是说,给用户提供一个统一的数据视图和操作接口,通过这个接口用户可使用整个系统中的信息,而且可以不必关心数据的具体位置,与使用一个单一的集中数据库一样。

一个分布式数据库在逻辑上是一个统一的整体,在物理上则分别存储在不同的物理节点上。一个应用程序通过网络的连接可以访问分布在不同地理位置的数据库。它的分布性表现在数据库中的数据不是存储在同一场地。更确切地讲,不存储在同一计算机的存储设备上。这就是与集中式数据库的区别。从用户的角度看,一个分布式数据库系统在逻辑上和集中式数据库系统一样,用户可以在任何一个场地执行全局应用。就好像那些数据是存储在同一台计算机上且由单个数据库管理系统管理一样,用户并没有什么感觉数据存储在不同的场地上。

1.4.2 分布式数据库管理系统

就像集中式数据库管理系统管理集中数据库的运行与维护一样,分布式数据库管理系统管理分布式数据库的运行与维护。

1. 分布式数据库管理系统的定义

分布式数据库管理系统(Distriputed DBMS,DDBMS)是实现分布式数据处理的一种大型数据库管理软件,用于支持分布式数据库的创建、运行、管理和维护。它能对分布于各个节点上的软件、硬件资源进行统一管理与控制,使其在逻辑上可视为一个整体的数据库系统,并为用户提供分布式数据库的接口。

DDBMS是管理分布式数据库的软件,通过DDBMS可以使DDB的分布特性对用户透明。集中式数据库管理系统管理单个数据库系统,而分布式数据库管理系统管理多个数据库系统。DDBMS是一个大型软件,由于结构复杂,实现难度较大,目前仍处于研究发展阶段,尚无统一的标准模型。当前流行的一些商品化DDBMS,大多数是在原集中式DBMS的基础上开发的,通常是在原有的DBMS中,扩充了支持网络通信和分布式处理的一些功能部件实现的。

2. 分布式数据库管理系统的功能

由于不同的DDBMS没有统一的标准模型,不同的DDBMS提供的功能差别很大,一般DDBMS具有如下功能:

(1) 系统用户能够对分布式系统网络上任意节点数据库的数据进行远程存取,执行全局应用。

（2）支持存取透明性，提供一定级别的分布透明性。由于分布透明性与系统性能之间存在矛盾，因此一般的DDBMS在二者之间进行折中。

（3）支持对分布式数据库的管理与控制。如目录管理、全局数据的请求处理、收录有关数据库的使用信息和提供存放在不同节点上的数据库文件的全局视图等。

（4）支持DDBMS对分布式事务的并发控制管理和恢复管理，能够保证分布式数据库的正确运行。

3. 分布式数据库管理系统的组成

DDBMS由四部分组成：全局数据库管理系统、全局数据字典、局部数据库管理系统和通信管理，图1-6是一个典型的DDBMS结构图。

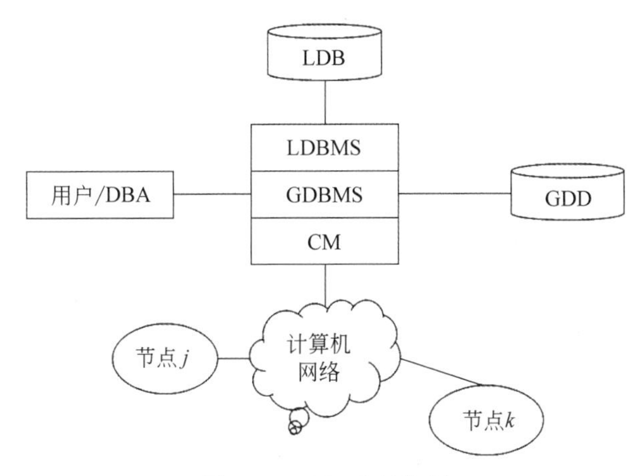

图1-6 DDBMS结构图

1）全局数据库管理系统（Global DBMS，GDBMS）

全局数据库管理系统提供分布透明性，协调全局事务的执行及协调各节点上的LDBMS共同完成全局应用。它可保证数据的全局一致性，执行并发控制实现更新同步并提供全局恢复功能。GDBMS是DDBMS的核心，通常包含如下成分。

（1）用户接口层。它设置了一个用于检验用户身份的接口，用户的应用程序经用户接口处理，作为一个全局事务由DDBMS执行；DBA可通过此接口定义全局模式、透明级别和分段描述等。

（2）语言处理层。它负责查询语言的语法、词法处理，把查询语句转换成某种内部表示形式。如用语法树表示查询，还未涉及数据分布问题，称为全局查询。

（3）分布式数据管理层。它主要用于查询分析、优化和确定查询计划。GDBMS从全局查询语法树可以分析出查询所涉及的数据和操作，从全局数据字典可以查得这些数据的分布和访问权限。如属合法访问，则进行查询分解，将全局查询分解为在相关节点上执行的子查询。在分解过程中将会涉及如何选择副本、如何进行分布数据的连接、如何减少通信费用等查询的策略。因此，需进行分布式查询优化处理。子查询作为一个子事务通过网络传送到有关节点，由各个节点的LDBMS执行。

（4）分布式事务管理层。它用于对分布式事务进行并发控制，并提供全局恢复功能。

(5) 数据转换层。负责全局数据与局部数据之间的转换。当系统是异构时，通过转换功能将数据转换成系统可接受的形式。具体的转换有：数据模型的转换；数据代码格式、字长、精度、单位等的转换；操作命令、完整性规则、安全性规则的转换等。

2) 全局数据字典(Global Data Dictionary，GDD)

GDD负责提供系统的各种描述、管理和控制信息，如为系统提供各级模式描述、网络描述、存取权限、事务优先级、完整性与相容性约束、数据的分割及其定义、副本数据及其所在的节点、存取路径、死锁检测、预防及故障恢复、与数据库运行性能有关的统计信息等。数据字典是面向系统的，它由系统定义，在初始化时由系统自动生成并为系统所用。一般不允许用户对数据字典进行更新操作，而只允许用户对它进行受限的查询。

因为分布式数据库的数据是分布的，所以数据字典也存在一个分布策略及管理问题。例如，在数据字典中有些数据存取的频率高(如逻辑结构定义、数据的位置信息等)，而另一些数据，如账目数据存取的频率较低，因此数据字典中的数据分布与冗余也需要进行优化选取。

3) 局部数据库管理系统(Local DBMS，LDBMS)

它用来建立和管理各节点上的局部数据库(LDB)，提供节点的自治能力，可执行局部应用和全局查询的子查询。

4) 通信管理(Communication Management，CM)

CM遵循网络协议实现各节点间数据和信息的正确可靠传送，完成系统的通信功能。

1.4.3 分布式数据库系统

分布式数据库系统由分布式数据库及其管理软件和实际应用程序组成。一组物理上分布在计算机网络的不同节点上、逻辑上属于同一系统的结构化的数据集合，在DDBMS的统一管理下，网络中的每个节点都有自治能力，并能够执行局部应用，每个节点也可以通过网络通信子系统执行全局应用，分布式数据库系统的组成如图1-7所示。

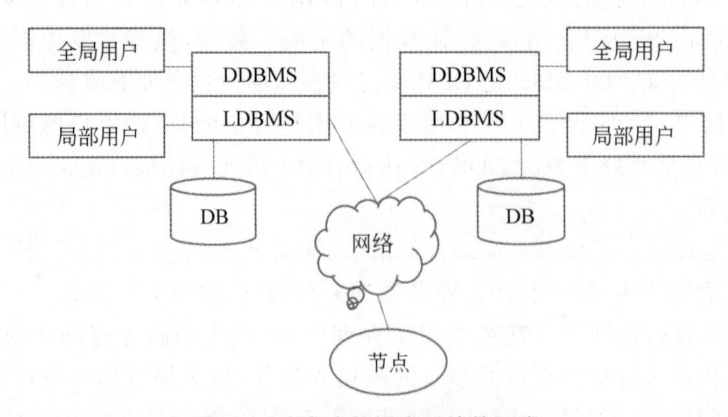

图1-7 分布式数据库系统的组成

分布式数据库系统是在集中式数据库系统的基础上发展起来的，是计算机技术和网络技术结合的产物。分布式数据库系统适合于单位分散的部门，允许各个部门将其常用的数据存储在本地，实施就地存放、本地使用，从而提高响应速度，降低通信费用。分布式数据库系统与集中式数据库系统相比具有可扩展性，通过增加适当的数据冗余，提高系统的可靠性。在集中式数据库中，尽量减少冗余度是系统目标之一，其原因是，冗余数据浪费存储空间，而且容易造成各副本之间的不一致性。而为了保证数据的一致性，系统要付出一定的维护代价，减少冗余度的目标是通过数据共享来达到的。而在分布式数据库中却希望增加冗余数据，在不同的场地存储同一数据的多个副本，其原因为提高系统的可靠性、可用性和系统性能。当某一场地出现故障时，系统可以对另一场地上的相同副本进行操作，不会因一处故障而造成整个系统的瘫痪。可以根据距离选择离用户最近的数据副本进行操作，减少通信代价，改善整个系统的性能。

1.5 分布式数据库的特性和优缺点

分布式数据库系统是物理上分布而逻辑上集中的数据库系统。物理上分布是指分布式数据库系统中的数据分布在由网络连接起来的、地理位置分散的不同站点上；逻辑上集中是指各数据库站点之间在逻辑上是一个整体，并由统一的数据库管理系统进行管理，同时各站点又都具有管理本地数据的能力。与集中式数据库相比较，分布式数据库系统有许多特性和优点。

1.5.1 分布式数据库的特性

根据分布式数据库系统的定义和性能，分布式数据库系统的主要特点包括物理分布性、逻辑整体性、数据独立性与位置透明性、站点自治性、站点间协作性、数据冗余性、集中和节点自治相结合、支持全局数据库的一致性和可恢复性、复制透明性、易扩展性等。

1. 物理分布性

分布式数据库的数据并不是只分布在一个站点上，而是分布存储在计算机网络上的多个站点上。

2. 逻辑整体性

分布式数据库的数据物理上分布在各个场地，但逻辑上是一个整体，它们被分布式数据库系统的所有全局用户共享，并由一个分布式数据库管理系统统一管理，这种特性充分体现了集中与分布的统一。逻辑整体性是分布式数据库系统与分散式数据库系统的最大区别。假如要判断一个数据库系统是分布式还是分散式的，只需要看这个系统是否支持全局应用就可以了。

3. 数据独立性与位置透明性

数据独立性是数据库方法追求的主要目标之一，分布透明性指用户不必关心数据的逻辑分区，不必关心数据物理位置分布的细节，也不必关心重复副本的一致性问题，同时也不必关心局部场地上数据库支持哪种数据模型。分布透明性的优点是很明显的。有了分布透明性，用户的应用程序就如同数据没有分布一样，当数据从一个场地移到另一个场地时不必改写应用程序,当增加某些数据的重复副本时也不必改写应用程序。数据分布的信息由系统存储在数据字典中,用户对非本地数据的访问请求由系统根据数据字典予以解释、转换、传送。

4. 站点自治性

各站点虽然构成整体性,但是又具有高度的自治性。各站点上的数据由本地的分布式数据库管理系统管理,各站点之间的局部操作互不相关,具有高度的自治性。

5. 站点间协作性

各站点相互合作构成一个整体。因为分布式数据库具有数据分布的独立性,对全局用户来说,用户可以在任何一个站点执行全局应用,如同集中式数据库系统一样方便。

6. 数据冗余性

与集中式数据库不同,分布式数据库中需要存在适当的冗余来提高系统的可靠性、可用性和改善系统性能,当然这也会给分布式数据库的实现带来更大的难度。

7. 集中和节点自治相结合

数据库是用户共享的资源,在集中式数据库中,为了保证数据库的安全性和完整性,对共享数据库的控制是集中的,并设有 DBA 负责监督和维护系统的正常运行。在分布式数据库中,数据的共享有两个层次:一是局部共享,即在局部数据库中存储局部场地上各用户的共享数据,这些数据是本场地用户常用的。二是全局共享,即在分布式数据库的各个场地也存储可供网中其他场地的用户共享的数据,支持系统中的全局应用。因此,相应的控制结构也具有两个层次:集中和自治。分布式数据库系统常常采用集中和自治相结合的控制结构,各局部的 DBMS 可以独立地管理局部数据库,具有自治的功能。同时,系统又设有集中控制机制,协调各局部 DBMS 的工作,执行全局应用。当然,不同的系统集中和自治的程度不尽相同,有些系统高度自治,连全局应用事务的协调也由局部 DBMS、局部 DBA 共同承担而不要集中控制,不设全局 DBA,有些系统则集中控制程度较高,场地自治功能较弱。

8. 支持全局数据库的一致性和可恢复性

分布式数据库中各局部数据库应满足集中式数据库的一致性、可串行性和可恢复性。除此以外,还应保证数据库的全局一致性、并行操作的可串行性和系统的全局可恢复性。这是因为全局应用要涉及两个以上节点的数据,因此在分布式数据库系统中一个业务可能由不同场地上的多个操作组成。例如,前述银行转账业务包括两个节点上的更新操作。这样当其中某一个节点出现故障操作失败后如何使全局业务回滚呢?若操作已完成或完成一部分,如何使另一个节点撤销已执行的操作,若操作尚没执行如何使另一个节点不必再执行业务的其他操作?这些技术要比集中式数据库复杂和困难得多,分布式数据库系统必须解决这些问题。

9. 复制透明性

用户不用关心数据库在网络中各个节点的复制情况，被复制数据的更新都由系统自动完成。在分布式数据库系统中，可以把一个场地的数据复制到其他场地存放，应用程序可以使用复制到本地的数据在本地完成分布式操作，避免通过网络传输数据，提高了系统的运行和查询效率。

10. 易扩展性

在大多数网络环境中，单个数据库服务器最终会不满足使用。如果服务器软件支持透明的水平扩展，那么就可以增加多个服务器来进一步分布数据和分担处理任务。分布式数据库易于扩充。

1.5.2 分布式数据库系统的优缺点

1. 分布式数据库系统的优点

相比传统的集中式数据库和传统的数据处理方式，分布式数据库系统主要有以下 5 个方面的优点。

（1）更适合分布式的管理与控制。

分布式数据库系统的结构更适合具有地理分布特性的组织或机构使用，允许分布在不同区域、不同级别的各个部门对其自身的数据进行局部控制。

（2）具有灵活的体系结构。

根据需要，分布式 DBMS 各场地可以具有不同程度的自治性，可以设计具有充分的场地自治到几乎是完全集中式控制的各种体系结构。

（3）系统经济，可靠性高，可用性好。

由于数据分布在多个场地并有许多复制数据，在个别场地或个别通信链路发生故障时，不至于导致整个系统的崩溃，而且系统的局部故障不会引起全局失控。

（4）局部应用的响应速度快。

如果存取的数据在本地数据库中，那么就可以由用户所在的计算机来执行，速度很快。

（5）可扩展性好。

易于集成现有系统，也易于扩充，经济性能优越。

2. 分布式数据库系统的缺点

分布式数据库由于数据库的分布性，与集中式数据库相比，缺点主要体现在以下 3 个方面。

（1）系统开销大。

系统开销主要花在通信部分。在网络通信传输速度不高时，系统的响应速度慢，与通信相关的因素往往导致系统故障，同时系统本身的复杂性也容易导致较高的故障率。当故障发生后系统恢复也比较复杂。

(2) 复杂的存取结构。

原来在集中式系统中有效存取数据的技术,在分布式数据库系统中都不再适用。

(3) 数据的安全生和保密性较难处理。

在具有高度场地自治的分布式数据库中,不同场地的局部数据库管理员可以采用不同的安全措施,但是无法保证全局数据都是安全的。安全性问题是分布式系统固有的问题。因为分布式系统是通过通信网络来实现分布控制的,而通信网络本身却在保护数据的安全性和保密性方面存在弱点,数据很容易被窃取。

1.6 分布式数据库的主要技术简介

分布式数据库系统涉及的主要技术包括分布式数据库设计、分布式查询和优化、分布式事务管理和恢复、分布式并发控制、分布式数据库的可靠性、分布式数据库的安全性等。

1. 分布式数据库设计的技术和方法

由于分布式数据库存储结构的特殊性,很多集中式数据库系统的关键技术问题和组织问题在分布式数据库系统中变得更加复杂。分布式数据库既要考虑数据存储的本地性、并发度和可靠性,还要兼顾多副本带来同步更新的开销;既要均衡各站点的工作负荷,提高应用执行的并发度,又要考虑站点负荷分布对处理本地性的副作用。正是因为面临着种种折中考验,使分布式数据库的设计过程变得异常复杂,同时也大大增加了优化模型的难度。

分布式数据库的设计方法有两种:重构法和组合法。前者采用自顶向下的设计方法,后者采用自底向上的设计方法。

重构法是指在充分理解用户应用需求的基础上,按照分布式数据库系统的设计思想和方法,一步一步构建系统的过程。这一过程包括概念设计、全局逻辑设计、分布设计、局部逻辑设计和物理设计等阶段,最后转化成与计算机系统相关的物理实现。

2. 分布式查询和优化处理技术

分布式查询和集中式查询有着本质的不同。在集中式数据库中,查询优化的目的在于为每个用户查询寻求总代价最小的执行策略。通常总代价以查询处理期间的 CPU 代价和 I/O 代价之和来衡量。分布式查询除了要考虑 CPU 和 I/O 代价外,还要考虑数据在网络站点之间的传输、数据的冗余和分布对查询效率所产生的影响。分布式查询优化有两个评估标准:一种是以总代价最小为评估标准,另一种是以每次查询响应时间最短为评估标准。在实际应用中,这两种标准常常被结合使用。

为了解决分布式查询优化问题,人们提出了不同的查询优化算法。典型的分布式算法有基于关系代数等价变化的查询优化处理方法、基于半连接算法的查询优化处理方法和基于直接连接算法的查询优化处理方法,这些方法已被应用在实际的查询优化处理中。一些现代寻优算法如动态编程算法、贪心算法、迭代提高算法、模拟退火算法和遗传算法等也逐步应用于分布式查询中，用来处理多连接查询优化问题，并取得了一定的效果。

3. 分布式事务管理和恢复技术

集中式环境下的事务的原子性(atomicity)、一致性(consistency)、隔离性(isolation)和永久性(durability)仍然适用于分布式环境。但是与集中式相比，分布式事务管理增加了不少新的内容和复杂性。例如，多副本一致性的保证、单点故障的恢复管理问题、通信网络故障时的恢复管理问题等。为了解决这些问题，分布式事务管理程序必须同时保证本地事务的ACID特性和分布式事务的ACID特性。同时，当故障发生时，要使得分布式数据库恢复到一个正确的、一致的状态。

4. 分布式事务并发控制技术

分布式并发控制是以集中式数据库的并发控制技术为基础，主要解决多个分布式事务对数据的并行调度问题。分布式数据库系统并发控制的主要技术包括基于分布式数据库系统并发控制的封锁技术、死锁处理技术、并发控制的时间戳技术、并发控制的多版本一致性技术以及并发控制的乐观方法等。这些技术用于负责正确协调并发事务的执行，保证并发的存取操作不破坏数据库的完整性和一致性，确保并发执行的多个事务能够正确运行并获得正确的结果。

5. 分布式数据库的可靠性

分布式数据库系统的可靠性是指数据库在一个给定的时间间隔内不产生任何故障的概率。它强调了分布式数据库的正确性，要求分布式数据库在符合某种要求的情况下正确地运行。一个可靠性高的系统要求能够预先识别可能发生的错误，即能够容错。基本的容错方法和技术包括错误回避技术和清除技术、故障检测技术、提供冗余、设计的模块化以及面向会话的通信机制。上述技术的有效结合可以为应用进程提供一个可靠的执行环境。

6. 分布式数据库的安全性

分布式数据库系统的特点之一是数据共享。数据共享给用户带来众多好处的同时，也给数据库的安全带来隐患，特别是在网络化的开放环境和基于网络的分布式数据库系统中更容易给数据库安全带来隐患。如何保证数据库的安全，是设计和实现分布式数据库时应该考虑的一个重要问题。在分布式数据库中，数据安全包括数据存储安全、数据访问安全和数据传输安全。数据存储和数据的本地访问安全可由各站点上的DBMS负责；而远程数据访问和数据传输的安全则应该由分布式数据库管理系统及其基于的网络操作系统和相应的网络协议负责。

1.7　典型的分布式数据库系统

下面介绍几款典型的分布式数据库系统，其中SDD-1系统、Distributed INGRES系统、System R* 系统等是较早研发的分布式数据库系统，为后续的分布式数据库系统的开发提供了宝贵经验；Google Spanner、AWS Aurora 是目前业界流行的分布式数据库系统。

世界上第一个分布式数据库系统 SDD-1 是由美国计算机公司(CCA)于 1979 年在 DEC 计算机上实现的，它采用关系数据模型，支持类 SQL 查询语言，支持对关系的水平和垂直分片以及复制分配，支持单语句事务，提出了半连接优化技术，支持分布式存取优化，采用独创的时间戳技术和冲突分析方法实现并发控制，支持对元数据和用户数据的统一管理。

INGRES 是比较早的数据库系统，开始于加利福尼亚大学伯克利分校的一个研究项目，该项目开始于 20 世纪 70 年代早期，在 20 世纪 80 年代早期结束。像伯克利分校的其他研究项目一样，它的代码使用 BSD 许可证。从 20 世纪 80 年代中期，在 INGRES 基础上产生了很多商业数据库软件，包括 Sybase、SQL Server、NonStop SQL、Informix 和许多其他的系统。在 20 世纪 80 年代中期启动的后继项目 Postgres，产生了 PostgreSQL、Illustra，无论从任何意义上来说，INGRES 都是历史上最有影响的计算机研究项目之一。Distributed INGRES 系统是 INGRES 系统的分布式版本，它支持 QUEL 查询语言，支持对关系水平分片，但不支持数据副本，采用基于锁的并发控制方法，其数据字典分为全局字典和局部字典。

System R* 系统是由 IBM 圣约瑟实验室研发的分布式数据库管理系统，是集中式关系数据库系统 System R 的后继成果，它支持 SQL 查询语言，允许透明地访问本地和远程关系数据库，支持分布透明性、场地自治性、多场地操作，但不支持关系的分片和副本。它采用基于锁的并发控制方法和分布式死锁检测方法，支持分布式字典管理。

Google Spanner 是一个可扩展的、全球分布式的数据库，是在谷歌公司设计、开发和部署的。在最高抽象层面，Google Spanner 就是一个数据库，把数据分片存储在许多 Paxos 状态机上，这些机器位于遍布全球的数据中心内。复制技术可以用来服务于全球可用性和地理局部性。客户端会自动在副本之间进行故障恢复。随着数据的变化和服务器的变化，Google Spanner 会自动把数据进行重新分片，从而有效应对负载变化和处理故障。Google Spanner 被设计成可以扩展到几百万个机器节点，跨越成百上千个数据中心，具备几万亿数据库行的规模。应用可以借助于 Google Spanner 来实现高可用性，通过在一个洲的内部和跨越不同的洲之间复制数据，保证即使面对大范围的自然灾害时数据依然可用。Google Spanner 采用的是无共享架构，内部维护了自动分片、分布式事务、弹性扩展能力，数据存储还是需要共用的，查询计划计算也需要涉及多台机器，也就涉及了分布式计算和分布式事务。Google Spanner 支持通用的事务，提供了基于 SQL 的查询语言。

AWS Aurora 是为云平台构建的兼容 MySQL 的企业级关系数据库引擎，AWS Aurora 本身基于亚马逊的关系数据库服务(Amazon RDS)，是一种在云中建立、运行和扩展的关系数据库的服务。Amazon RDS 支持 MySQL、Maria DB、PostgreSQL、Oracle 和 Microsoft SQL Server DB 引擎。Aurora 提供了每秒 50 万次以上的 SELECT 操作和每秒 10 万次以上的 UPDATE 操作的性能。AWS Aurora 的主要思想是计算和存储分离架构，使用共享存储技术，这样就提高了容灾和总容量的扩展。但是在协议层，只要是不涉及存储，本质还是单机实例的 MySQL，不涉及分布式存储和分布式计算，这样就和 MySQL 一样兼容性非常高。

习　题　1

1. 比较网状模型、层次模型、关系模型的优缺点。
2. 关系具有哪些特点？
3. 什么是候选关键字？
4. 什么是主属性？
5. 举出一对一联系、一对多联系、多对多联系的实例。
6. 简述分布式数据库。
7. 简述分布式数据库管理系统。
8. 分布式数据库系统的特性包括什么？
9. 分布式数据库有哪些优缺点？
10. 分布式数据库的主要技术包括哪些？

第2章

分布式数据库系统的结构

数据库系统的体系结构包括组成系统的组件、定义各组件的功能及组件之间的内部联系和彼此间的作用，通常从基于组件结构、基于层次结构和基于数据结构等多个维度来描述一个系统的体系结构。从介绍实现系统所需的组件及各个组件之间的通信关系来描述系统称为基于组件结构的描述方法；依据系统划分的层次结构、各层次的功能对系统进行描述称为基于层次结构的描述方法；介绍数据库系统包含的数据类型及类型的相互关系称为基于数据结构模式的描述方法。本章首先介绍分布式系统的组成部分和基本类型；然后介绍物理结构和逻辑结构、体系结构、模式结构，简单介绍多数据库系统与对等型数据库系统；最后阐述 Oracle 数据库系统的架构。

2.1 分布式数据库系统的组成

集中式数据库系统中的主要成员为数据库、数据库管理系统和数据库管理员。在分布式数据库系统中，主要成员在集中式数据库的基础上有所增加，将数据库分为全局数据库和局部数据库，数据库管理系统分为局部 DBMS 和全局 DBMS；数据库管理员也有局部 DBA 和全局 DBA 之分。在分布式环境下存在着多个站点，而每个站点或多或少具有某种处理功能，这些站点是通过某种通信网络相互连接起来的，数据库和用户可以分布在各个站点上。因此，要了解分布式数据库系统，可以将其分为三类组成部分：即与用户有关的、与数据有关的以及与网络有关的组成部分。

2.1.1 分布式数据库系统与用户有关的组成部分

分布式数据库系统与用户有关的组成部分包括分布式系统用户、用户进程、用户请求和用户模式。

所谓用户，笼统地讲是指与处理系统交往的对象。这个对象可以是银行的出纳员、航空订票系统的办事员或企业管理系统的车间行政人员。在某种情况下，这个用户也可以是直接和数据处理系统发生交互作用的工业机器人或某种传感器，为了便于讨论和分析，在系统内，“用户”是用一个或多个用户进程表示的，即用户进程是用户的代理。

所谓用户进程，就是与特定用户相关的一个程序的一次执行事例。例如，一个用户进程可以由一个用户应用程序、一个已编目的用户请求、一个预先定义的更新事务或一个特定的直接来自于用户的查询或更新请求的执行所产生。

所谓用户请求，是指由用户进程发起并由数据库管理系统（DBMS）接受和处理的一个报文，这个用户请求必须通过特定的用户模式进行翻译。用户请求是用 DBMS 能识别的用户请求语言书写的，这个语言可以是供终端用户直接使用的自包含语言，也可以是由嵌入宿主编程语言的专用数据操作命令组成的，这种语言只能供编程用户使用。事实上，通常在一个系统中同时提供这两种类型的语言。

用户模式即数据库的子模式，它提供数据的逻辑和结构定义。为了按用户期望的方式来描述数据，这个用户模式是必需的。这个模式也称为数据库用户的逻辑视图。

2.1.2　分布式数据库系统与数据有关的组成部分

分布式数据库系统与数据有关的组成部分包括分布式数据库、分布式数据库定义和数据库管理系统。

数据库是由 DBMS 所管理的最大的数据单位。它可以由建立数据库部门的所有数据组成，也可以包含一个组织或单位大多数职能部门的所有数据，一个数据库可以由单个文件或多个相关的文件组成。

数据库定义中包含有能使系统进行所有数据库处理所必要的信息。对于每一个数据库，只有一个数据库定义或模式，DBMS 进行数据库处理时，需要访问这个数据库定义。

数据库管理系统是负责数据库的定义、建立、检索、更新以及维护的一个软件系统。不过，目前大多数 DBMS，特别是配置在微型机上的 DBMS，它们所提供的这些功能是严格受限制的。例如，数据定义语言只能提供很少的数据结构和数据验证选择，对于数据库的查询和更新也只能使用十分简单的选择表达式。

2.1.3　分布式数据库系统与网络有关的组成部分

分布式数据库系统与网络有关的组成部分包括网络数据库管理系统（Network DBMS，NDBMS）、网络数据目录、网络存取进程和网络描述。

1. 网络数据库管理系统

与集中式数据库管理系统比较，在分布式环境中，要求为数据库及其相应的 DBMS 提供附加的功能。引入 NDBMS 的概念，其目的在于用来描述一组功能，且主要是用于说明这些附加功能的性质以及它们的信息要求，而不是考虑这些相应的软件如何组装的方法，它们可以独立组成一个可以识别的 NDBMS，或者简单地把附加的功能并入到局部的 DBMS 之中。NDBMS 至少应能提供如下功能。

1）连接

NDBMS 的首要任务是，在用户、局部 DBMS 以及网络通信软件之间提供一个接口。实际上，在分布式环境下，所有的用户请求最初进入这个 NDBMS，然后，它把请求传送给本地的 DBMS，或送至通信子系统，这取决于用户请求的数据位于本站点还是位于其他站点。

2) 定位

定位,即把用户请求中的数据访问翻译为逻辑节点地址。这种翻译是借助网络数据目录来实现的。对于一个简单的请求,NDBMS可以选择单个站点或识别几个站点,其中任一个站点都能满足这个请求,在这两种情况下,仅需把请求送往一个站点。至于复杂的请求,可能要涉及多个节点,因而要求系统提供一个网络范围的策略。

3) 策略选择

在处理每个用户的请求时,NDBMS必须确定一种策略。通常有两种请求分解的类型可供选择。一种是这种分解由当前的、单个站点上的DBMS来实现,把一个高级用户请求转换为一次一个记录的一个相应的请求系列。这些子请求可由DBMS具体执行。这类策略由局部DBMS选择,而且,在分布式系统中与在集中式系统中没有什么不同。然而,还有一种更高级的策略,NDBMS必须确定一个用户请求如何在网络中加以处理。如上面已经指出的,当一个用户请求可以由几个站点中任一个站点来处理时,则必须在这些站点中选择一个站点,并把请求按一定的路由送到该站点,这个站点的确定可以有多种方式:一是在系统设计时静态确定的;另一种是半静态方式,即在设计时确定,但希望当选择的站点发生故障时可以改选另一个站点。再一种方式是动态确定的,即对于每一个请求,根据网络中当时的负荷来选择一个合适的站点。对于后一种策略,NDBMS需要更多的状态信息。

一个请求不能由单个站点来完成处理的,称为复合请求。对于这种复合请求,NDBMS必须负责把它分解,并确定该请求的哪一部分可以在哪一个站点上完成,并确定完成这个请求是否有特定的顺序。复合请求的一般类型是更新具有多个副本的数据。在这种情况下,为了实现更新的同步,需要一个网络范围的策略。

在分布式系统中,对用户请求的分解有多种方法,但大多数方法涉及两个步骤。由于通信代价比较高,所以分解的第一步要求使通信量为最少;分解的第二步,主要考虑响应时间,即尽可能地实现并行处理,即让一个请求的不同部分尽可能在几个站点上同时处理。

4) 网络范围的恢复

如果一个节点发生故障并从网络中脱开,系统的其余部分如有可能则应继续运行。当这样一个站点发生故障时,对于正在处理的一个特定的事务,可能发生下列3种情况之一,这取决于该事务所请求的数据与发生故障站点的关系。

第一种情况是这个事务不需要故障站点上的任何数据。在这种情况下,与数据是否有多重副本无关,系统可以不管故障站点的存在而继续处理这个事务,当这个故障站点修复后返回到网络上时,也无须对这个事务做任何恢复工作。

第二种情况是故障站点包含了事务所需数据某一部分的唯一副本,因此在该站点重新接入网络之前事务不能处理。

第三种情况也是最复杂的一种情况,即故障站点包含请求数据多重副本之一,而这个事务要对之进行修改,或用它作为计算一个新值的一部分。

系统必须提供并发控制方法,以保证这些副本保持一致,并保护数据库的完整性。即使当数据的一个或几个副本不可用时，关于数据的一致性和完整性的协议还得遵守，否则系统将失去它的可靠性。这意味着，即使请求数据的一个副本在故障站点上，这个事务仍能被接收并"完成"。然而，当这个故障站点返回到在线状态时，它的数据库已经过时（有的数据副本未得到及时更新）。此时，NDBMS 应通过一个恢复进程把这个站点恢复到新状态，这就是 NDBMS 必须执行的网络范围的恢复功能。

5）翻译

在异构网络环境下，NDBMS 必须负责系统间的翻译。这包括：把用户请求转换成目标站点局部 DBMS 所能理解的形式，把目标系统所采用的数据结构转换成用户请求能被处理的一种数据结构形式，把一个系统中读取的数据转为另一系统能接收的数据。

2. 网络数据目录

在一个集中式或单站点数据库环境下，所有关于数据库的信息是集中放置在一个地方的。也就是说，传统的数据定义为数据库管理系统（DBMS）提供了定位和处理存储数据所需要的一切信息。然而，在分布式环境下，数据是分布的，系统必须能够确定将请求送往其数据所在的那个站点。通常，这借助于一个显式的网络数据目录来实现。在这个网络数据目录中，记录着全局数据库的数据定位信息。

对于网络数据目录，其主要的设计因素之一是确定"粒度"（Granularity）的等级。粒度是指目录指向的数据块的大小。它可以是一个数据库、一个文件或数据项级。依赖于这个粒度等级，NDBMS 利用这个网络数据目录把一个数据库名、文件或数据项名翻译为其所在站点的逻辑标识符。

如果请求数据有多重副本，则在网络数据目录中，它相应地有多个条目。在这种情况下，对检索和更新数据的物理定位有所不同。对于检索，除了考虑性能方面的要求，访问哪一个副本是无关紧要的。然而对于更新，则必须访问所有的副本。

3. 网络存取进程

一旦 NDBMS 分析了用户请求，选择了一个处理策略，并利用网络数据目录确定了请求的数据所在的站点，它将把请求传递给网络存取进程。这个 NDBMS 请求包括一条报文和一个逻辑站点标识符。

这个网络存取进程的主要功能如下。

（1）为传送用户请求确定路径选择。

（2）传送报文。

（3）接收报文并发出相应的应答信号。

事实上，网络存取进程作为站点上诸进程与通信设施之间的一个接口，在每一个网点上都必须配置网络存取进程。它把本站点与网络的其余部分相连接。通信设施是指通信进程与连接站点的物理设施的集合，其中，包括站点之间传送报文所用的各种协议。为了确定传送用户请求的路径，网络存取进程必须利用网络描述。

4. 网络描述

网络描述用于说明网络的拓扑结构,即说明网络由哪些站点组成,以及每一条链路所支持的数据传输速率。这个网络描述主要提供给网络存取进程在给定源站点和目的地站点后确定传送报文的路由。路由可能是直达的,也可能需要经过若干中间站点。虽然这个网络协议是在网络初始建立时定义的,但必须进行动态维护,以反映站点或站点之间链路的失效情况。

2.2 分布式数据库系统的分类

分布式数据库系统的分类标准主要有两种:按照站点上的局部数据库管理系统采用的数据模型进行分类和按照分布式数据库系统中全局控制系统类型进行分类。

2.2.1 按数据管理模型分类

1. 同构同质型

各个站点上的数据库的数据模型都是同一类型的,并且采用的是同一种DBMS,则该分布式数据库系统是同构同质型DDBS。

2. 同构异质型

各个站点上的数据库的数据模型是同一类型的,但采用的不是同一种DBMS,则该分布式数据库系统是同构异质型DDBS。

3. 异构型DDBS

如果系统中各个站点上的数据模型的类型是各不相同的,则该分布式数据库系统属于异构型。

著名的同构型分布式数据库系统主要有美国IBM公司的SYSTEM R*、美国CCA公司的DDM和SDD-1、法国的SIRIUS-DELTA。典型的异构型DDBS主要包括美国CCA公司于1981年研制的MULTIBASE、美国HONEYWELL公司于1980年研制的DDTS系统。

2.2.2 按系统全局控制类型分类

按照全局控制系统的类型可以分为全局控制集中型DDBS、全局控制分散型DDBS和全局控制可变型DDBS。

在全局控制集中型DDBS中,全局数据字典和全局控制机制位于相同的站点上,且全局事务的分发协调和数据副本的增删等控制功能都在该站点完成。全局控制集中型DDBS有助于实现数据更新的一致性,但对于中心站点的过度依赖会导致中心站点很容易成为系统的瓶颈和故障发生地。

在全局控制分散型DDBS中每个站点的功能作用都是对等的，各个站点上都有全局数据字典和全局控制机制且全局事务的协调和数据副本的增删等控制功能在任意一个站点都能完成。单个站点的故障并不会影响系统的正常运行，系统可用性高，但是协调和保持数据一致性比较困难。

全局控制可变型DDBS借鉴了全局控制集中型DDBS和全局控制分散型DDBS的思想，系统中的所有站点分为两组。其中一组中的每个站点都作为主站点，包含了全局控制机制和全局数据字典；另一组（辅助站点组）中的每个站点作为从站点，都不包含全局数据字典和全局控制机制。

2.3 分布式数据库的物理结构和逻辑结构

分布式数据库是一个数据集合，这些数据在逻辑上属于同一个系统，但物理上却分散在计算机网络的若干站点上，并且要求网络的每个站点具有自治的处理能力，能执行本地的应用。每个站点的计算机还至少参与一个全局应用的执行。所谓全局应用，要求使用通信子系统在几个站点存取数据。这个定义强调了分布式数据库的两个重要特点：分布性和逻辑相关性。可以从分布式数据库的物理结构体现出分布性，从逻辑结构体现出逻辑相关性。

2.3.1 分布式数据库系统的物理结构

典型的分布式数据库系统（DDBS）的物理结构如图2-1所示。其中，在不同地域的多台计算机分别控制本地数据库及各终端用户，每台计算机及其本地数据库组成了此分布式数据库的一个站点，各站点用通信网络连接起来，通信网络可以是局域网或广域网。通过分布式系统的物理结构可以看出，分布式数据库系统是由分布在计算机网络的不同的场地组成的，各个场地上有自己的数据库和数据库管理系统。

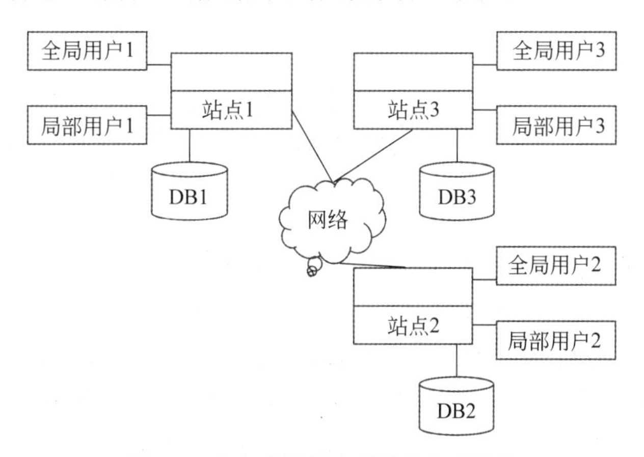

图2-1 分布式数据库系统的物理结构

2.3.2 分布式数据库系统的逻辑结构

分布式数据库系统的逻辑结构如图 2-2 所示，其中 LDBMS 是局部数据库管理系统，也就是通常的集中式数据库管理系统，用来管理本站点的数据；DDMBS 为全局数据库管理系统，用来管理全局数据库，在分布式数据库系统的逻辑结构中，整个分布式数据库系统被看成一个单元，由一个分布式数据库管理系统(DDBMS)来管理，支持分布式数据库的建立和维护；局部数据库管理系统(LDBMS)用来管理本场地的数据，并且各个局部数据库(LDB)的数据模式相同。

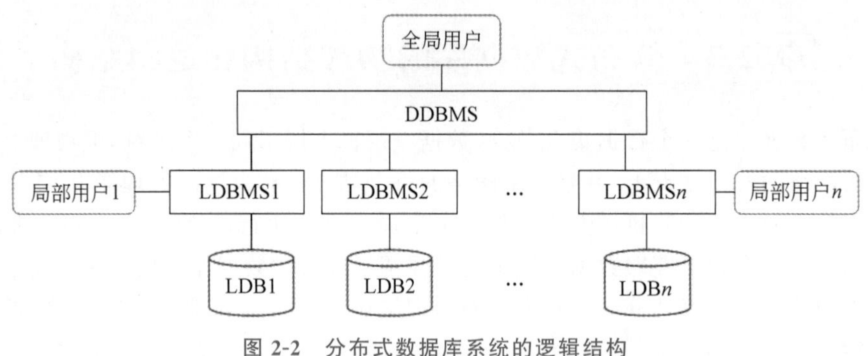

图 2-2 分布式数据库系统的逻辑结构

2.4 分布式数据库的体系结构

在一个数据库应用系统中，包括数据存储层、业务处理层和界面表示层三个层次。数据库系统体系结构就是指数据库应用系统中数据存储层、业务处理层、界面表示层等之间的布局和分布。

2.4.1 数据库系统的几种体系结构

从数据库最终用户角度看数据库系统外部的体系结构，将其体系结构分为单用户结构、主从式结构、分布式结构、客户机/服务器结构和浏览器/服务器结构等。

1. 单用户结构

单用户结构的数据库系统是一种比较简单的数据库系统，通常称为桌面型数据库管理系统。这种桌面型数据库管理系统已经基本上实现了 DBMS 应该具备的功能。这种单用户系统结构的特点是整个数据库系统包括的操作系统、DBMS、应用程序和数据库等都安装在一台计算机上，由一个用户独占，不同机器间不能共享数据，容易造成数据大量冗余，主要适合于个人计算机用户。单用户结构中，数据存储层、业务处理层和界面表示层都存在于一台计算机上。目前比较流行这种结构的 DBMS 有 Access 等。

2. 主从式结构

主从式结构的数据库系统是一种采用大型主机和终端结合的系统，这种结构是将操作系统、应用程序和数据库系统等数据和资源放在主机上，事务由主机完成，终端只是作为一种输入/输出设备，可以共享主机的数据。在这种主从式结构中，数据存储层和应用层都放在主机上，而用户界面层放在各个终端上。这种结构的优点是简单、数据易于管理和维护，但对主机的性能要求比较高。缺点是当终端用户增加到一定程度后，主机的任务会过于繁重，使性能大大下降，可靠性不够高；并且这种结构的通信费用比较昂贵。这是数据库系统初期较流行的一种体系结构。这种结构比较典型的有一些银行的业务系统，其业务数据存放在大型主机中，柜面业务人员通过终端实现对主机数据的共享。

3. 客户机/服务器结构

客户机/服务器(Client/Server，C/S)结构是当前非常流行的一种结构。在这种结构中，网络中某个或某些节点上的计算机专门用于执行 DBMS 功能，称为服务器。其他节点上的计算机安装 DBMS 的外围应用开发工具以及用户的应用系统，称为客户机。客户机提出请求，服务器对客户机的请求做出回应。在客户机/服务器结构的数据库系统中，数据存储层处于服务器上，应用层和用户界面层处于客户机上。客户机支持用户应用，负责管理用户界面、接收用户数据、生成数据库服务请求等；服务器则接收客户机的请求，处理请求并返回执行的结果。这种结构的优点是不需要将大量数据在网络上传输，减少了网络的数据传输量，提高了系统的性能、吞吐量和负载能力。因为客户机与服务器一般都能在多种不同的硬件和软件平台上运行，并且可以使用不同厂商的数据库应用开发工具，数据库更加开放，可移植性高。但这种结构本身也有缺点，如系统安装复杂，工作量大；应用维护困难，难于保密，数据安全性差；相同的应用程序要重复安装在每一台客户机上，从总体来看，大大浪费了系统资源。特别是当系统规模达到数百或数千台客户机，它们的硬件配置、操作系统又常常不同，要为每一台客户机安装应用程序和相应的工具模块，其安装维护代价便不可接受了。客户机/服务器结构也可分为集中的和分布的。集中的客户机/服务器结构只有一台数据库服务器、多台客户机。分布的客户机/服务器结构在网络中有多台数据库服务器，它是客户机/服务器与分布式数据库的结合。

根据不同的应用需求可以构建不同的客户端/服务器结构的系统，对于应用处理器(AP)和数据处理器(DP)的不同组合，有如下 4 种结构。

(1) 单应用处理器、单数据处理器系统结构，该结构属于集中式数据库系统结构，如图 2-3 所示。

(2) 多应用处理器、单数据处理器系统结构，该结构属于网络数据库服务器结构，如图 2-4 所示。

(3) 单应用处理器、多数据处理器系统结构，该结构属于并行数据库系统结构，如图 2-5 所示。

(4) 多应用处理器、多数据处理器系统结构，该结构为典型的分布式数据库系统结构，如图 2-6 所示。

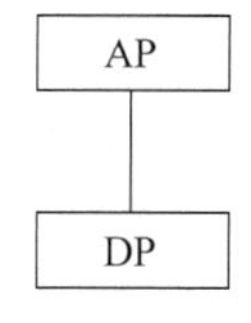

图 2-3　集中式数据库系统

另外在AP与DP的功能配置上,可以是瘦客户端/胖服务器方式,也可以是胖客户端/瘦服务器方式。

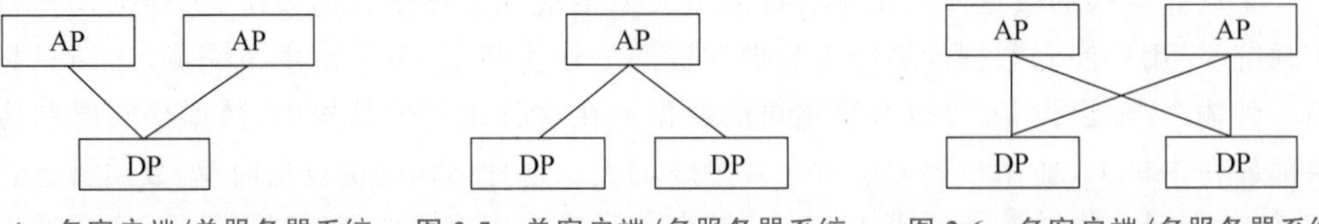

图2-4 多客户端/单服务器系统　图2-5 单客户端/多服务器系统　图2-6 多客户端/多服务器系统

4. 浏览器/服务器结构

由于客户机/服务器结构需要配置和维护多个客户端支撑软件,不但会造成客户机臃肿,而且给应用程序的维护工作带来了很大的不便。随着因特网浏览器功能越来越强大,在许多场合下,可以用浏览器取代客户机/服务器结构的客户端软件。因此,人们提出了一种改进的结构——浏览器/服务器(B/S)结构。这种结构中,统一用浏览器作为客户端,实现用户的输入输出。应用程序的业务逻辑和数据处理都在服务器端安装和运行。因此,服务器端除了要有数据库服务器保存数据并运行基本的数据操作外,还要有处理客户端提交的处理要求的应用服务器。这种结构的数据存储层处于数据库服务器上,主要执行数据逻辑,运行SQL式存储过程;业务处理层位于应用服务器上,主要执行业务逻辑,向数据库发送请求;而用户界面层位于客户机,实现用户引导,向应用服务器发送请求并显示处理结果。浏览器/服务器结构采用浏览器作为客户端,界面统一,容易为用户所掌握,大大减少了用户培训时间。并且由于所有业务逻辑和数据处理均在服务器端执行,大大减少了系统开发和维护的代价,能够支持数万甚至更多的用户。这种结构已成为目前最流行的数据库体系结构。

2.4.2 分布式数据库的体系结构概述

分布式数据库系统按系统的功能层次划分,可以描述为客户端/服务器的体系结构。按各场地能力划分,因为各节点的功能平等,类似于对等型P2P结构,但DDBS同P2PDBS又存在很大的区别。

1. 基于客户端/服务器的体系结构

客户端/服务器体系结构是两层的基于功能的体系结构,分为客户端功能和服务器功能。典型的基于客户端/服务器功能的分布式数据库系统体系结构如图2-7所示,其中AP是应用处理器,DP为数据处理器,CM是通信处理器。

AP:应用处理器,用于完成客户端的用户查询处理和分布式数据处理的软件模块,如查询语句的语法、语义检查、完整性、安全性控制等;根据外模式和模式把用户命令翻译成适合于局部场地执行的规范化命令格式;处理访问多个场地的请求,查询全局字典中的分布式信息等;负责将查询返回的结果数据从规范化格式转换成用户格式。

DP:数据处理器,负责进行数据管理的软件模块,类似于一个集中式数据库管理系

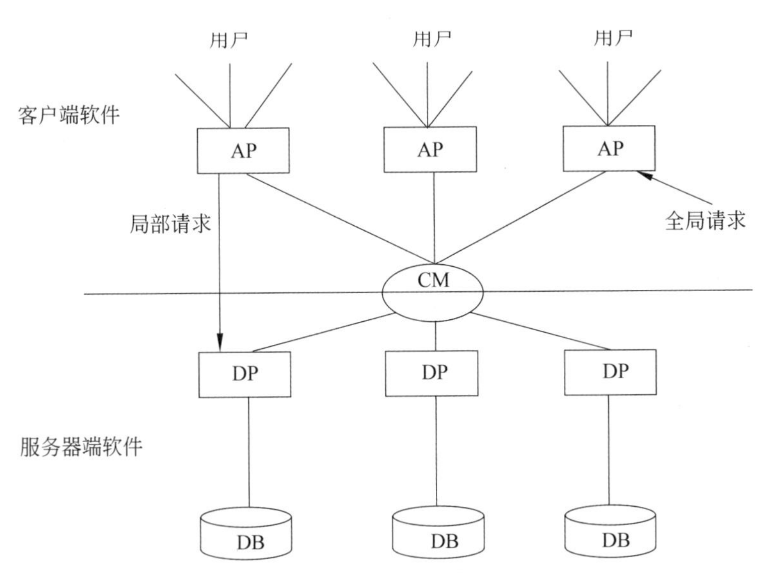

图 2-7　基于客户端/服务器功能的分布式数据库系统体系结构

统，如根据模式和内模式选择通向物理数据的最优或近似最优的访问路径；将规范化命令翻译成物理命令，并发地执行物理命令，并返回结果数据；负责将物理格式数据转换成规范化的格式数据。

CM：通信处理器，负责为 AP 和 DP 在多个场地之间传送命令，保证数据传输的正确性、安全性、可靠性，保证多个命令报文的发送次序和接收次序的一致性。

2. 基于中间件的客户端/服务器结构

传统的架构模式就是应用连接数据库直接对数据进行访问，是两层体系结构，这种架构的特点是简单方便。两层结构下，客户端程序可以直接访问服务器端数据库，而且用户界面的代码与业务逻辑代码混杂在一起，这些导致两层结构存在以下问题：服务器端的压力较大，客户端的可重用不好，系统的维护困难，数据的安全性存在问题。为解决这些问题，提出了基于中间件的客户端/服务器结构。这种基于中间件的客户端/服务器结构是三层体系结构，如图 2-8 所示。数据库中间件是三层体系结构的中间层，不仅可以隔离客户端和服务器，还可以分担服务器的任务，平衡服务器的负载。对于三层结构，中间层是开发的重点，中间层负责主要的业务逻辑，是整套系统的重中之重。在三层架构模式里，客户端与服务器端都被严格地确定功能，而中间层是很灵活的，中间层实现与用户界面和保存数据无关的业务逻辑的处理。

Amoeba、Cobar、MyCat 是最为常见的分布式数据库中间件。三者在一定程度上具有继承性，后者在前者的基础上发展而来。

Amoeba 开源框架起始于 2008 年，是数据库中间件的早期产品，应用程序通过连接 Amoeba 操作 MySQL 集群，就像操作单个 MySQL 一样。它后端使用 JDBC Driver 和底层数据库通信以及其 SQL 语句的解析器限制了系统的性能，对海量数据的查询，如 10 万条以上，操作系统容易崩溃。

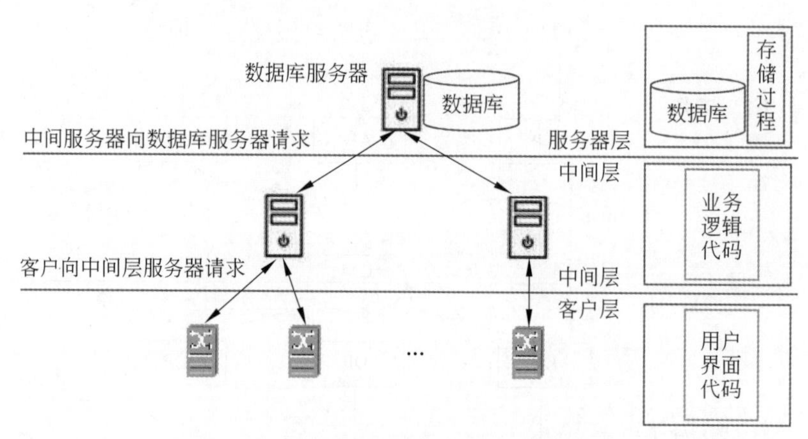

图 2-8 基于中间件的客户端/服务器结构

Cobar 是在 Amoeba 基础上进化的版本,一个显著变化是把后端 JDBC Driver 改为原生的 MySQL 通信协议层。后端去掉 JDBC Driver 后,意味着不再支持 JDBC 规范,不能支持 Oracle、PostgreSQL 等数据库。但使用原生通信协议代替 JDBC Driver,后端的功能增加了很多,例如主备切换、读写分离、异步操作等。同时,手动重写了 SQL 解析器,性能和稳定性较 Amoeba 有大幅度提升。但它仍然存在一些缺陷,如缺乏事务支持、子查询支持、聚集查询结果未做聚合等。

MyCat 又是在 Cobar 基础上发展的版本,它有两个显著变化点:第一,后端由 BIO 改为 NIO,并发量有大幅提高;第二,增加了对 Order By、Group By、limit 等聚合功能的支持,虽然 Cobar 也可以支持 Order By、Group By、Limit 语法,但是结果没有进行聚合,只是简单返回给前端,聚合功能还需要业务系统自己完成。

以 Mycat 为代表的分布式数据库中间件主要用于集成 MySQL 等关系数据库,达到伪分布式的目的,对于 MongoDB、Hadoop 等非结构化数据库的查询处理支持较弱。主要表现在以下 3 个方面。

(1) 对于非关系数据库的功能调用支持较弱,如包含 MongoDB 嵌套数据对象的查询无法返回正确的查询结果,对于 MongoDB 中支持的 MapReduce 等适用于半结构化数据的执行方式无法进行调用。

(2) 对于混合数据的连接无法支持,从而难以支持不同数据类型之间的关联查询。

(3) 对于索引等查询优化策略支持较弱。

分布式数据库系统的模式结构

2.5 分布式数据库系统的模式结构

模式结构是典型的基于数据的描述方法,为了便于描述分布式数据库中不同程度的数据独立性,可以把 DDBS 抽象成多种层次结构。图 2-9 示出了一种物理上分布、逻辑上集中的 DDBS 的模式结构。图 2-9 示出的模式结构从整体上分为两大部分:上部是 DDBS 增加的模式级别;下部是集中式 DBS 的模式结构,代表了各节点上局部数据库系统的结构。由图 2-9 可见,该结构提供完全透明的分布式数据库的功能。它由全局外模式层、全局概念模式层、局部概念模式层、局部内模式层等组成,各模式间有相应的映像定义。

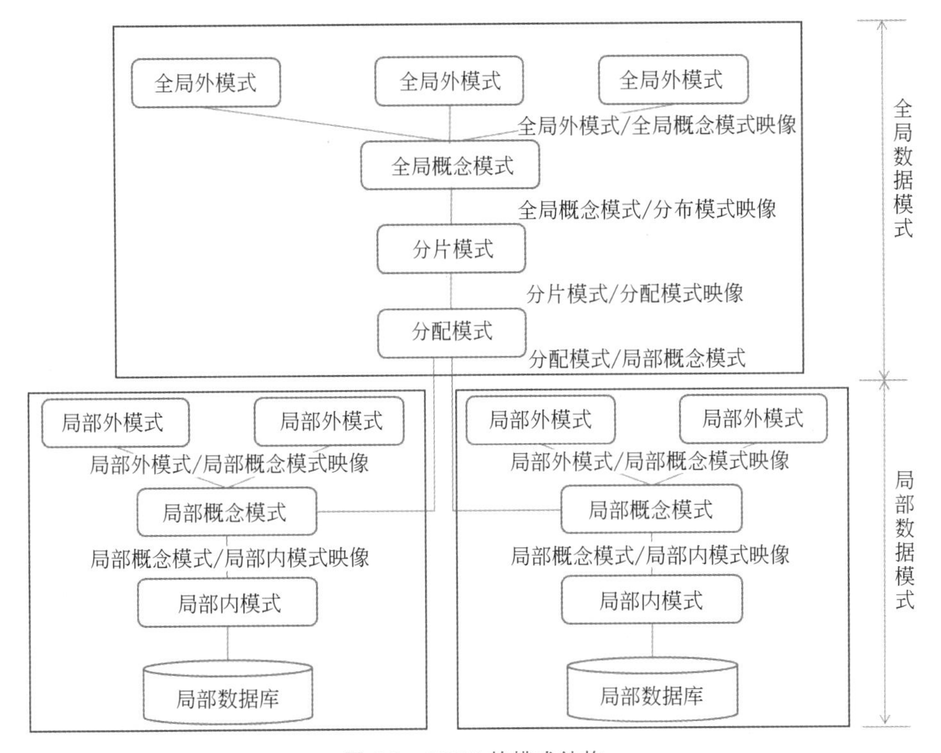

图 2-9　**DDBS 的模式结构**

1. 全局外模式层

全局外模式层由多个全局用户视图组成。如果用关系模型建立全局逻辑结构,则用户视图是全局关系模式的子集。对于完全透明的 DDBS,全局用户在使用视图时不必关心全局数据的分段和分布细节。

2. 全局概念模式层

全局概念模式层是 DDBS 的整体抽象。定义了 DDB 中全部的数据特性和逻辑结构。对于提供完整透明性的 DDBS 而言,全局概念模式层包括三级模式:全局概念模式、分片模式、分配模式。

(1) 全局概念模式:它描述全局数据的整体逻辑结构,是 DDBS 的全局概念视图。描述方法与集中式数据库的概念模式的定义基本相同。定义全局模式所用的数据模型应便于向其他层次的模式映像。一般用定义关系模型的方法定义全局概念模式。这样,全局概念模式由一组全局关系的定义组成。

(2) 分片模式:它是全局数据整体逻辑结构分割后的局部逻辑结构,是 DDBS 的全局数据的逻辑划分视图。分片模式描述了分片的定义,以及全局模式到分片的映像。这种映像是一对多的,即一个全局概念模式有多个分片模式相对应。对于采用关系模型的全局概念模式来讲,分片模式描述的是对全局关系模式逻辑部分的定义,即子关系模式的定义。一个全局关系可划分为多个片段,即 1∶N 的关系,而一个片段只来自一个全局关系。

(3) 分配模式:它定义了各个片段到节点间的映像,即分配模式定义片段存放的节点,并不是全局数据在局部节点上的物理存储。在分配模式中规定的映像类型确定了 DDBS 数据的冗余情况,若映像为 1∶1 则数据是非冗余型,若映像为 1∶N 则允许数据冗余(多副本),即一个片段可分配到多个节点上存放。

由上面三级模式(全局概念模式、分片模式、分配模式)的描述可知,从全局概念模式层观察 DDBS 时,它定义了全局数据逻辑结构和分布特性,然而并未涉及全局数据在局部节点上的物理存储,因此仍然是概念层视图,即全局 DBA 视图。图 2-10 给出了一个全局关系 R 的各个分片及分片到节点的影映关系。

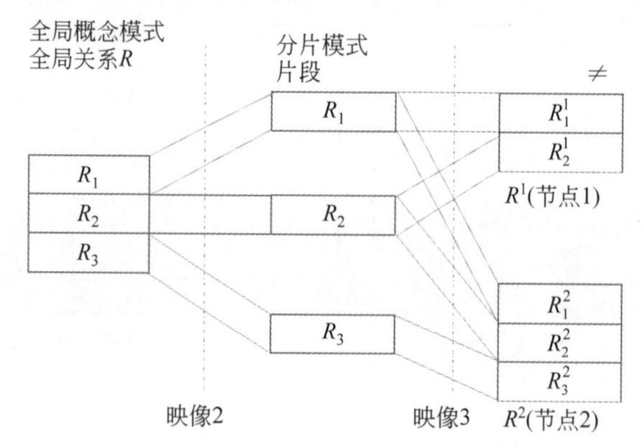

图 2-10 全局关系 R 的分段及物理分布示意图

3. 局部外模式层

局部外模式层由多个局部用户视图组成。如果数据库采用关系模型建立,则局部用户视图是局部关系模式的子集。

4. 局部概念模式层

局部概念模式层是全局概念模式被分片和分配在局部节点上的局部概念模式及其映像的定义。当全局数据模型与局部数据模型不同时,局部概念模式还应包括数据模型转换的描述。

5. 局部内模式层

局部内模式定义局部物理视图,它是分布式数据库系统中关于物理数据库的描述,类似于集中式数据库的内层。

6. 映像

上述各层之间的联系和转换是由各层模式间的映像实现的。在分布式数据库系统中除保留集中式数据库中的(局部)外部模式/(局部)概念模式映像、(局部)概念模式/(局部)内部模式映像外,还包括下列几种映像。

(1) 映像 1:定义全局外模式与全局概念模式之间的对应关系。当全局概念模式改变时,只需要由 DBA 修改该映像,而全局外模式可以保持不变,如图 2-11 所示。

图 2-11　全局外模式与全局概念模式之间的对应关系:映像 1

(2) 映像 2:定义全局概念模式与分片模式之间的对应关系。由于一个全局概念模式可对应多个片段,因此该影像是一对多的,如图 2-12 所示。

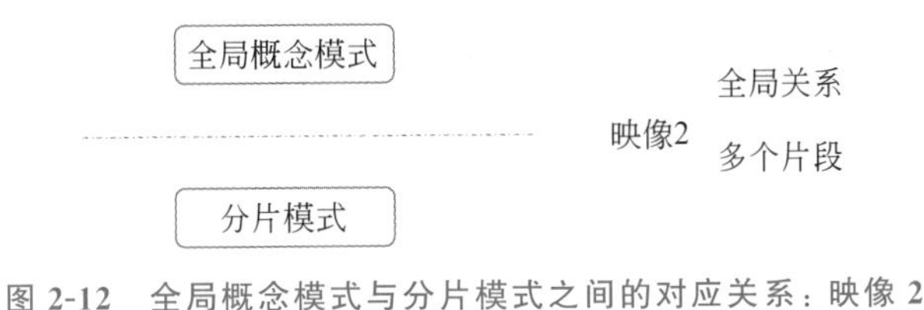

图 2-12　全局概念模式与分片模式之间的对应关系:映像 2

(3) 映像 3:定义分片模式和分配模式之间的对应关系,即定义片段与网络节点之间的对应关系。如果该映像是一对一的,则表明该系统是非冗余结构;若该映像是一对多的,则表示一个片段被分布在多个节点上存放,属于有冗余的分布式数据库结构,如图 2-13 所示。

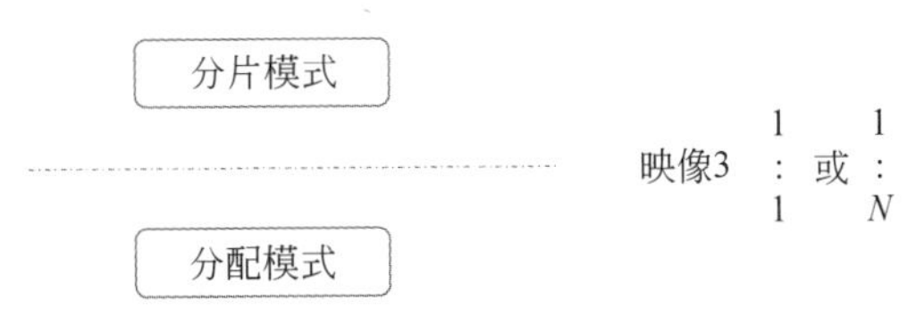

图 2-13　分片模式和分配模式之间的对应关系:映像 3

(4) 映像 4:定义分配模式和局部概念模式之间的对应关系,即定义存储在局部节点的全局关系或其片段与各局部概念模式之间的对应关系。一个全局关系可对应多个片段,因此映像是一对多的,如图 2-14 所示。

在集中式数据库管理系统领域中,ANSI/SPARC 的三层体系结构已经被广泛认同,大部分的商业数据库管理系统都遵循这一体系结构。但在分布式数据库管理系统领域,每个分布式数据库管理系统所采用的技术都相对独立,所以几乎所有的系统都采用自己特有的体系结构。

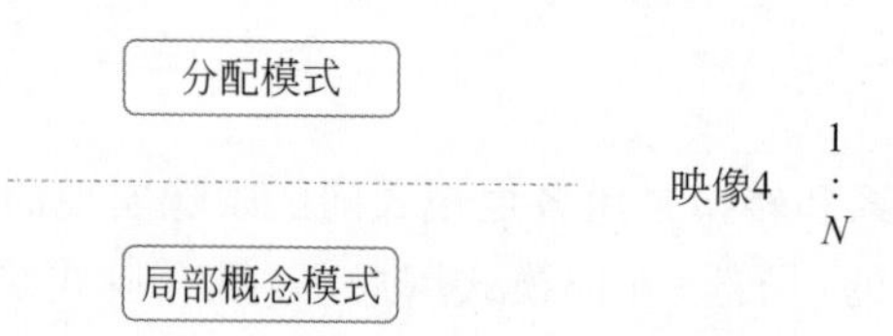

图 2-14 分配模式和局部概念模式之间的对应关系：映像 4

2.6 分布式数据库系统的组件结构及功能

基于客户端/服务器结构的分布式数据库系统组件包括应用处理器和数据处理器，本节介绍各组件的功能和结构及其组件之间的结构。

2.6.1 应用处理器的功能

应用处理器主要包括用户接口、语义数据控制器、分布式查询处理器、分布式事务管理器和全局字典。其结构如图 2-15 所示。

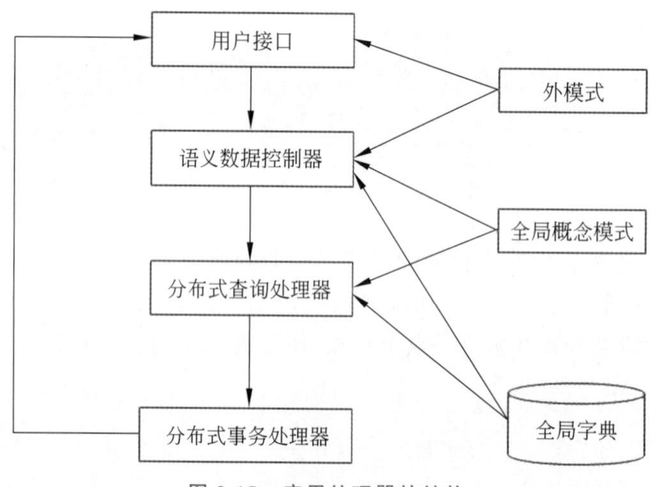

图 2-15 应用处理器的结构

(1) 用户接口：负责检查用户身份、接受用户命令，如 SQL 命令等。

(2) 语义数据控制器：负责视图管理、安全控制、语义完整性控制等。

(3) 分布式查询处理器：负责将用户命令翻译成数据库命令，进行分布式查询处理与优化，并生成分布式查询的分布执行计划，收集局部执行结果并返回给用户。

(4) 分布式事务管理器：负责调度、协调和监视应用处理器和数据处理器之间的分布执行，保证复制数据的一致性，保证分布式事务的原子性。

(5) 全局字典：负责为语义数据控制器、分布式查询转换的模式映射以及分布式查询处理提供数据信息。

2.6.2　数据处理器的功能

数据处理器主要包括局部查询处理器、局部事务管理器、局部调度管理器、局部恢复管理器、存储管理器和局部字典。其结构如图 2-16 所示。

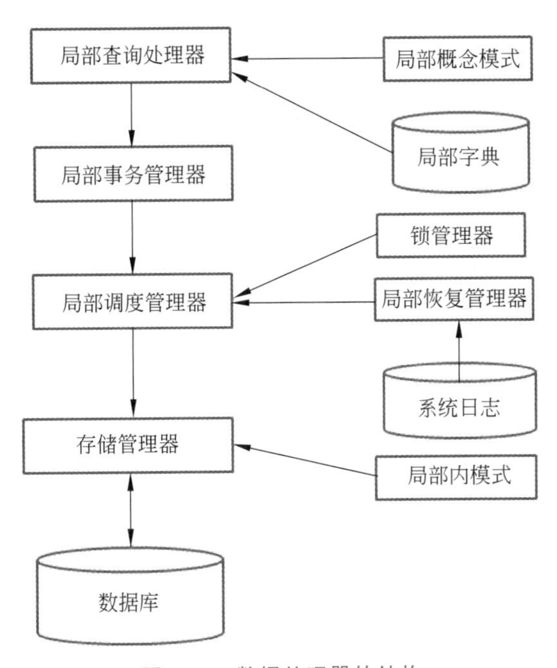

图 2-16　数据处理器的结构

(1) 局部查询处理器：负责实现分布式查询命令到局部命令的转换，以及局部场地内的存取优化，选择最好的路径执行数据存取操作。

(2) 局部事务管理器：以局部子事务为单位调度执行，保证子事务执行的正确性。

(3) 局部调度管理器：负责局部场地上的并发控制，按可串行化策略调度和执行数据操作。

(4) 局部恢复管理器：负责局部场地上故障恢复，维护本地数据库的一致性。

(5) 存储管理器：按调度命令访问数据库，进行数据缓存管理，返回局部执行结果。

(6) 局部字典：负责为数据局部查询处理与优化提供数据信息。

2.6.3　分布式数据库系统的组件结构

分布式数据库系统的组件应用处理器、数据处理器和系统用户之间的结构如图 2-17 所示。

2.6.4　数据字典

1. 数据字典的基本知识

数据字典(data dictionary)是 DBA 进行数据库管理的一个重要工具，数据字典在数

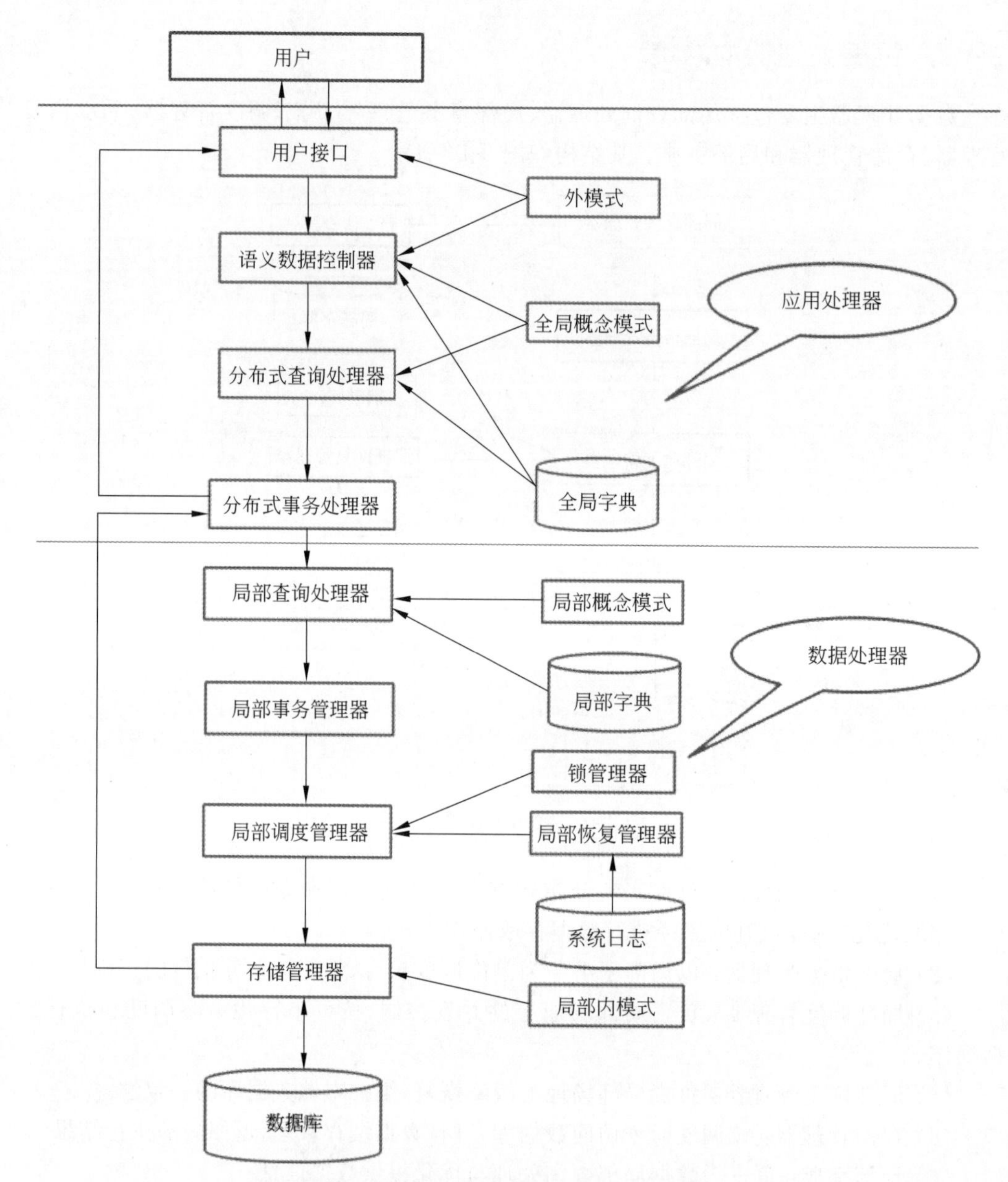

图 2-17 分布式数据库系统的组件结构

据库管理中具有十分重要的作用。

数据字典是 DBMS 的一部分,它用于存储数据的特性和关系的定义。数据字典是“关于数据的数据”,称为元数据。目前,数据字典有两种主要类型,即集成式和独立式。集成式数据字典包含于 DBMS 中,例如所有关系型 DBMS 软件都有一个内部的数据字典或系统目录,它被 DBMS 频繁地访问和修改,其他的 DBMS(层次或网状的)尤其是一些传统的 DBMS 可能不含有内部数据字典,DBA 需要使用独立于 DBMS 的数据字典系统。

数据字典中保存着 DBMS 所使用的信息,它的主要功能是存储与数据库相关的描述性信息，用于对数据库进行各种操作。集成式数据字典仅限于 DBMS 所管理的数据，而独立式数据字典更灵语，允许 DBA 描述和管理所有数据，不管这些数据是否被 DBMS 所使用。无论采用哪一种方式的数据字典，都会有利于数据库设计者与终端用户之间的彼此沟通。

数据字典没有一个标准的格式，一般在数据字典中存储如下描述性信息。

(1) 关于每一个数据库的创建者、创建日期。

(2) 关于数据库中表的定义，具体来说，包括存储表的名称、创建者、创建日期。

(3) 所有列的名称、列的数据类型和显示的格式等。

(4) 索引的定义，至少存储索引名、位置、索引的性质和创建日期。

(5) 数据库中所有终端用户和管理员的访问权限。

(6) 所有表之间的联系以及完整性约束的定义。

DBA 可以利用数据字典监视数据库的操作情况和为用户分配访问权限，由于数据字典中的数据也是以表的形式存储的，所以像普通表的查询方法一样，可用 SQL 语句查询数据字典。

2. 分布式数据库数据字典的主要内容和主要用途

在基于关系模型的分布式数据库中，数据字典是以关系的形式存放在数据库中的，这些关系由系统建立，称为系统表，主要内容包括全局模式描述、分片定义描述、分配定义描述、局部名映射、存取方法描述、数据库的统计信息、状态信息、数据转换信息、数据命令格式、系统描述、数据容量等。

分布式数据库数据字典的主要作用体现以下 5 个方面。

(1) 系统设计人员根据数据字典中提供的系统需求信息、场地配置信息以及数据库统计信息，定义各级模式、数据分布、数据流程以及设计评价。

(2) 将在不同透明层次上的用户数据映射成单一的物理数据。

(3) 为生成存取计划提供可用的数据分配、存取方法和统计信息。

(4) 提供分布式事务分析、分解、处理所需要的必要信息，并根据数据字典确定存取计划的合法性和存取访问控制。

(5) 依据系统数据字典中有关系统运行过程中的各种性能因素，维护和调整系统的各种参数，提高系统运行效率。

3. 分布式数据库数据字典的组织方法

分布式数据库中的数据字典主要分为集中式字典、全复制字典、局部式字典和混合式字典。集中式字典又分为单一主字典方式和分组主字典方式，单一主字典方式是将整个数据字典存放在一个场地上，进行统一管理。它所存在的不足是存放主字典的场地负载重，可能成为性能瓶颈，分组主字典方式是将系统站点分为若干组，每组设置一个主字典。全复制式主字典是每一个场地都存放一个完整的全局字典，其优点是可靠性高、查询响应速度快，它的不足是存在数据冗余、不利于系统扩充以及场地自治性较高的场合。局部式字典是将全局字典分割后存放在各个场地上，各场地只含有部分全局字典，它适应于场地自治性的场合,维护代价小,但增加了字典查找以及转换开销等。混合式字典是根据实际应用场景需要,由集中式字典、全复制字典、局部式字典共存的方式实现的。

2.7 多数据库系统与对等型数据库系统

2.7.1 多数据库系统

1. 多数据库系统概述

当前,数据资源的共享和基于网络的异构数据源数据信息的获取技术已经成为一个热门话题。传统的数据集成技术,已无法适应人们及时获取更多、更新、更全面数据的需要。多数据库技术提供了一种集成多个异构数据源、实现信息共享的有效方法。多数据库系统(MDBS)是在一组已经存在的数据库以及文件系统之上为用户提供一个统一的存取数据的环境。一个 MDBS 由一组独立发展起来的 LDB 组成,并在这些 LDB 之上为用户建立一个统一的存取数据的层次,为用户提供一个统一的全局视图,使用户像使用一个统一的数据库系统一样使用 MDBS,而不需要改变 LDBS。MDBS 屏蔽了各个 LDBS 的分布性和异构性,并保持各个 LDBS 的自治性。加入多数据库系统对 LDB 上原来的应用程序应该没有任何影响,即 LDB 上原来的应用程序及软件在 LDB 加入多数据库系统以后仍能继续运行,并且这些 LDB 上的局部事务不为 MDBS 所知,更不受 MDBS 控制。MDBS 的主要目的是解决异构数据库的互操作问题。

2. 多数据库系统的体系结构

MDBS 是一种客户机/服务器(Client/Server)结构。多个 MDBS 用户与 MDBS 进行交互,用户可以通过 MDBS 对多个局部数据库进行存取操作。MDBS 管理所有全局数据库系统的控制信息,包括全局模式、全局查询的处理以及全局事务的提交和控制等。每个 LDBS 通过一个驱动器与 MDBS 连接,这个驱动器与相应的 LDBS 在同一个站点上。MDBS 与驱动器之间的通信构成一个通信子层(Communication SubSystem,CSS)。MDBS 的体系结构如图 2-18 所示。从 MDBS 的体系结构可以看出,MDBS 对 LDBS 没有做任何改动,因此 LDBS 上的用户还可以对 LDBS 进行直接访问,LDBS 上原来的应用程序还可以直接运行于 LDBS 之上,保证了 LDBS 的自治性。对于 MDBS 用户而言,用户所看到的只是 MDBS,用户只与 MDBS 打交道,从而就屏蔽了 LDBS 的分布性和异构性。

3. 多数据库系统的设计原则及与分布式数据库系统的区别

由于多数据库系统是在已有的多个数据库系统上构建的,因此与分布式数据库系统的区别主要体现以下三个方面。

(1) 在分布式数据库系统中,整个数据库系统被看成一个单元,由一个 DBMS 来管理;在 MDBS 中,整个数据库系统被看成由多个已存的 LDBS 组成,每个 LDBS 由各自异构的 DBMS 来管理。

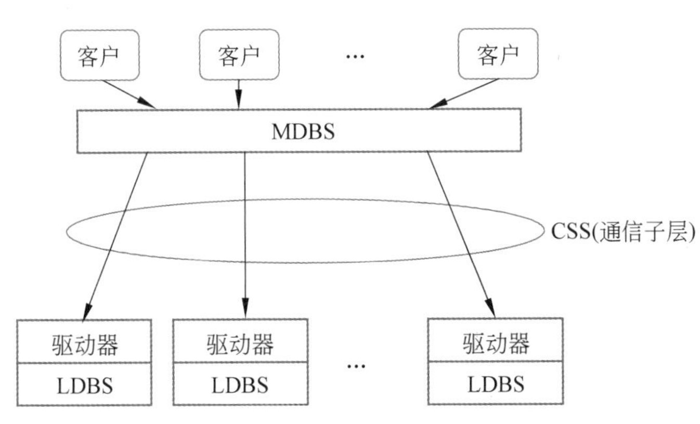

图 2-18　MDBS 的体系结构

(2) 在分布式数据库系统中，各个 LDBS 的数据模式相同；在 MDBS 中，各个 LDBS 的数据模式不同，需要将它们统一起来。

(3) 在分布式数据库系统中，DBMS 能够自动地对查询进行优化和更新数据库；在 MDBS 中，需要特殊的查询优化技巧来处理异构性和动态性。

由于 MDBS 的已存性、分布性、异构性和自治性，使得 MDBS 的设计与一般的分布式数据库系统有很大不同。MDBS 的设计原则主要有以下 5 点。

(1) 禁止从一个数据库到另一个数据库之间的数据转换和迁移。

(2) MDBS 要求对 LDBS 不做任何修改，这就是设计自治性。

(3) MDBS 不能影响 LDBS 原来的工作模式，即 LDBS 上还可以运行只使用本地资源的局部应用程序。

(4) 在 MDBS 中只使用一种统一的数据库语言，用户像使用一个数据库系统一样使用 MDBS。

(5) MDBS 必须对用户屏蔽各个 LDBS 异构的操作环境，包括计算机、操作系统、网络协议等。

2.7.2　对等型数据库系统

1. P2P 系统

目前，在学术界、工业界对于 P2P 没有一个统一的定义，Intel 公司将 P2P 技术定义为“通过系统间的直接交换达成计算机资源与信息的共享”，这些资源与服务包括信息交换、处理器时钟、缓存和磁盘空间等。IBM 公司则对 P2P 赋予了更广阔的定义，把它看成是由若干互联协作的计算机构成的系统并具备如下若干特性之一：系统依存于边缘化(非中央式服务器)设备的主动协作，每个成员直接从其他成员而不是从服务器的参与中受益；系统中成员同时扮演服务器与客户端的角色；系统应用的用户能够意识到彼此的存在而构成一个虚拟或实际的群体。

与传统的 C/S 模式相比，P2P 模式具有如下优点。

1）资源的利用率高

在 P2P 网络上，闲散资源有机会得到利用，所有节点的资源总和构成整个网络的资源，整个网络可以被用作具有海量存储能力和巨大计算处理能力的超级计算机。C/S 模式下，纵然客户端有大量的闲置资源，也无法被利用。

2）系统稳定性好

随着节点的增加，C/S 模式下，服务器的负载就越来越重，形成了系统的瓶颈，一旦服务器崩溃，整个网络也随之瘫痪。而在 P2P 网络中，每一个对等点具有相同的地位，既可以请求服务也可以提供服务(如存储空间、CPU 等)，同时扮演着 C/S 模式中的服务器和客户端两个角色，因此对等点越多，网络的性能越好，网络随着规模的增大而越发稳固。P2P 的技术方式将导致信息数据成本资源向所有用户的 PC 均匀分布，即“边缘化”趋势。

3）资源搜索方便

P2P 是基于内容的寻址方式，基于内容的寻址方式处于一个更高的语义层次，因为用户在搜索时只需要指定具有实际意义的信息标识而不是物理地址，P2P 软件将会把用户的请求翻译成包含此信息标识的节点的实际地址，这个地址对用户来说是透明的，每个标识对应包含这类信息的节点的集合。这将创造一个更加精炼的信息仓库和一个更加统一的资源标识方法。

4）服务成本低

资源信息在网络各节点间直接流动，高速及时，不需要专用的昂贵的服务器，降低了中转服务成本。

但是，P2P 也有不足之处。首先，P2P 不易于管理，而对 C/S 网络，只需在中心节点进行管理。随之而来的是 P2P 网络中数据的安全性难于保证。因此，在安全策略、备份策略等方面，P2P 的实现要复杂一些。另外，由于对等点可以随意地加入或退出网络，会造成网络带宽和信息存在的不稳定。

2. P2P 数据库系统的体系结构

通常我们说的 P2P 应用指的是文件共享系统，没用全局协调模式的概念，P2P 数据库系统是将原面向文件共享的 P2P 系统扩展为面向数据管理的 P2P 系统。在 P2P 技术的数据库系统中，每个 Peer 数据库由一个 Peer 数据库管理系统(PDBMS)进行管理，PDBMS 有一个 P2P 层，管理本地 Peer DB 与其他 Peer DB 的交互，并把多个 Peer DB 组织形成整个网络，P2P 技术数据库系统结构如图 2-19 所示。

3. DDBS 与 P2PDBS 的区别

P2P 数据库系统与分布式数据库系统在管理模式和节点控制等方面上有很大的差异，主要表现在以下 5 个方面。

(1) 在 DDBS 中，节点通常是稳定的，以受控的方式加入网络和退出网络；而在 P2PDBS 中，节点随时可以加入或离开网络，因此节点间的关系是即兴的、动态的，很难预

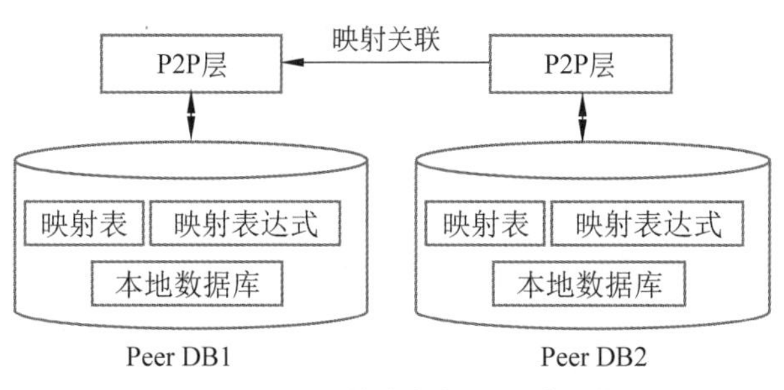

图 2-19　P2P 技术数据库系统结构

言或推理资源的位置和质量。当系统中的数据变化率较高时，随着 Peer 节点数量的增加，维护全局可访问的索引就不再可能实现。

（2）在 DDBS 中，节点通常知道一个共享的全局模式；而 P2PDBS 中节点间通常没有预定的全局模式

（3）在 DDBS 中，可检索到满足查询的全部结果；而在 P2PDBS 中，节点不含有全部的数据，节点可能脱机。因此，通常不能检索到满足查询的全部结果，查询结果的正确性和完整性概念也不同于传统数据库中的含义。P2P 查询结果极大地依赖于瞬间网络和已建立的语义映射。

（4）在 DDBS 中，通常能够确切知道可回答查询的节点的位置；而在 P2PDBS 中，P2P 系统的分散性要求分布式优化，不存在协调全部 Peer 节点的万能节点，节点通过将查询分发到其邻居，逐步定位查询内容，因此很难实现高效的查询处理。P2P 网络中存在很多冗余信息，会带来数据和计算冗余问题。数据冗余问题可通过严格控制数据位置来解决，而计算冗余问题主要通过查询优化和查询处理节点间协调解决。

（5）P2P 系统中要解决的可伸缩性和 DDBS 领域的可伸缩性不同，DDBS 中的规模指标是存储数据的字节数，而在 P2P 系统中，参加主机数比存储的字节数更重要。

2.8　Oracle 数据库系统的体系结构

Oracle Server 由两个实体组成：实例（instance）与数据库（database）。这两个实体是独立的，不过却连接在一起。在数据库创建过程中，实例首先被创建，然后才创建数据库。数据库实例指数据库服务器的内存及相关处理程序，它是 Oracle 的心脏。与 Oracle 性能关系最大的是 SGA（System Global Area），SGA 包含三个部分：数据缓冲区，可避免重复读取常用的数据；日志缓冲区，提升了数据增删改的速度，减少磁盘的读写而加快速度；共享池，使相同的 SQL 语句不再编译，提升了 SQL 的执行速度。Oracle 数据库实例的另一部分就是一些后台进程了，主要包括系统监控进程、进程监控、数据库写进程、日志写进程、检验点进程及其他进程。Oracle 数据库的整体架构如图 2-20 所示。

1. 数据库存储结构

Oracle 数据库有物理结构和逻辑结构。数据库的物理结构是数据库中的操作系统

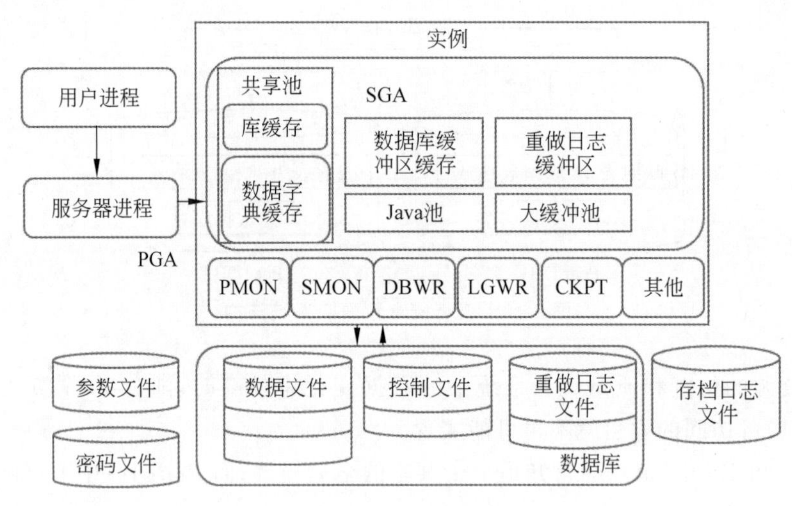

图 2-20 Oracle 数据库的整体架构

文件的集合。数据库的物理结构由数据文件、控制文件和重做日志文件组成。

(1) 数据文件：数据文件是数据的存储仓库。

(2) 控制文件：控制文件包含维护和验证数据库完整性的必要的信息。控制文件虽小,但作用非常大。它包含指向数据库其余部分的指针、重做日志文件和数据文件的位置,以及更新的存档日志文件的位置。它还存储着维护数据库完整性所需的信息。

(3) 重做日志文件：重做日志文件包含对数据库所做的更改记录,在发生故障时能够恢复数据。重做日志按时间顺序存储应用于数据库的一连串的变更向量,其中仅包含重建(重做)所有已完成工作的最少限度信息。如果数据文件受损,则可以将这些变更向量应用于数据文件备份来重做工作,将它恢复到发生故障的那一刻前的状态。日志文件包含重做日志文件(对于连续的数据库操作是必需的)和存档日志文件(对于数据库操作是可选的,但对于时间点恢复是必需的)。

除了三个必需的文件外,数据库还能有其他非必需的文件,如：参数文件、密码文件及存档日志文件。参数文件：当启动 Oracle 实例时,SGA 结构会根据此参数文件的设置内置到内存,后台进程会据此启动。密码文件：用户通过提交用户名和口令来建立会话,Oracle 根据存储在数据字典的用户定义对用户名和口令进行验证。存档日志文件：当重做日志文件满时将重做日志文件进行存档以便还原数据文件备份。数据库存储结构如图 2-21 所示。

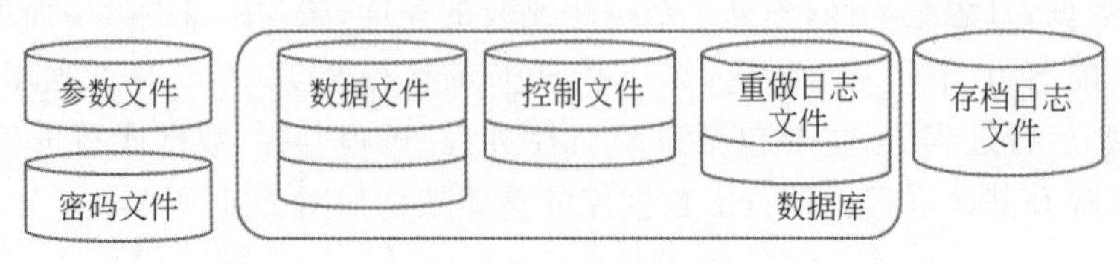

图 2-21 数据库存储结构

2. 实例的整体架构

实例由内存和后台进程组成，它暂时存在于 RAM 和 CPU 中。当关闭运行的实例时，实例将随即消失。数据库由磁盘上的物理文件组成，不管在运行状态还是停止状态，这些文件就一直存在。因此，实例的生命周期就是其在内存中存在的时间，可以启动和停止。一旦创建数据库，数据库将永久存在。通俗地讲，数据库就相当于平时安装某个程序所生成的安装目录，而实例就是运行某个程序时所需要的进程及消耗的内存。实例的整体架构如图 2-22 所示。

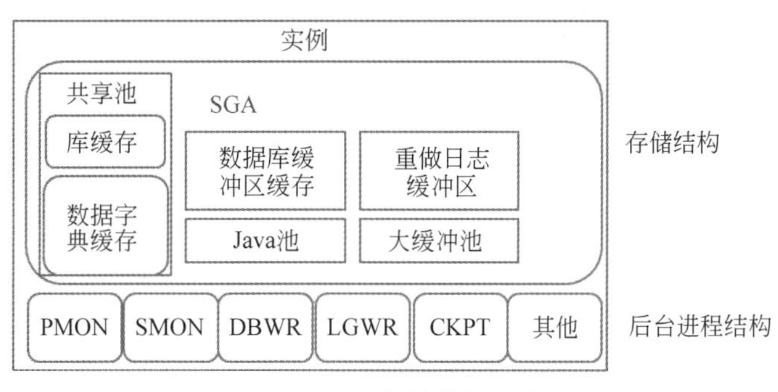

图 2-22　实例的整体架构

3. Oracle 数据库中实现分布式功能的组件

Oracle 数据库利用数据库链、异构服务、高级复制、流复制等功能与组件实现分布式架构。

1）数据库链

数据库链（database link，下面简称为 DBLink）是 Oracle 分布式数据库构建的一个基石技术。通过 DBLink，将两个物理上独立的数据库连接了起来，使得客户端有可能透明地访问两个数据库上的数据和对象。而从客户端角度看，访问的数据库好像只有一个。简单地说，DBLink 就是建立在两个数据库服务器上面的单向链接数据通道。从数据库对象的角度看，DBLink 是一个对象，结构和定义是保存在数据库服务器上的。所谓单向是指如果数据库 A 上定义了一个指向数据库 B 的 DBLink，当客户端登录数据库服务器 A 上后，通过调用在 A 上定义的 DBLink，可以访问数据库服务器 B 上的数据对象。但是，这种连接是一种单向链接，登录服务器 B 上的客户端不能借这个链接访问数据库服务器 A 上的对象。因为 DBLink 的定义是保存在服务器 A 的数据字典中。

2）异构服务

异构服务是集成在 Oracle 8i 数据库软件中的功能，它提供了从 Oracle 数据库访问其他非 Oracle 数据库的通用技术。Oracle 通过建立 DBLink 的方法访问非本地数据库，而异构服务通过建立 DBLink 使用户能够执行 Oracle SQL 查询，透明地访问其他非 Oracle 数据库里的数据，就像访问 Oracle 远程数据库一样。异构服务分为两种：事务处理服务（transation service）和 SQL 服务。

事务处理服务：通过事务处理服务，使用户在访问非 Oracle 数据库中支持事务处理功能。

SQL 服务：通过 SQL 服务，使用户直接在 Oracle 数据库中执行对非 Oracle 数据库的各种 SQL 语句。

根据异构服务代理程序的不同，异构服务连接方式可以分为两种：透明网关(transparent gateway)和通用连接(generic connectivity)。透明网关使用 Oracle 提供的特定网关程序来设置代理，例如连接 SQL Server 则必须要有 SQL Transparent Gateway for SQL Server。通用连接又分为 ODBC 连接和 OLE DB 连接两种，其连接方法和透明网关没有本质区别，只不过通用连接是和数据库一起提供的功能，用户不需要向 Oracle 购买相关的透明网关程序。

3）高级复制

Oracle 高级复制可支持基于整个表的复制和支持基于部分表的复制两种复制方案。这两种复制方案主要是通过 Oracle 的两种复制机制来完成的，即多主复制和可更新快照复制，同时还可以将这两种复制机制结合起来以满足不断变化的业务需求。

4）流复制

Stream 是 Oracle 的消息队列(也叫 Oracle advanced queue)技术的一种扩展应用。Oracle 的消息队列是通过发布/订阅的方式来解决事件管理的。流复制(stream replication)只是基于它的一个数据共享技术，也可以被用作一个可灵活定制的高可用性方案。它可以实现两个数据库之间数据库级、Schema 级、Table 级的数据同步，并且这种同步可以是双向的。

4. Oracle 分布式数据库架构案例

假设某高等学校 X 有 A、B、C 三个校区，学校主校区在 A 校区，B 校区为工科学院所在的校区，与某大型企业合作建立了校外实训中心，校外实训中心要应用 B 校区的数据，C 校区为艺体专业所在的校区，要访问某艺体中心的数据。

学校 X 使用 Oracle 分布式数据库架构来管理学校的信息数据，在学校 A 校区、B 校区、C 校区分别采用 Oracle 10g 管理本校区的数据，各校区之间的 Oracle 数据库通过数据库链相互连接，利用数据库链，本地的用户可以访问远程数据库中的数据，如主校区的用户可以访问 B、C 校区的数据库数据。通过设计，对这种用户访问可以是透明的，即用户不必了解数据的存放地址。

工科专业所在的 B 校区要与校外实训中心互通数据，校外实训中心采用的是 Oracle 9i 数据库，利用高级复制技术将 B 校区数据库的数据同步到实训中心数据库中，这样可以减少网络流量，提高这部分数据的访问速度和可用性。

艺体中心使用的是 SQL Server 数据库，通过 Oracle 提供的异构服务，访问远程的 SQL Server 数据库，及时了解艺体中心的信息。

高等学校 X 的 A、B、C 三个校区及实训中心、艺体中心数据库应用架构如图 2-23 所示。

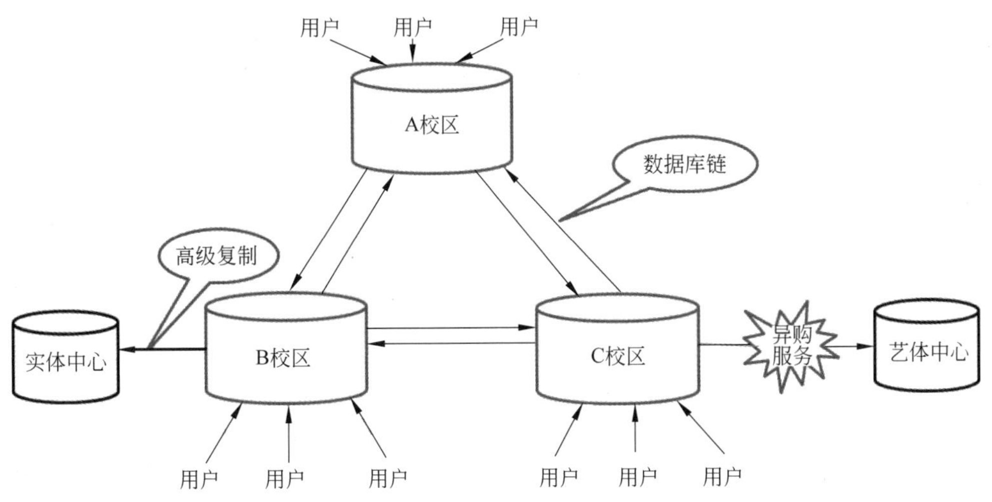

图 2-23　Oracle 分布式数据库架构案例

习　题　2

1. 说明分布式数据库系统与用户有关的组成部分。
2. 说明分布式数据库系统与数据有关的组成部分。
3. 说明分布式数据库系统与网络有关的组成部分。
4. 分布式数据库系统按数据管理模型分为哪几类?
5. 数据库有哪几种体系结构?
6. 简述多数据库系统与分布式数据库系统的区别。
7. 简述对等数据库系统与分布式数据库系统的区别。

第3章

分布式数据库设计

在分布式数据库系统设计中，最基本的问题就是数据的分布问题，即如何对全局数据进行逻辑划分和实际物理分配。数据的逻辑划分称为数据分片。由于数据分片是通过关系代数的基本运算来实现的，因此本章首先对关系代数进行简要介绍；然后介绍按照自上而下的设计策略进行的数据分布设计，主要包括分片的定义和作用、水平分片和垂直分片、分片的设计原理以及分片的表示方法和分配设计模型，并以关系数据库为例加以说明。本章内容是进行分布式数据库设计的基础。

3.1 关系数据库管理系统的关系运算

20世纪80年代以后推出的DBMS几乎都支持关系数据模型，非关系系统的产品也大都增加了与关系模型的接口。关系数据库不仅简单，而且还有严谨的数学理论基础。关系数据模型用二维表格表示现实世界实体集及实体集之间的联系。关系模式由一个关系名以及它的所有属性名构成。一般形式是 $R(A_1, A_2, \cdots, A_n)$，其中 R 是关系名，$A_1, A_2, \cdots, A_n$ 是该关系的属性名。

一个关系数据库是多个关系的集合，这些具体关系构成了关系数据库的实例。由于每个关系都有一个模式，所以，构成该关系数据库的所有关系模式的集合构成了关系数据库模式。在关系数据库中，对数据库的查询和更新操作都归结为对关系的运算。

关系代数是一种抽象的查询语言，是关系数据操纵语言的一种传统表达方式，它是用对关系的运算来表达查询的。掌握好关系代数，将有助于提高读者思考问题的能力，写出正确、高效的查询。

任何一种运算都是将一定的运算符作用于一定的运算对象上，得到预期的运算结果。所以，运算对象、运算符、运算结果是运算的三大要素。关系运算按其表达查询方式不同分为关系代数和关系演算。关系代数的运算按运算符的不同可分为传统的集合运算和专门的关系运算两类。传统的集合运算包括并、交、差和笛卡儿积；专门的关系运算包括选择部分数据的运算和组合两个关系的操作。其中传统的集合运算将关系看成元组的集合，其运算是从关系的“水平”方向即行的角度进行。而专门的关系运算不仅涉及行而且涉及列。比较运算符和逻辑运算符是用来辅助专门的关系运算符进行操作的。图 3-1 列出了各运算的关系。

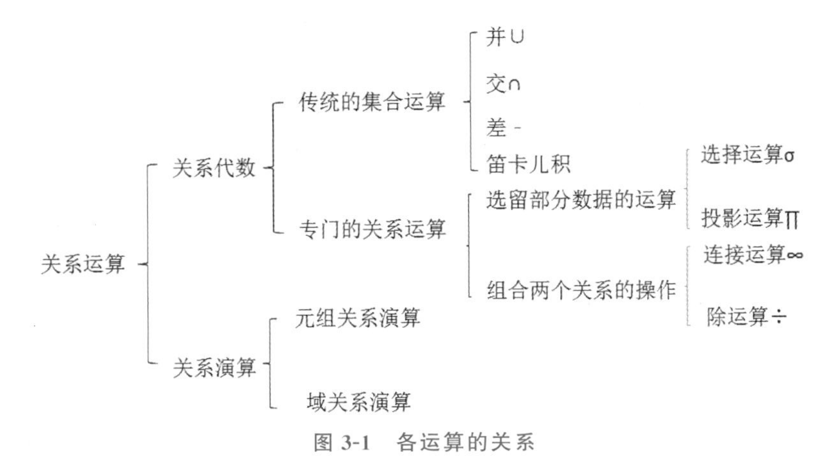

图 3-1　各运算的关系

关系代数的运算对象是关系，运算结果亦为关系。关系代数用到的运算符包括集合运算符（∪、∩、-、×）、关系运算符（σ、∏、∞、÷）、逻辑运算符（¬、∧、∨）、算术比较运算符（>、≥、<、≤、=、≠）。

关系是二维表，实际上是表中的元组（记录、行）的集合。无论是传统的集合运算，还是专门的关系运算，它们都是面向集合的操作，即参与运算的运算量是关系（集合），运算得到的结果也是关系（集合）。

3.1.1　传统的集合运算

传统的集合运算包括并、交、差和笛卡儿积，表 3-1 和表 3-2 分别列出了两个学生基本信息表 S1 和 S2，下面以此为例讲解并、交、差运算。

表 3-1　学生基本信息表 S1

学　号	姓名	性别	年级	学　院	专　　业
0501001	张昊	男	2020	计算机	计算机科学与技术
0501010	李颖	女	2020	计算机	计算机科学与技术
0501206	王婷	女	2020	计算机	计算机科学与技术

表 3-2　学生基本信息表 S2

学　号	姓名	性别	年级	学　院	专　　业
0501008	赵娜	女	2020	计算机	计算机科学与技术
0501019	李浩	男	2020	计算机	计算机科学与技术
0501206	王婷	女	2020	计算机	计算机科学与技术

1. 并

假设关系 R 和关系 S 的并(union)运算产生一个新的关系 R',则 R' 由属于关系 R 或 S 的所有不同元组组成,记为 $R'=R\cup S$。其中 R 和 S 的属性个数相同,且相应属性分别有相同的值域。$R\cup S$ 由如图 3-2 所示的部分元组组成。

S1∪S2 的结果如表 3-3 所示,它由 S1 和 S2 去掉重复元组后的所有元组组成。

表 3-3 学生基本信息表 S1∪S2

学 号	姓名	性别	年级	学 院	专 业
0501001	张昊	男	2020	计算机	计算机科学与技术
0501010	李颖	女	2020	计算机	计算机科学与技术
0501206	王婷	女	2020	计算机	计算机科学与技术
0501008	赵娜	女	2020	计算机	计算机科学与技术
0501019	李浩	男	2020	计算机	计算机科学与技术

2. 交

假设关系 R 和关系 S 的交(intersection)运算产生一个新的关系 R',则 R' 由既属于 R 又属于 S 的元组组成,记为 $R'=R\cap S$。其中 R 和 S 的属性个数相同,且相应属性分别有相同的值域。$R\cap S$ 由如图 3-3 所示两圆相交部分的元组组成。

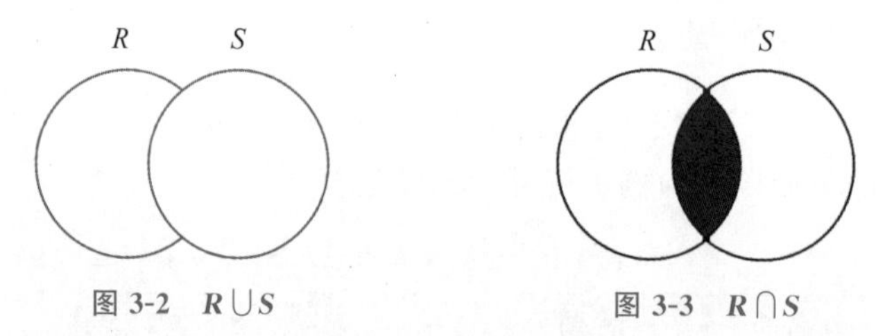

图 3-2 $R\cup S$　　　　图 3-3 $R\cap S$

S1∩S2 的结果如表 3-4 所示,它由关系 S1 和关系 S2 中完全相同的元组构成。

表 3-4 学生基本信息表 S1∩S2

学 号	姓名	性别	年级	学 院	专 业
0501206	王婷	女	2020	计算机	计算机科学与技术

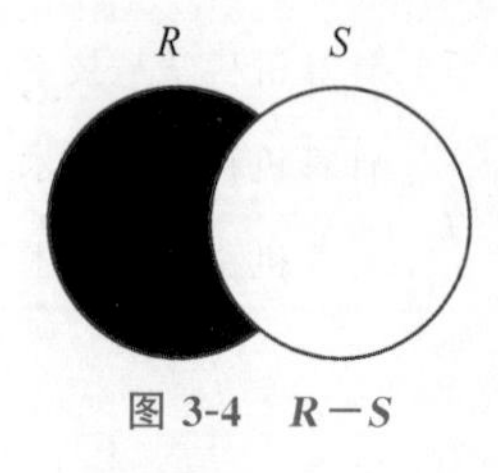

图 3-4 $R-S$

3. 差

假设关系 R 和关系 S 的差(difference)运算产生一个新的关系 R',则 R' 由属于 R 但不属 S 的元组组成,记为 $R-S$。其中 R 和 S 属性个数相同,且相应属性分别有相同的值域。$R-S$ 的组成如图 3-4 所示。

表 3-5 给出的是表 3-1 和表 3-2 中两个表 S1 和 S2 进行差运算后的结果。它由属于 S1 但不属于 S2 的元组构成。

表 3-5　学生基本信息表 S1－S2

学　号	姓名	性别	年级	学　院	专　　业
0501001	张昊	男	2020	计算机	计算机科学与技术
0501010	李颖	女	2020	计算机	计算机科学与技术

4. 笛卡儿积

设 R 为 m 元关系，S 为 n 元关系，R 和 S 的笛卡儿积(Cartesian product)产生一个新关系 R'，记为 $R'=R\times S$。R' 由 R 和 S 的所有元组连接而成的具有 $m+n$ 个分量的元组组成，新关系中元组的前 m 个分量为 R 的一个元组，后 n 个分量为 S 的一个元组。

设学生信息表 S3 和课程信息表 S4 分别如表 3-6 和表 3-7 所示。则 S3×S4 的结果如表 3-8 所示，它的每个元组由 3+3 个属性构成。

表 3-6　学生信息表 S3

学　号	姓　名	年　级
0501001	张昊	2020
0501010	李颖	2020

表 3-7　课程信息表 S4

课程代码	课程名称	教　室
0501001	数据库原理	B01
0501002	C 语言	B02

表 3-8　S3×S4

学　号	姓　名	年　级	课程代码	课程名称	教　室
0501001	张昊	2020	0501001	数据库原理	B01
0501001	张昊	2020	0501002	C 语言	B02
0501010	李颖	2020	0501001	数据库原理	B01
0501010	李颖	2020	0501002	C 语言	B02

3.1.2　专门的关系运算

1. 选择运算

选择运算是一个单目运算，它从一个关系 R 中选取满足给定条件的元组构成一个新的关系，选择运算记为 $\sigma_F(R)=\{t\mid t\in R\wedge F(t)='真'\}$，其中 σ 是选择运算符，F 表示选择条件，是由逻辑运算符¬、∧、∨等连接算术表达式组成的条件表达式。$F(t)$是一个逻辑表达式，结果取逻辑值'真'或'假'。

算术表达式的基本形式为 $X\theta Y$，其中 X、Y 是属性名、常量或简单函数，属性名也可以用它的序号来代替。θ 是比较运算符，$\theta\in\{>、\geqslant、<、\leqslant、=、\neq\}$。

选择运算实际上是从关系 R 中选取使逻辑表达式 F 为真的元组。这是从行的角度进行的运算。

例如,从学生信息表 S1 中选择学号为 0501010 的学生,表示为 $\sigma_{学号=\text{“0501010”}}(S1)$,其结果由 S1 表中满足学号=“0501010”的元组构成,如表 3-9 所示。

表 3-9 $\sigma_{学号=\text{“0501010”}}(S1)$结果关系表

学 号	姓 名	性 别	年 级	学 院	专 业
0501010	李颖	女	2020	计算机	计算机科学与技术

2. 投影运算

投影运算也是一个单目运算,它从一个关系 R 中选取所需要的列组成一个新关系,投影运算记为:$\Pi_A(R)=\Pi_{i_1,i_2,\cdots,i_k}(R)=\{t[A]\mid t\in R\}$。其中 Π 是投影运算符,A 为关系 R 属性的子集,$t[A]$为 R 中元组相应于属性集 A 的分量,$i_1,i_2,\cdots,i_k$ 表示 A 中属性在关系 R 中的顺序号。

投影运算是从列的角度进行的运算,投影取消了原关系中的某些列后,可能出现重复行,投影后也会取消这些完全相同的重复行。

例如从学生信息表 S1 中投影学号、姓名、年级,表示为 $\Pi_{学号,姓名,年级}(S1)$,其结果如表 3-10 所示。

表 3-10 $\Pi_{学号,姓名,年级}(S1)$结果关系表

学 号	姓 名	年 级
0501001	张昊	2020
0501010	李颖	2020
0501206	王婷	2020

3. 连接运算

从两个关系 R 和 S 的广义笛卡儿积中选取满足给定条件 F 的元组组成新的关系的操作称为 R 和 S 的连接(join),其形式如下:

JON 关系名 1 AND 关系名 2 WHERE 条件

记作 $R\underset{F}{\infty}S$,其中,条件 $F=A\theta B$ 是由算术比较符 $\theta\in\{>、\geqslant、<、\leqslant、=、\neq\}$和属性名或列号组成的条件表达式。$A$ 和 B 分别代表 R 的第 A 列和 S 的第 B 列属性。

当连接运算的条件为等号时,连接称为等值连接。连接后的结果包括 R 和 S 的所有字段,即结果中有重复字段。

当连接运算中的比较符为“=”,且参与比较的两个关系中用于比较的两个属性相同时,该连接称为自然连接(natural join),自然连接运算所产生的新关系由参与连接运算的两个关系中的所有属性组成,但在两个关系中都含有的作为等值比较对象的两个属性只出现一次，所以它不同于一般的等值连接。对于自然连接，无须标明条件表达式 F，只需在结果中把重复的属性去掉，如关系 R 和关系 S 的自然连接记为 $R \infty S$。

假设有学生基本信息表 S5 和学生选课信息表 S6 分别如表 3-11 和表 3-12 所示，则 S5 和 S6 的自然连接 S5∞S6 结果关系如表 3-13 所示。

表 3-11 学生基本信息表 S5

学 号	姓 名	年 级
0501001	张昊	2020
0501010	李颖	2020
0501206	王婷	2020

表 3-12 学生选课信息表 S6

学 号	课 程	教 室
0501001	数据库	B01
0501030	C 语言	B02
0501010	C 语言	B02

表 3-13 S5∞S6 结果关系表

学 号	姓名	年级	课程	教室
0501001	张昊	2020	数据库	B01
0501010	李颖	2020	C 语言	B02

4. 除运算

除运算的含义是给定关系 $R(X,Y)$ 和 $S(Y,Z)$，其中 X、Y、Z 为属性组。R 中的 Y 与 S 中的 Y 可以有不同的属性名，但必须出自相同的域集。R 与 S 的除运算得到一个新的关系 $P(X)$，P 是 R 中满足下列条件的元组在 X 属性列上的投影，元组在 X 上分量值 x 的象集 Y_x 包含 S 在 Y 上投影的集合。

例如有两个关系 R1 和 R2，结构与元组分别如表 3-14 和表 3-15 所示，则 R1÷R2 的结果关系如表 3-16 所示。

表 3-14 R1

A	B	C
a1	b1	c2
a2	b3	c7
a3	b4	c6
a1	b2	c3
a4	b6	c6
a2	b2	c3
a1	b2	c1

表 3-15 R2

B	C	D
b1	c2	d1
b2	c1	d1
b2	c3	d2

表 3-16 R1÷R2

A
a1

R1÷R2 分析,在关系 R1 中,A 可以取 4 个值{a1,a2,a3,a4},其中:

a1 的象集为:{(b1,c2),(b2,c3),(b2,c1)};

a2 的象集为:{(b3,c7),(b2,c3)};

a3 的象集为:{(b4,c6)};

a4 的象集为:{(b6,c6)};

R2 在(B,C)上的投影为{(b1,c2),(b2,c3),(b2,c1)}。

显然只有 R1 的象集 a1 包含 R2 在(B,C)属性组上的投影,所以 R1÷R2={a1}。

3.2 设计方法与分布设计的目标

分布式数据库的设计有两种设计方法:一种是自上而下(Top-Down)的设计方法;另一种是自下而上(Bottom-Up)的设计方法。Bottom-Up 设计方法是多数据库集成的核心研究内容,分布式数据库的设计主要是与 Top-Down 设计方法相关的内容。

3.2.1 Top-Down 设计过程

Top-Down 设计过程是从需求分析开始,进行概念设计、分布设计、物理设计以及性能调优等一系列设计过程。Top-Down 设计过程是系统从无到有的设计与实现过程,适用于新设计一个数据库系统,如图 3-5 所示。

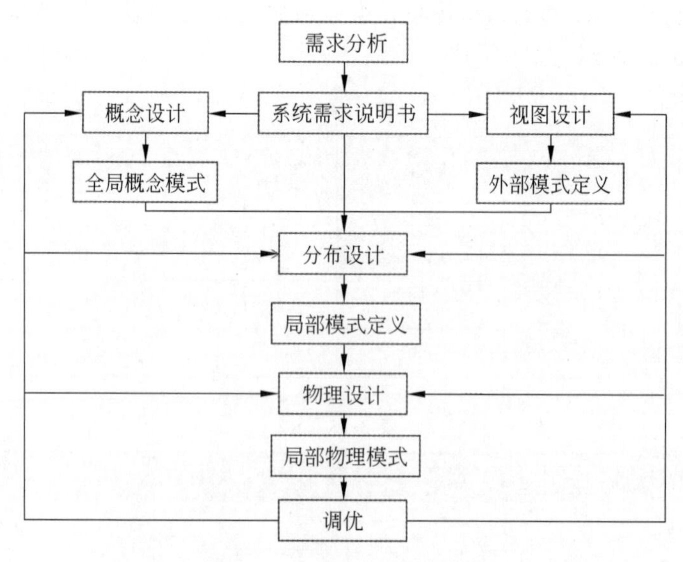

图 3-5 Top-Down 设计过程

第一步,系统需求分析。首先,根据用户的实际应用需求进行需求分析,形成系统需求说明书。该系统说明书是所要设计和实现系统的预期目标。

第二步，依据系统需求说明书中的数据管理需求进行概念设计，得到全局概念模式，如 E-R 模型。同时根据系统说明书中的应用需求，进行相应的外模式定义。

第三步，依据全局概念模式和外模式定义，结合实际应用需求和分布式设计原则，进行分布设计，包括数据分片和分配设计，得到局部概念模式以及全局概念模式到局部概念模式的映射关系。

第四步，依据局部概念模式实现物理设计，包括片段存储、索引设计等。

第五步，进行系统调优。确定系统设计是否最好地满足系统需求，包括同用户沟通、系统性能模式测试等，可能需要进行多次反馈，以使系统能最佳地满足用户的需求。

3.2.2　Bottom-Up 设计过程

Bottom-Up 设计方法适合于已存在的多个数据库系统，并需要将它们集成为一个数据库的设计过程，Bottom-Up 设计方法属于典型的数据库集成的研究范围，有关异构数据库集成方法中，有基于集成器或包装器的数据库集成策略和基于联邦的数据库集成策略等。构建模式间映射关系的基本方法主要有两种，即 GAV(Global As View)方法和 LAV(Local As View)方法。

下面给出一种基于集成器的多数据库集成系统的设计过程，如图 3-6 所示。首先，各异构数据库系统经过相应的包装器转换为统一模式的内模式；接着集成器将各内模式集成为全局概念模式，集成过程中需要定义各内模式到全局模式的映射关系以及解决模式间的异构问题；最后，全局概念模式即为采用 Bottom-Up 设计策略设计的分布式数据库系统的全局概念模式。

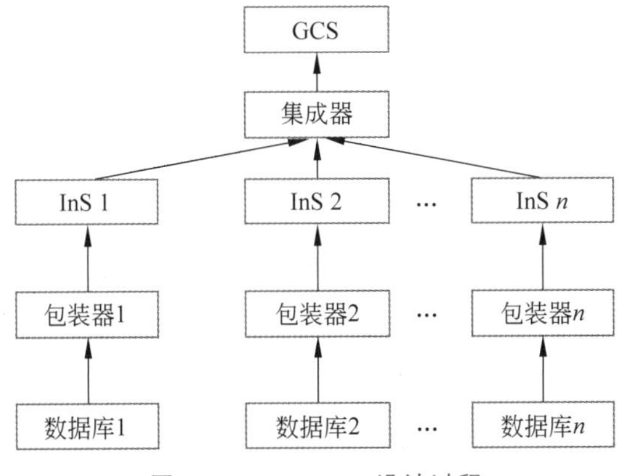

图 3-6　Bottom-Up 设计过程

3.2.3　数据库分布设计的目标

分布式数据库设计中数据库分布设计包括数据库分片设计与片段分配设计，这两者是紧密相关的。数据库分布设计应考虑以下目标。

1. 降低费用

使用数据库的单位在组织上往往是分布的(部门、科室),在地理上也是分布的。分布式数据库系统的结构符合这种分布的要求。允许用户在自己的本地录用、查询、维护等操作,实行局部控制,降低通信代价,提高响应速度。

2. 提高系统可靠性

将数据分布于多个场地,并增加适当的冗余度可以提供更好的可靠性。在一些可靠性要求高的系统中,这一点尤其重要。这避免了因为某个场地的故障而造成全部瘫痪的后果。

3. 处理局部性

数据分布应以尽量满足局部操作为主,即使得大部分操作在局部场地完成。这就要求划分数据,并将数据片段尽量放置在访问它们最频繁的场地或最接近的场地上,以减少通信开销。可以按存取方式将应用分成局部存取和远程存取两类,一旦应用的原场地已知,则存取的局部性和远程性只依赖于数据的分布。最好的完全局部化应用是请求完全在原场地执行的应用。若处理局部性高,则系统的可用性与可靠性也高,而且能减少远程通信与系统控制代价,缩短响应时间,从而提高系统性能。

4. 易于扩展处理能力和系统规模

当一个企业增加了新的部门时,分布式数据库系统的结构可以很容易地扩展系统。在分布式数据库中增加一个新的节点,不影响现有系统的正常运行。

5. 负载分布

合理地分配负载于网络的各个场地,以便能充分发挥各地计算机的能力和提高各应用执行的并行度。负载分布与处理局部性可能相冲突,所以在数据分布设计时必须全面权衡。

分片的定义及分类

3.3 分片的定义及分类

数据分片是指将DDB的全局关系划分成相应的逻辑片段(逻辑关系)。数据分片有利于按照用户的需求较好地组织数据的分布,也有利于控制数据的冗余,下面对数据分片的有关概念做一介绍。

3.3.1 分片的定义和作用

分布式数据库中数据的存储单位称为片段。对全局数据库的划分叫作分片。划分的结果就是片段。每个片段可以保存在一个以上的场地(服务器)上。

对数据进行分片存储,便于分布地处理数据,对于提高分布式数据库系统的性能至关重要。分片的主要作用体现在以下 4 个方面。

1. 减少网络传输量

网络上的数据传输量是影响分布式数据库系统中数据处理效率的主要代价之一，为减少网络上的数据传输代价，分布式数据库中的数据允许复制存储，目的是可就近访问所需数据副本，减少网络上的数据传输量。因此，在数据分配设计时，设计人员需要根据应用需求，将频繁访问的数据分片存储在尽可能近的场地上，减少网络上的数据传输量。

2. 增大事务处理的局部性

数据分片按需分配在各自的局部场地上，可并行执行局部事务，就近访问局部数据，减少数据访问的时间，增强局部事务的处理效率。

3. 提高数据的可用性和查询效率

就近访问数据分片或副本，可提高访问效率。同时当某一场地出现故障时，若存在副本，非故障场地上数据副本均可使用，保证了数据的可用性和完整性以及系统的可靠性。

4. 负载均衡

有效利用局部数据处理资源，就近访问局部数据，可以避免访问集中式数据库所造成的数据访问瓶颈，有效提高整个系统效率。

3.3.2　分片设计过程

分片过程是将全局数据进行逻辑划分和实际物理分配的过程。全局数据分片成各个片段数据，各个片段分配到不同的场地(服务器)上。分片设计过程从全局数据库→片段数据库→物理数据库。分片过程如图 3-7 所示。其中 GDB(Global DB)为全局数据库，FDB(Fragment DB)为片段数据库，PDB(Physical DB)为物理数据库。分片模式定义从全局模式到片段模式的映射关系，分配模式定义从片段模式到物理模式的映射关系，1∶N 时为复制，1∶1 时为分割。

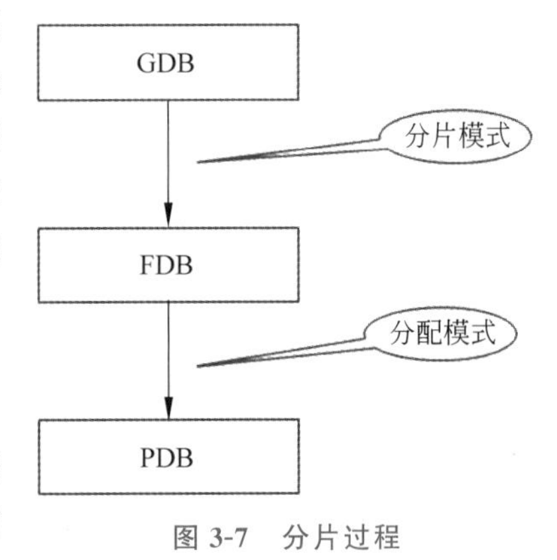

图 3-7　分片过程

3.3.3　分片原则

在设计分布式数据库时，设计者必须考虑数据如何分布在各个场地上，也就是全局数据应该如何进行逻辑划分和物理划分。哪些数据应该分布式存放？哪些数据不需要分布式存放？哪些数据需要复制？对系统进行全盘考虑，使系统性能最优。但是无论如何分片都应该遵循以下原则。

1. 完备性条件

必须把全局关系的所有数据映射到片段中,不允许有属于全局关系的数据却不属于它的任何一个片段。

2. 可重构条件

划分所采用的方法必须确保能够由全局关系的各个片段来重建该全局关系。重构条件的必要性是显而易见的。事实上,仅是全局关系的各个片段(而不是全局关系本身)存储在分布式数据库中。因此,一旦需要,必须能够通过这种重构操作,用全局关系的各个片段来重建该全局关系。

3. 不相交条件

要求一个全局关系被分割后所得的各个数据片段互不重叠。之所以要施加这个限制,其目的是为了在数据分配时易于控制数据的复制。

3.3.4 分片的类型

分布式数据库系统按系统实际需求对全局数据进行分片和物理分配,分片种类有以下 4 种。

1. 水平分片

按一定的条件把全局关系的所有元组划分成若干不相交的子集,每个子集为关系的一个片段。

2. 垂直分片

把一个全局关系的属性集分成若干子集,并在这些子集上进行投影运算,每个投影称为垂直分片。

3. 导出分片

导出分片又称为导出水平分片,即水平分片的条件不是该关系属性的条件,而是其他关系属性的条件。

4. 混合分片

混合分片是水平分片、垂直分片、导出分片的混合。可以先进行水平分片,再进行垂直分片,或先进行垂直分片,再进行水平分片,或采用其他形式,但它们的结果是不相同的。

3.3.5 分布式数据库数据分布透明性

分布透明性的定义:指用户或用户程序使用分布式数据库如同使用集中式数据库那

样，不必关心全局数据的分布情况，包括全局数据的逻辑分片情况、逻辑片段的站点位置分配情况，各站点数据库的数据模型等情况对用户和用户程序是透明的。

分布透明性的三个层次。

1. 分片透明性

分片透明性是分布透明性中的最高层，位于全局概念模式与分片模式之间。

2. 位置透明性

位置透明性是分布透明性的中间层，位于分片模式和分配模式之间。

3. 局部数据模型透明性

局部数据模型透明性是分布透明性的最底层，位于分配模式与局部概念模式之间。

3.4 水平分片

水平分片是按照一定的条件对全局关系元组的划分，即把全局关系的所有元组划分成若干不相交的子集。

3.4.1 水平分片的概念

定义 3.1：设有一个关系 R，$\{R_1,R_2,\cdots,R_n\}$为 R 的子关系的集合，如果$\{R_1,R_2,\cdots,R_n\}$满足以下条件，则称其为关系 R 的水平分片，称 R_i 为 R 的一个水平片段。

（1）$R_1,R_2,\cdots,R_n$ 与 R 具有相同的关系模式。

（2）$R_1 \cup R_2 \cup \cdots \cup R_n = R$。

（3）$R_i \cap R_j = \phi (i \neq j, 1 \leqslant i \leqslant n, 1 \leqslant j \leqslant n)$。

从水平分片的定义可以看出，所谓水平分片，就是按某种特定条件把一全局关系的所有元组划分成若干不相交的子集。每个水平片段由关系中的某个属性上的条件来定义，该属性称为分片属性，该条件称为分片条件。不相交的子集满足完备性条件、可重构条件和不相交条件。

例 3.1　有一个全局关系模式为 student(snum，name，college)，其中 snum 为学生编号，name 为学生姓名，college 为学生所在的学院，并假定学生所在的学院只有两个，即“计算机”和“数学”。按下面的条件进行水平分片：

student1：满足 college="计算机"的所有元组

student2：满足 college="数学"的所有元组

在该分片中 college 为分片属性，分为两个片段 student1 和 student2，用选择操作可以表示为

$$student1 = \sigma_{college=\text{“计算机”}}(student)$$

$$student2 = \sigma_{college=\text{“数学”}}(student)$$

全局关系 student 的这种水平分片如图 3-8 所示。student 的水平分片 student1、

student2 满足完备性条件、可重构条件和不相交条件。

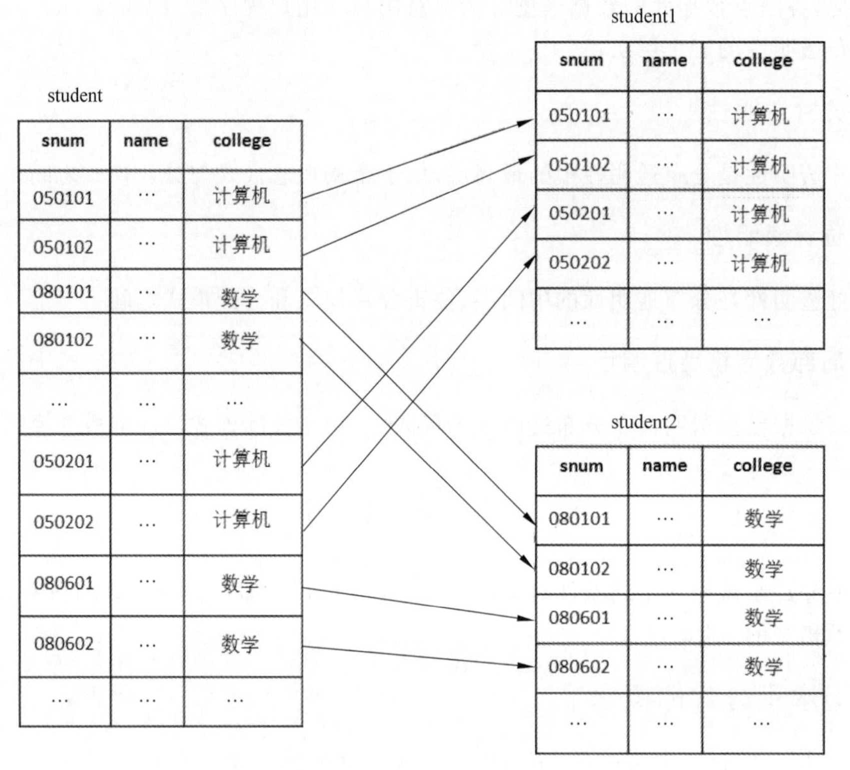

图 3-8 student 的水平分片

(1) 满足完备性条件。

由于"计算机"与"数学"是 college 属性的所有可能取值,所以上面的分片无疑是满足完备性条件的。如果 college 的属性还可能有其他取值,则上述的分片就不满足完备性条件。因为这些其他 college 值的元组属于全局关系 student,但既不属于 student1 也不属于 student2。

(2) 满足可重构条件。

重构条件是易于验证的,因为总是能通过下列运算来重构 student 全局关系:student= student1 ∪ student2。

(3) 满足不相交条件。

student 的水平分片 student1 和 student2 总是满足不相交条件的。因为 snum 作为全局关系 student 的关键字,它唯一地标识了一个学生。这个学生的 college 值或取"计算机",或取"数学",因此,student 关系中的每一个元组只能分在一个片段中。

通过例 3.1 可见,为了对一个全局关系 student 进行水平划分,要通过对它施加选择运算来实现。我们把该选择运算中所使用的谓词叫作相应片段的限定(也称分片谓词)。例如在上面的例子中,其限定如下:

q1:college="计算机"

q2:college="数学"

由此，可得出如下结论，即为了满足完备性条件，所有片段的限定集合必须是完全的（或至少关于所允许的值的集合是完全的）。重构条件总是能通过并运算予以满足，不相交条件要求各限定必须是互斥的。

例 3.2　设有雇员关系 EMP{ENO,ENAME,SALARY,DNO}，其中 ENO 为雇员编号，ENAME 为雇员姓名，SALARY 为雇员工资，DNO 为雇员所在部门的部门编号。其元组如表 3-17 所示。

表 3-17　EMP 关系表

ENO	ENAME	SALARY	DNO
001	张颖	2000	101
002	李强	3000	201
003	王丽	4000	301

按下面的条件进行水平分片：

E1：满足 DNO="101"的所有元组

E2：满足 DNO="201"的所有元组

E3：满足 DNO="301"的所有元组

雇员关系 EMP 的水平分片 E1、E2、E3 用选择操作描述如下：

$$E1=\sigma_{DNO="101"}(EMP)$$

$$E2=\sigma_{DNO="201"}(EMP)$$

$$E3=\sigma_{DNO="301"}(EMP)$$

从上面的分片可知，将关系 EMP 分成了三个子关系，部门编号 DNO 等于 101 的元组 E1、部门编号 DNO 等于 201 的元组 E2、部门编号 DNO 等于 301 的元组 E3。

分片属性为部门编号 DNO。

分片条件如下：

E1：DNO="101"

E2：DNO="201"

E3：DNO="301"

各子关系的内容分别如表 3-18 至表 3-20 所示。

表 3-18　子关系 E1 的内容

ENO	ENAME	SALARY	DNO
001	张颖	2000	101

表 3-19　子关系 E2 的内容

ENO	ENAME	SALARY	DNO
002	李强	3000	201

表 3-20 子关系 E3 内容

ENO	ENAME	SALARY	DNO
003	王丽	4000	301

根据水平分片的定义,满足:

(1) E1、E2、E3 和 EMP 具有相同的关系模式;

(2) $E1 \cup E2 \cup E3 = EMP$;

(3) $E1 \cap E2 = \phi$, $E1 \cap E3 = \phi$, $E2 \cap E3 = \phi$。

因此,E1、E2、E3 是 EMP 的水平分片。

3.4.2 水平分片的操作

水平分片是针对该关系的选择操作,用 σ 表示,假设选择条件为分片谓词 q,则关系 R 的分片操作可表示为 $\sigma_q(R)$。

例 3.1 的水平分片,具体操作可以表示如下:

$$student1=\sigma_{college="计算机"}(student)$$
$$student2=\sigma_{college="数学"}(student)$$

对应的 SQL 语句可以表示如下:

```
student1: SELECT * FROM student WHERE college="计算机"
student2: SELECT * FROM student WHERE college="数学"
```

例 3.2 的水平分片,具体操作可以表示如下:

$$E1=\sigma_{DNO="101"}(EMP)$$
$$E2=\sigma_{DNO="201"}(EMP)$$
$$E3=\sigma_{DNO="301"}(EMP)$$

对应的 SQL 语句可以表示如下:

```
E1: SELECT * FROM EMP WHERE DNO="101"
E2: SELECT * FROM EMP WHERE DNO="201"
E3: SELECT * FROM EMP WHERE DNO="301"
```

3.4.3 水平分片的原理

对全局进行水平分片时,必须遵守完备性、可重构性和不相交性条件,以保证分布式数据库中数据的完整性和一致性。由于全局关系的水平分片可以由选择运算中的限定的集合(即谓词集)唯一决定,因此,谓词集 P 也必须遵守完备性、可重构性和不相交性条件。

如上所述,全局关系的水平分片是由选择运算来决定的,而选择运算的谓词都是基于全局关系的属性,所以,全局关系中某些属性根据其值的不同可以构成关系的水平分片。

显然，这些属性具有分类的作用。同一片段中每一元组对于这些属性来说都具有相同的性质。

定义 3.2：若全局关系 R 中属性 X 具有地理分布特征或属性 X 的域的任一划分都构成全局关系的元组的不同的聚集，则称属性 X 具有分类特征。

定义 3.3：若全局关系 R 中的属性 X 满足：

(1) DOM(X)是可数有限集合；

(2) 属性 X 具有分类特征；

则称属性 X 为关系 R 的分类属性。

例 3.3 设有以下几个全局关系：

全局关系模式 student(snum，name，college)，其中 snum 为学生编号，name 为学生姓名，college 为学生所在的学院。

雇员关系 EMP(ENO，ENAME，SALARY，DNO)，其中 ENO 为雇员编号，ENAME 为雇员姓名，SALARY 为雇员工资，DNO 为雇员所在部门的部门编号。

EMP 关系中的 DNO、student 关系中的 college 都符合分类属性的定义，可以认为是合适的分类属性。而 name 在通常情况下就不是分类属性。

通过对分类属性域的划分，即选择运算的限定条件包含分类属性的所有域值，可以唯一地确定全局关系的水平分片。因此，对水平分片的讨论可以转换为对水平分片谓词集的讨论。

命题 3.1：对于关系 R 的水平分片谓词集 P，如果对 P 中出现的分类属性集$\{X_1, X_2, \cdots, x_n\}$的域 DOM($X_1$)，DOM($X_2$)，…，DOM($X_n$)构成划分，则谓词集 P 对分类属性集$\{X_1, X_2, \cdots, x_n\}$是完备的。

显然，要使命题成立，首先要求谓词集 P 中出现的所有属性都是分类属性，另外如果属性中存在着相关性的话，则对域构成划分就是总体意义上的，而不是局部意义上的，因为对单个域都构成划分时，在其总和域上不一定有这种性质。

命题 3.2：如果谓词集 $P=\{P_1, P_2, \cdots, P_n\}$中的谓词两两互斥，即 $P_i \wedge P_j=\text{FALSE}$ $(i \neq j)$，且 $Pi(1 \leqslant i \leqslant n)$不为永假，则每一谓词 P_i 都构成一个片段。

很明显，如果谓词两两互斥，则按照这种谓词进行选择运算的结果一定是不相交的，即以不同谓词选择的结果中无相同元组。谓词不为永假，保证了选择运算的结果不会永远为空。

例 3.4 student(snum，name，college)中属性 college 的域为 DOM(college)={"计算机","数学"}，则 student 的水平分片可以划分如下：

$$\text{student1}=\sigma_{\text{college}=\text{"计算机"}}(\text{student})$$

$$\text{student2}=\sigma_{\text{college}=\text{"数学"}}(\text{student})$$

在这里，谓词如下：

$$P_1: \text{college}=\text{"计算机"}$$

$$P_2: \text{college}=\text{"数学"}$$

谓词集 $P=\{P_1, P_2\}$。

显然，谓词集 P 对分类属性 college 是完备的且 P_1 和 P_2 互斥，谓词 P_1 和 P_2 构成了两个片段 student 1 和 student 2。

定理 3.1 如果谓词集 $P=\{P_1,P_2,\cdots,P_n\}$是基于关系 R 中分类属性集$\{X_1,X_2,\cdots,X_n\}$的,且 P 中的谓词两两互斥并对$\{X_1,X_2,\cdots,X_n\}$是完备的,则谓词集 P 决定关系 R 的一种水平分片。

证明:设谓词 $P_1,P_2,\cdots,P_n$ 构成的关系 R 的各片段为 $R_1,R_2,\cdots,R_n$。

(1) 显然,$R_1,R_2,\cdots,R_n$ 与 R 具有相同的关系模式。

(2) 因谓词集 P 对分类属性集$\{X_1,X_2,\cdots,x_n\}$是完备的,故对任意元组 $t\in R$,必定存在而且只存在某一 $P_i(1\leqslant i\leqslant n)$为真,使得 $t\in\sigma_{P_i}(R)$,即 $t\in R_i$ 成立。因此有 $R=\sigma_{P_1}(R)\cup\sigma_{P_2}(R)\cup\cdots\cup\sigma_{P_n}(R)$,即 $R=R_1\cup R_2\cup\cdots\cup R_n$;

(3) 因 P 中谓词是两两互斥的,故 $\sigma_{P_i}(R)\cap\sigma_{P_j}(R)=\phi(i\neq j)$,即任意两个片段的交运算的结果为空:$R_i\cap R_j=\phi(i\neq j,i,j=1,2,\cdots,n)$。

因此,$R_1,R_2,\cdots,R_n$ 是关系 R 的水平分片,即谓词集 P 决定关系 R 的水平分片。

从定理的证明中可以看出,由谓词集 P 决定的水平分片符合完备性、可重构性和不相交性规则。另外,定理还指出了对全局关系的水平分片存在着多种不同的谓词集,从而说明全局关系的水平分片存在着不止一种。

水平分片谓词集 P 可以由下述方法生成:

(1) 根据查询模型选取关系 R 中合适的分类属性集$\{X_1,X_2,\cdots,X_n\}$,并确定各自的域 $DOM(X_1)$、$DOM(X_2)$、…、$DOM(X_n)$;

(2) 根据查询对分片的要求,选取一个适当的谓词 P_1,令 $P=\{P_1\}$;

(3) 选取新的适当谓词 P_i,P_i 与 P 中谓词互斥,置 $P\leftarrow P\cup\{P_i\}$,直至 P 构成 $DOM(X_1)$、$DOM(X_2)$、…、$DOM(X_n)$的划分。

例 3.5 对全局关系 teacher{tnum,name,age,sex,college}进行水平划分,假定选取 age 和 college 为分类属性,设:

$$DOM(age)=\{20,21,\cdots,60\}$$

$$DOM(college)=\{"计算机","数学"\}$$

选取谓词:

P_1: age≤40

P_2: 40<age≤50 ∧ college="计算机"

P_3: 40<age≤50 ∧ college="数学"

P_4: age>50

从 teacher 关系的定义与说明可知,谓词集 $P=\{P_1,P_2,P_3,P_4\}$构成 DOM(age)和 DOM(college)的划分,故 P 对分类属性集{age, college}是完备的。谓词集 $P=\{P_1,P_2,P_3,P_4\}$中谓词是两两互斥的,因此谓词集 P 确定了全局关系 teacher 的水平分片如下:

$$teacher1=\sigma_{P_1}(teacher)$$

$$teacher2=\sigma_{P_2}(teacher)$$

$$teacher3=\sigma_{P_3}(teacher)$$

$$teacher4 = \sigma_{P_4}(teacher)$$

实际上，如已构成期望的谓词集 P'：$(P_1, P_2, \cdots, P_{n-1})$，但 P' 对分类属性集 $\{X_1, X_2, \cdots, X_n\}$ 不是完备的，则可取 $P_n = \neg P_1 \vee \neg P_2 \vee \cdots \vee \neg P_{n-1}$，那么 $P = P' \cup \{P_n\}$ 对分类属性集 $\{X_1, X_2, \cdots, X_n\}$ 一定是完备的。这种方法是比较方便和行之有效的，而且也适用于分类属性域是无限集的情况。

3.5　导出水平分片

若一个关系的分片不是基于关系本身的属性，而是根据另一个与其有关联的属性来划分，这种划分为导出水平划分。

3.5.1　导出水平分片的概念

定义 3.4：如果一个关系的水平分片的分片属性属于另一个关系，则该分片称为导出水平分片。

例 3.6　有雇员关系 EMP{ENO，ENAME，SALARY，DNO}，其中 ENO 为雇员编号，ENAME 为雇员姓名，SALARY 为雇员工资，DNO 为雇员所在的部门编号。其元组如表 3-17 所示。关系 WORKS{ENO，PRJNO，HOURS}，其中 ENO 为雇员编号，PRJNO 为雇员参与的项目编号，HOURS 为雇员参与项目的小时数，其元组如表 3-21 所示。

表 3-21　WORKS 元组内容

ENO	PRJNO	HOURS
001	1	200
002	1	300
003	2	500

要求将 WORKS 按 DNO 进行水平分片，得到的导出水平分片记为 W1、W2、W3，要求如下：

W1：满足 DNO="101"的所有元组，即 $W1 = \Pi_{ATTR(WORKS)}(\sigma_{DNO="101"}(WORKS \infty EMP))$

W2：满足 DNO="201"的所有元组，即 $W2 = \Pi_{ATTR(WORKS)}(\sigma_{DNO="201"}(WORKS \infty EMP))$

W3：满足 DNO="301"的所有元组，即 $W3 = \Pi_{ATTR(WORKS)}(\sigma_{DNO="301"}(WORKS \infty EMP))$

其中，ATTR(WORKS)为 WORKS 的属性组。

分片属性为部门编号 DNO。

分片条件为

W1：DNO="101"

W2：DNO="201"

W3：DNO="301"

各子关系的内容分别如表3-22至表3-24所示。

表3-22 子关系W1的内容

ENO	PRJNO	HOURS
001	1	200

表3-23 子关系W2的内容

ENO	PRJNO	HOURS
002	1	300

表3-24 子关系W3的内容

ENO	PRJNO	HOURS
003	2	500

根据水平分片的定义，满足：

(1) W1、W2、W3和WORKS具有相同的关系模式；

(2) $W1 \cup W2 \cup W3 = WORKS$；

(3) $W1 \cap W2 = \phi$，$W1 \cap W3 = \phi$，$W2 \cap W3 = \phi$。

因此，W1、W2、W3满足完备性条件、可重构条件和不相交条件，是WORKS的水平分片。由于该分片属性为DNO，是WORKS关系相关联关系EMP的属性，因此该水平分片为导出水平分片。

3.5.2 导出水平分片的操作

导出水平分片的操作不是基于关系本身的属性，而是根据另一个与其有关联关系的属性来划分的。因此，导出水平分片可以用连接操作和选择操作来表示。

例3.6中的导出水平分片，具体操作表示如下。

(1) 求出WORKS中的DNO，采用自然连接∞。

令 $W' = WORKS \infty EMP$，$W' = (ENO, PRJNO, HOURS, ENAME, SALARY, DNO)$。

(2) 根据DNO对W'进行水平分片。

$$W1' = \sigma_{DNO="101"}(W') = \sigma_{DNO="101"}(WORKS \infty EMP)$$
$$W2' = \sigma_{DNO="201"}(W') = \sigma_{DNO="201"}(WORKS \infty EMP)$$
$$W3' = \sigma_{DNO="301"}(W') = \sigma_{DNO="301"}(WORKS \infty EMP)$$

(3) 只保留WORKS的属性。

$$W1 = \Pi_{ATTR(WORKS)}(W1') = \Pi_{ATTR(WORKS)}(\sigma_{DNO="101"}(WORKS \infty EMP))$$
$$W2 = \Pi_{ATTR(WORKS)}(W2') = \Pi_{ATTR(WORKS)}(\sigma_{DNO="201"}(WORKS \infty EMP))$$
$$W3 = \Pi_{ATTR(WORKS)}(W3') = \Pi_{ATTR(WORKS)}(\sigma_{DNO="301"}(WORKS \infty EMP))$$

3.5.3　导出水平分片的作用

在两个关系间存在相关属性并满足关联完整性约束时，一个关系的水平分片常常可以导出另一个关系的水平分片，导出分片可以用来简化片段间的连接运算。

数据分布状况下的连接称为分布连接，如果关系 R 和 S 均有水平分片时，R 和 S 做连接运算就需要比较 R 和 S 中的所有元组。因此，从原则上讲，比较 R 中全部片段 R_i 与 S 中全部片段 S_j 是需要的。但当某一 R_i 与 S_j 的相关属性不相交时，部分连接 $R_i \infty S_j$ 为空。

分布连接可以用连接图表示。例如关系 R 和 S 的连接可用图 $G(N, E)$ 表示，其中 N 是节点集，表示 R 和 S 中的所有片段，E 是边集。每条边表示 R 和 S 的一个部分连接。为简单起见，在节点集中不包括孤立节点。图3-9给出了一个连接图的例子。

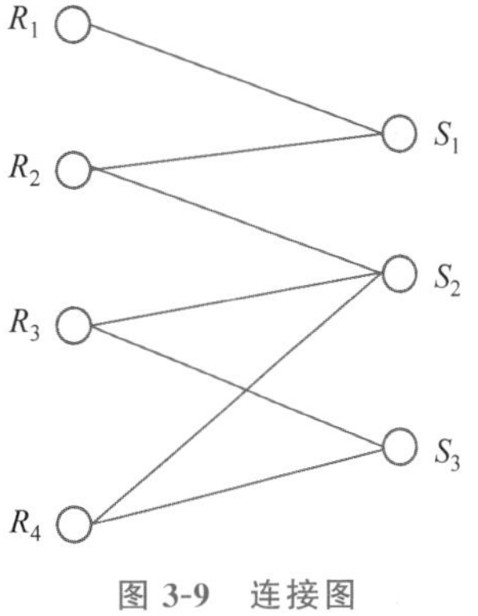

图3-9　连接图

当连接图的边集包括了所有节点间的边时，该连接图是完全的。当某些 R 的片段与某些 S 的片段间的边省略时，则连接图是简化的，所表示的连接为简化连接。

简化连接有两种特殊的情形：

(1) 如果连接图是由两个以上不相连的子图组成的，则称连接图是分割的(partitioned)，其连接为分割连接，如图3-10所示。

(2) 如果分割的连接图中的每一个子图都只有一条边，则称为简单的连接图，其连接称为简单连接，如图3-11所示。

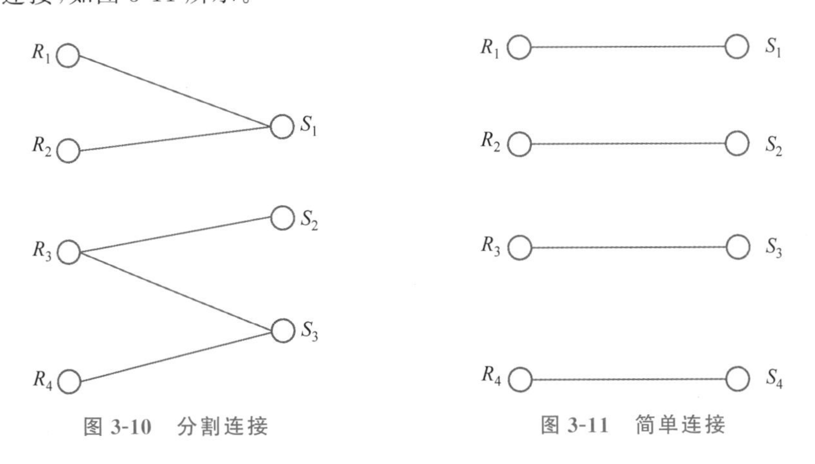

图3-10　分割连接　　图3-11　简单连接

在分布式数据库设计中，确定全局关系中的连接是简单连接或是分割连接是十分重要的，这可以降低分布连接的代价。尤其对于简单连接，如把需要连接的两片段都放在相同的场地上，可大大增加处理的局部性和减少网络传输量。

导出水平分片可以简化分布连接。根据导出分片的定义，如果关系 R 的分片是由关系 S 的水平片段导出的，则有 $R_i = R \infty S_i$。当导出分片的定义要求满足时，连接 $R \infty S$

是简单连接。如果 R_i 和 S_i 都放在相同的场地,则分布连接可在各场地直接完成。由于导出分片可以简化分布连接,在保证完备性和不相交性的情况下,应尽可能定义导出分片。

3.6 垂直分片

垂直分片是将一个关系按属性集合分成不相交的子集(主关键字除外),属性集合称为分片属性,即垂直分片是将关系按列划分成若干片段。

3.6.1 垂直分片的概念

定义 3.5:设有一个关系 R,$\{R_1,R_2,\cdots,R_n\}$为 R 的子关系的集合,如果$\{R_1,R_2,\cdots,R_n\}$满足以下条件,则称其为关系 R 的垂直分片,称 R_i 为 R 的一个垂直片段:

(1) $\text{Attr}(R_1)\cup\text{Attr}(R_2)\cup\cdots\cup\text{Attr}(R_1)=\text{Attr}(R)$,其中 $\text{Attr}(R)$表示关系 R 的属性集;

(2) $\{R_1,R_2,\cdots,R_n\}$为关系 R 的无损分解;

(3) $\text{Attr}(R_i)\cap\text{Attr}(R_j)=P_K(R)$ $(i\neq j,1\leqslant i\leqslant n,1\leqslant j\leqslant n)$,其中 $P_K(R)$表示关系 R 的主关键字。

所谓的垂直分片,就是把一个全局关系的属性集划分成组,并在这些属性组上进行投影运算,运算的结果即可得到垂直片段。至于属性组的划分,则根据具体的一些应用来确定,为了满足分片的完整性条件,要求把全局关系的每个属性至少映射到一个垂直片段中。此外,必须能通过关系运算把各片段连接到一起来重建原先的全局关系。至于不相交条件,前面已指出,在垂直分片情况下是主关键字除外的不相交。

例 3.7 设有雇员关系 EMP(ENO,ENAME,SALARY,DNO),其中 ENO 为雇员编号,ENAME 为雇员姓名,SALARY 为雇员工资,DNO 为雇员所在部门的部门编号。元组内容如表 3-25 所示。

表 3-25 关系 EMP 元组内容

ENO	ENAME	SALARY	DNO
001	张颖	2000	101
002	李强	3000	201
003	王丽	4000	301

今有两种应用:一是检索关于雇员的姓名、部门编号等信息的管理;二是关于职工工资情况的管理。在这种情况下,这个全局关系可采用垂直分片,在属性组 ENO、ENAME、DNO 和 ENO、SALARY 上进行垂直分片,可用如下的投影运算来实现:

$$\text{EMP1}=\Pi_{\text{ENO,ENAME,DNO}}(\text{EMP})$$

$$\text{EMP2}=\Pi_{\text{ENO,SALARY}}(\text{EMP})$$

全局关系 EMP(ENO,ENAME,SALARY,DNO)垂直划分为两个片段 EMP1、EMP2,如图 3-12 所示。划分满足完备性、重构性和不相交性。

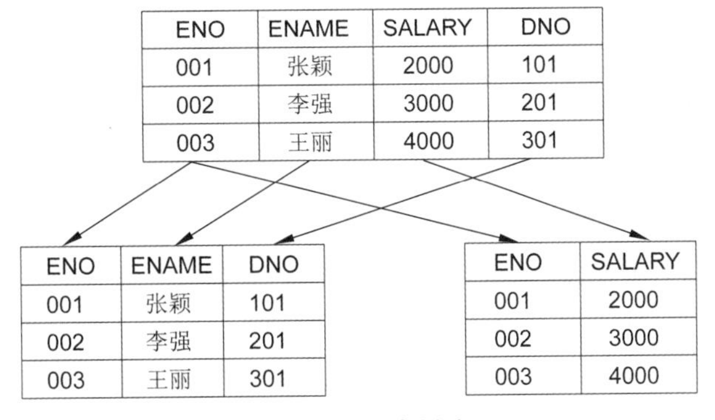

图 3-12　垂直划分

(1) 完备性。对于这样的垂直划分,因为是按照列划分的,且划分包括了全部属性,完备性是显然的。

(2) 重构性。可以用下面的连接运算来重构全局关系 EMP,即 EMP = EMP1 ∞ EMP2。一般来讲,把全局关系的关键字包含到每个片段中是保证通过连接运算来重构该全局关系的最直接的方法。

(3) 不相交性。为了使划分后的诸垂直片段能通过连接运算来重构全局关系,要求在所有片段中必须重复全局关系的关键字,也就是说,除了这个关键字外其他所有属性是不重复的,所以满足垂直分片的不相交条件。

例 3.8　设有一个学生关系 STUDENT(SNO,SNAME,BIRTH,SCORE,DNO),其中 SNO 为学生学号,NAME 为学生姓名,BIRTH 为生日,SCORE 为总成绩,DNO 为学生所在学院编号。元组内容如表 3-26 所示。

表 3-26　关系 STUDENT 元组内容

SNO	SNAM	BIRTH	SCORE	DNO
10001	张三	1999.02.21	650	101
20001	李四	1999.07.26	676	201
30001	王五	1999.03.20	698	301

假设存在 STUDENT1(SNO,SNAME,BIRTH)和 STUDENT2(SCNO,SCORE,DNO),即

$$\text{STUDENT1} = \Pi_{\text{SNO,SNAME,BIRTH}}(\text{STUDENT})$$

$$\text{STUDENT2} = \Pi_{\text{SNO,SCORE,DNO}}(\text{STUDENT})$$

则 STUDENT1 和 STUDENT2 中的元组分别如表 3-27 和表 3-28 所示。

表 3-27 关系 STUDENT1 元组内容

SNO	SNAM	BIRTH
10001	张三	1999.02.21
20001	李四	1999.07.26
30001	王五	1999.03.20

表 3-28 关系 STUDENT2 元组内容

SNO	SCORE	DNO
10001	650	101
20001	676	201
30001	698	301

根据垂直分片条件,可知:

(1) STUDENT1 和 STUDENT2 是 STUDENT 的无损分解;

(2) $\text{Attr(STUDENT1)} \cup \text{Attr(STUDENT2)} = \text{Attr(STUDENT)}$;

(3) $\text{Attr(STUDENT1)} \cap \text{Attr(STUDENT2)} = \{\text{SNO}\}$。

因此,STUDENT1 和 STUDENTS2 是 STUDENT 的垂直分片。

3.6.2 垂直分片的操作

垂直分片是针对该关系的投影操作,用Π表示,假设分片的属性组为 A,则关系 R 的分片操作可表示为$\Pi_A(R)$。

例 3.7 的垂直分片,具体操作可以表示如下:

$$\text{EMP1} = \Pi_{\text{ENO,ENAME,DNO}}(\text{EMP})$$

$$\text{EMP2} = \Pi_{\text{ENO,SALARY}}(\text{EMP})$$

对应的 SQL 语句可以表示如下:

```
EMP1: SELECT ENO,ENAME,DNO FROM EMP
EMP2: SELECT ENO,SALARY FROM EMP
```

例 3.8 的垂直分片,具体操作可以表示如下:

$$\text{STUDENT1} = \Pi_{\text{SNO,SNAME,BIRTH}}(\text{STUDENT})$$

$$\text{STUDENT2} = \Pi_{\text{SNO,SCORE,DNO}}(\text{STUDENT})$$

对应的 SQL 语句可以表示如下:

```
STUDENT1: SELECT SNO,SNAME,BIRTH FROM STUDENT
STUDENT2: SELECT SNO,SCORE,DNO FROM STUDENT
```

3.6.3 垂直分片的设计方法

垂直分片就是把全局关系的属性集划分为各子集,这些子集除主键外无重叠。垂直分片的目的是从全局关系 R 中分离 $R_i(i=1,2,3,\cdots,n)$片段,使得大多数应用只涉及某一片段 $R_i(i=1,2,3,\cdots,n)$,以降低查询代价。如关系 R 的垂直分片为R_1 和 R_2,若大多数应用只涉及 R_1 或 R_2,则这种分片是有利的;若大多数应用同时涉及 R_1 和 R_2,即需要做 R_1 和 R_2 的连接来满足应用,则这种分片是不利的。

1. 垂直分片划分的标准

关于垂直分片划分的标准,就是将哪些属性分成一个片段,最重要的度量标准就是事务的存取代价。事务存取代价的减少包括存取更少的不相关信息以及事务对磁盘 I/O 次数的减少。

(1) 存取不相关的信息。分片时尽可能将事务存取的属性以最小的长度分到一个片段中,因为一般来说不可能一部分事务只存取这部分属性而另一部分事务只存取另外的属性,而是交叉存取,按照某个事务划分的分片结果可能会造成其他事务的存取代价的增大,因此代价公式包括分片后一部分事务存取代价的减少和另一部分事务增加的存取代价两部分的信息。

(2) 磁盘 I/O 次数。系统对事务的响应时间主要受磁盘检索次数的影响。对一个事务来说可能通过 3 种方式扫描关系:聚簇索引扫描、非聚簇索引扫描和顺序扫描。通过估算在每个分片状态下的磁盘 I/O 次数,选用存取次数最小的方式扫描关系,可以达到减少系统响应时间的目的。但是,深入地考虑最优化问题应该包括最优化度量的代价和性能两个因素,即分片是用最小的响应时间或最大化系统吞吐量而同时又保持处理代价最小。现在大多数垂直分片算法采用的仅是代价优化策略,即寻找次优解。

2. 垂直分片的设计方法

目前主要有两种垂直分片的设计方法,这两种方法都必须满足垂直分片的定义。

(1) 分裂法。把全局关系的属性逐个分离。然后根据查询的要求把每个属性放入一个或多个片段属性集中。

(2) 组合法。把属性聚集成各片段的属性集。

3.7 混合分片

在水平分片和垂直分片及导出分片的基础上,可以进行更加复杂的分片,混合分片过程中既包括水平分片又包括垂直分片。

3.7.1 混合分片的概念

混合分片可以先进行水平分片再进行垂直分片,或先进行垂直分片再进行水平分片,或其他形式,但它们的结果是不相同的。

例 3.9　在例 3.8 中,对关系 STUDENT 先进行垂直分片,得到子关系 STUDENT1 和 STUDENT2,再对 STUDENT2 按照 DNO 进行水平分片,得到子关系 STUDENT21、STUDENT22、STUDENT23,即:

$$\text{STUDENT1} = \Pi_{\text{SNO,SNAME,BIRTH}}(\text{STUDENT})$$
$$\text{STUDENT2} = \Pi_{\text{SNO,SCORE,DNO}}(\text{STUDENT})$$
$$\text{STUDENT21} = \sigma_{\text{DNO}=\text{"101"}}(\text{STUDENT2})$$
$$\text{STUDENT22} = \sigma_{\text{DNO}=\text{"201"}}(\text{STUDENT2})$$
$$\text{STUDENT23} = \sigma_{\text{DNO}=\text{"301"}}(\text{STUDENT2})$$

关系 STUDENT 的混合分片示意如图 3-13 所示。

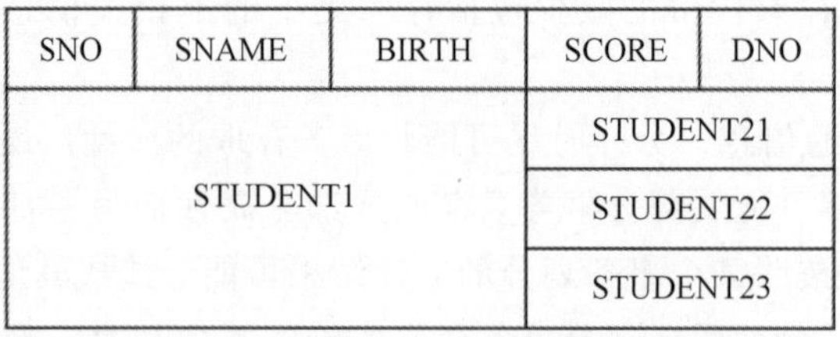

<table>
<tr><td>SNO</td><td>SNAME</td><td>BIRTH</td><td>SCORE</td><td>DNO</td></tr>
<tr><td colspan="3" rowspan="3">STUDENT1</td><td colspan="2">STUDENT21</td></tr>
<tr><td colspan="2">STUDENT22</td></tr>
<tr><td colspan="2">STUDENT23</td></tr>
</table>

图 3-13 关系 STUDENT 的混合分片示意图

3.7.2 混合分片的规范化设计

为了方便地维护数据的一致性,引入规范分片的概念,这是对混合分片而言的,因为简单分片都是规范的。规范的混合分片在重组全局关系时可以简化分布连接,规范分片的优化树可以方便地表达简化的分布连接。

定义 3.6:在混合分片中,设 $R_i[K_0]$是片段 R_i 的主关键字部分,对分片中任意两个片段 R_i 和 R_j,都满足下列条件之一,则称为规范的分片;否则,称分片是不规范的。

(1) $R_i[K_0] \in R_j[K_0]$。

(2) $R_j[K_0] \in R_i[K_0]$。

(3) $R_i[K_0] \cap R_j[K_0] = \phi$。

由定义可知,规范的混合分片不允许互不包含的两个片段的主关键字值集合有部分重叠。对不规范的混合分片可以通过增加水平分片消去重叠部分从而使其规范化。

根据定义,对于例 3.9 来说,对关系 STUDENT 先进行垂直分片,得到子关系 STUDENT1 和 STUDENT2,再对 STUDENT2 按照 DNO 进行水平分片,得到子关系 STUDENT21、STUDENT22、STUDENT23,这样的混合分片是规范化分片。

例 3.10 考虑全局关系 STUDENT 的混合分片:

$$STUDENT1 = \Pi_{SNO,SNAME,BIRTH}(STUDENT)$$
$$STUDENT2 = \Pi_{SNO,SCORE,DNO}(STUDENT)$$
$$STUDENT21 = \sigma_{SCORE \leqslant 600}(STUDENT2)$$
$$STUDENT22 = \sigma_{SCORE > 600}(STUDENT2)$$
$$STUDENT23 = \sigma_{SCORE \leqslant 100}(STUDENT2)$$
$$STUDENT24 = \sigma_{SCORE > 100}(STUDENT2)$$

显然,这一混合分片是不规范的,因为片段 STUDENT24 与 STUDENT21、STUDENT22 之间出现了主关键字值集合部分重叠。

定理 3.2:如果一个混合分片与分片操作次序无关,则混合分片是规范化的。

证明:所谓分片次序,是指得到各片段的各分片操作的次序。因分片与操作次序无关,则可以认为是先进行所有的水平分片,然后进行垂直分片。根据水平分片的不相交性,得知这种混合分片满足规范化混合分片的定义。

注意,这个定理的条件是充分的,但不是必要的。

定理 3.3:对规范混合分片,在全局关系重新组合时,其分布连接或是简单连接,或是不出现交叉的分割连接。

证明：对规范混合分片，全局关系至少存在两个以上不相交的水平分片的片段，因此分布连接至少是分割连接。又因为规范混合分片不存在主关键字值集合部分重叠，故不会出现交叉情况，当混合分片与分片操作次序无关时，则先进行水平分片，然后进行垂直分片。由水平分片的不相交性可知，分布连接为简单连接。

3.8　分片的表示方法

分片的表示方法

为直观地描述各种分片方式及便于对后续查询处理和查询优化方法的理解，对水平分片、垂直分片和混合分片可采用直观的图形表示法和基于树状结构的分片树表示法。

3.8.1　图形表示法

图形表示法是用图形直观描述，其描述规则如下。

(1) 用一个整体矩形来表示全局关系。

(2) 用矩形的一部分来表示片段关系。

(3) 按水平划分的部分表示水平分段。

(4) 按垂直划分的部分表示垂直分段。

(5) 混合划分既有水平划分，又有垂直划分。

具体图形表示如图 3-14～图 3-16 所示。其中图 3-14 表示关系 *E* 的水平分片为 E1、E2、E3；图 3-15 表示关系 E 的垂直分片为 E1、E2；图 3-16 表示关系 E 的混合分片为 E1(垂直分片)且垂直分片 E2 的水平分片为 E21、E22、E23。

E1
E2
E3

图 3-14　水平分片图形表示

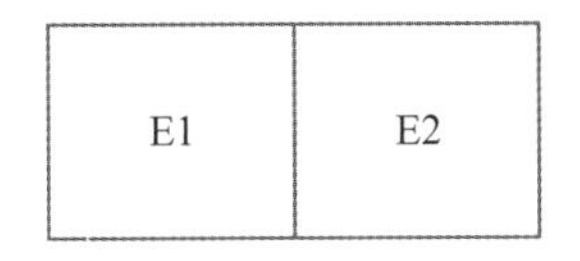

图 3-15　垂直分片图形表示

E1	E21
	E22
	E23

图 3-16　混合分片图形表示

3.8.2　分片树表示方法

全局关系的分片可用分片树表示，分片树包括水平分片树、垂直分片树和混合分片树，分片树由以下几部分构成。

(1) 根节点表示全局关系。

(2) 叶子节点表示最后得到的片段关系。

(3) 中间节点表示分片过程的中间结果。

(4) 边表示分片操作，并用 h(水平)和 v(垂直)表示分片类型。

(5) 节点名表示全局关系名和片段名。

图 3-17 表示关系 EMP 的水平分片为 E1、E2、E3 的分片树；图 3-18 表示关系 EMP 的垂直分片为 E1、E2 的分片树；图 3-19 表示关系 EMP 的混合分片为 E1(垂直分片)且

垂直分片 E2 的水平分片为 E21、E22、E23。

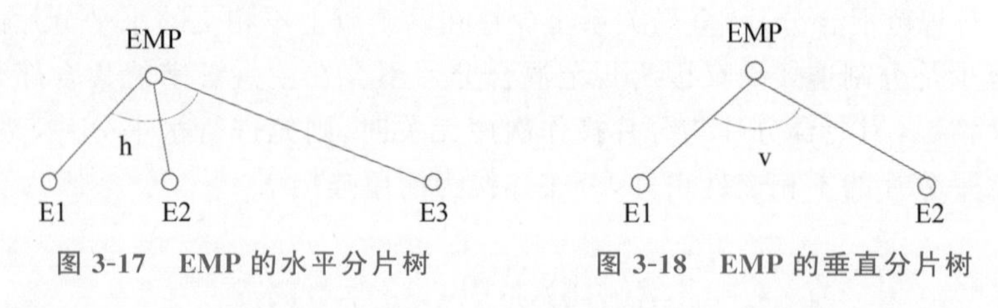

图 3-17 EMP 的水平分片树　　图 3-18 EMP 的垂直分片树

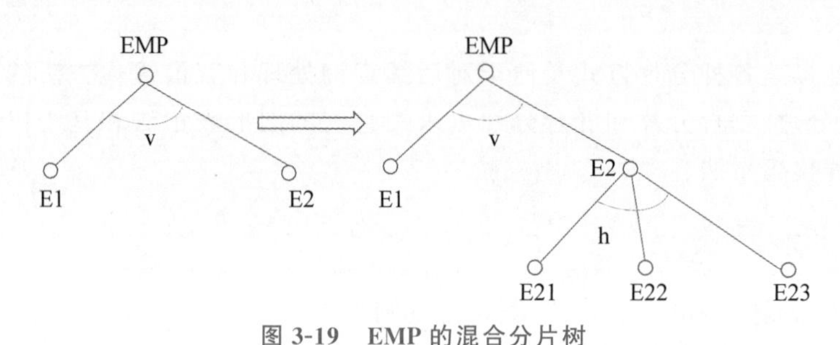

图 3-19 EMP 的混合分片树

3.9 分布式数据库数据分配设计类型

全局数据经过分片设计,得到各个划分的片段,片段到物理场地的存储映射过程称为分配设计过程。

3.9.1 分配设计的概念

数据分配主要是解决片段关系在分布式系统各节点上的分布。简言之,数据分配问题就是给定一组数据片段,并针对这些数据片段的操作及其使用频率,分配这组数据到网络的各个节点,使得总代价最小。

定义 3.7:设有一个由站点集 $S=(S_1,S_2,\cdots,S_m)$ 构成的网络,该网络上运行一个事务集 $T=(T_1,T_2,\cdots,T_q)$,存储着一个片段集 $F=(F_1,F_2,\cdots,F_n)$。按照一定的方式将每个片段 F_i 的不同副本分配到不同的站点 S_j 上的分配方案表示为 $A<F,S,T>$,这就是所谓的片段分配问题。

数据分配问题对整个分布式数据库应用系统的改进、数据的可用性、分布式数据库的效率和可靠性有很大影响。若数据片段分配得好,整个应用系统的性能、数据的可用性以及分布式数据库(Distributed Database,DDB)的效率和可靠性都会处于一个良好的状态,否则,就体现不出分布式数据库的优越性。

3.9.2 数据分配的准则

数据分配的准则主要有以下三个方面的内容。

1. 分布式数据库的本地性或近地性

按照尽可能地使数据靠近使用该数据的应用进行分配，以尽量减少站点之间的通信次数和通信量。

2. 系统任务的均衡性

数据分配要充分调动整个系统的计算资源和存储资源，让每一个站点都发挥其最大的价值，站点间能够协同完成系统中的检索更新应用。

3. 数据可用性和可靠性

尽量提高数据检索应用的可靠性，减少因数据检索和更新不同步造成的“脏数据”或“过时数据”。尽可能提高系统的可用性，使系统的管理和存储代价降低。数据分配应该使得数据库具有高可用性和可靠性。

3.9.3 分配类型

数据分配主要分为冗余分配和非冗余分配，非冗余分配即每个片段只分配到一个站点上，片段与站点间是一对一的关系。冗余分配即每个片段分配到多个站点，片段与站点之间是一对多的关系。非冗余分配为非复制分配，包括集中式分配和分割式分配。冗余分配为复制分配，包括全复制分配和部分复制分配。

1. 集中式分配

数据有划分，但是划分后的逻辑片段依然完全集中在一个节点，即有分片无分配，且没有数据副本存在。严格说来，这不能算是分布式数据库。

2. 分割式分配

数据分布在各个节点上，彼此之间没有重复数据；每个片段只存储在一个场地上，称为分割式分配，对应的分布式数据库称为全分割式数据库。设 R 为全局关系，R1、R2、R3 为划分的片段，分割式分配如图 3-20 所示。

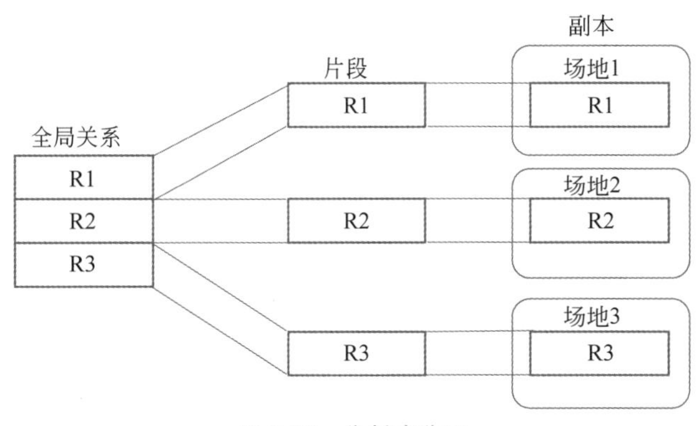

图 3-20　分割式分配

3. 全复制分配

数据分布在各个节点上,如果每个片段在每个场地上都存有副本,则称为全复制分配,对应的分布式数据库称为全复制式数据库。设 R 为全局关系,R1、R2、R3 为划分的片段,全复制分配如图 3-21 所示。

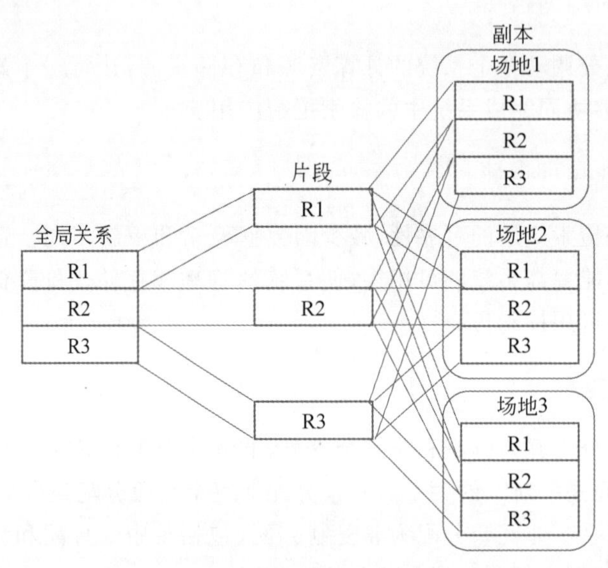

图 3-21 全复制分配

4. 部分复制分配

数据分布在各个节点上,如果每个片段只在部分场地上存有副本,则称为部分复制分配,对应的分布式数据库称为部分复制式数据库。设 R 为全局关系,R1、R2、R3 为划分的片段,部分复制分配如图 3-22 所示。

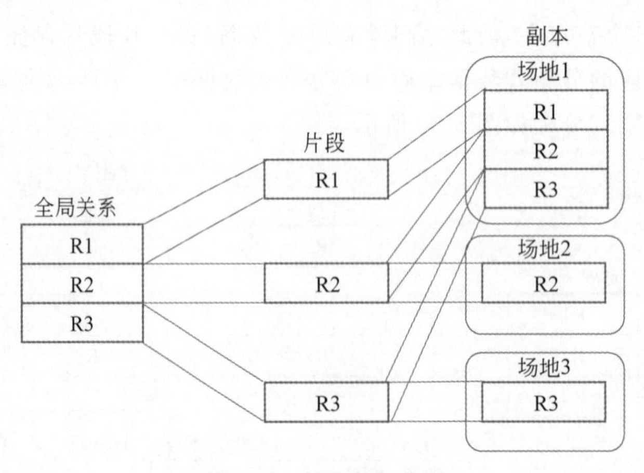

图 3-22 部分复制分配

系统是采用集中式分配、分割式分配还是采用全复制分配或部分复制分配，需根据应用需求及系统运行效率等因素来综合考虑。

一般从应用角度出发需要考虑以下因素。

（1）增加事务处理的局部性。

（2）提高系统的可靠性和可用性。

（3）增加系统的并行性。

从系统的角度出发需要考虑以下因素。

（1）降低系统的运行和维护开销。

（2）使系统负载均衡。

（3）方便一致性维护。

然而，从上面几点考虑因素可知，采用数据复制方式分配可增加只读事务处理的局部性，提高系统的可靠性和可用性，但会增加系统的运行和维护开销及数据一致性维护的开销。采用数据全分割式分配可使系统负载均衡，并能够降低系统的运行和维护开销，但会降低事务处理的局部性、系统的可靠性和可用性。可见，某一特性的增强，往往是在牺牲另一特性的基础上获得的。因此，如何进行片段的分配需要综合考虑应用和系统的需求，以求得到一个最佳的数据分配方案。一般地，如果只读/更新查询>1，则定义为复制式分配好些。表3-29示出了数据分配策略类型的比较。

表3-29 数据分配类型的比较

数据分配类型	集中式分配	分割式分配	全复制分配	部分复制分配
存储代价	很小	小	很大	大
检索代价	很大	很小	很小	更新/检索比确定
更新代价	小	很小	很大	更新/检索比确定
可靠性	很差	差	好	一般
复杂性	很低	低	一般	高
灵活性	很小	小	一般	大
体现DDBS的特点	无	不充分	一般	充分
分布引起的问题	无	少	一般	多

3.10 分配设计算法

数据分配问题其实就是要解决以一种怎样的方式将所有的数据片段分布到分布式数据库系统的各个站点上，使得代价最小，这是分布式数据库的设计者们在考虑数据分配问题时不变的准则。

3.10.1 数据分配方法优劣的度量

不同的分配方法所使用的最优化模型中采用不同的优化度量，但是严格来说，考虑最优化问题应该兼顾优化和性能两个因素,即分配结果能使分布式数据库系统达到最小的响应时间或最大系统吞吐量而同时又保持处理代价最小。因此,关于优化通常有两个度量标准。

1. 最小代价

代价函数包括在节点 $S_k(S_k \in S)$ 存储每个片段 $F_j(F_j \in F)$ 的代价;在节点 S_k 检索处理片段 F_j 的代价;在所有存储片段 F_j 的节点上的更新处理代价。数据分布追求总代价最小。

2. 性能

两个著名的标准是最小化响应时间和最大化每个节点的系统吞吐量。

然而这样兼顾最小代价和性能的模型至今尚未开发出来,究其根本原因就是复杂性。目前的分配算法大多都是基于代价优化的。基于代价优化的分配算法,主要考虑事务运行时的效率,更直接一点讲就是时间耗费,可以用目标函数 Min(TotalCost)表示。在代价公式的组成部分中,主要考虑的成分包括通信代价、局部处理代价和存储代价等。代价公式是优化数据片段分配的直接依据,选择代价公式对整个数据分配来说是很重要的一个环节。目前用得较多的是事务处理代价和存储代价。

代价最小的分配问题的描述如下:假设分配方案 $A<F,S,T>$ 存在存储代价 $\text{Scost}=\sum \text{cost}(F_j,S_k)$ 和处理代价 $\text{Pcost}=\sum \text{cost}(T_i,F_j)$,在满足目标函数 Min(Scost+Pcost)或 Min(Pcost)的条件下,求将数据片段集 F 分配到站点集 S 上的分配矩阵 $<F,S>$。

3.10.2 非冗余分配算法

常用的数据分配方法有非冗余分配方法和冗余分配方法两种。非冗余分配方法是将每个数据片段都无冗余地分配到网络中的某个场地上。这种方法相对比较简单。冗余分配方法允许将一个数据片段同时分配到多个不同的场地上,这种分配方法由于涉及查询或更新时选择哪一个副本的问题,每个数据片段的冗余度也是一个变量,所以比较复杂。

对于非冗余分配,用得最多的是最佳适应法,这是最简单的数据分配方法之一。所谓最佳,即要求所花费的代价(以代价公式衡量)最小。这种分配方法的算法步骤如下。

(1) 设待分配的数据片段为 F_j,计算把数据片段分配到网络各个站点的代价,包括各个站点产生的检索事务和更新事务对分配了数据片段 F_j 的站点上的 F_j 进行检索和更新所花费的代价之和。

(2) 比较所有的计算结果,将能产生最小代价的站点作为数据片段 F_j 的目标站点,将 F_j 分配到该站点上。

(3) 重复步骤(1)、(2)直至数据片段集 F 中的数据片段都被分配。

用非冗余分配最佳适应法进行数据分配,存储代价最小,但是系统的可用性、可靠性和数据的访问效率不高,并且没有体现出分布式数据库系统的优越性,一般很少采用。

3.10.3 冗余分配算法

对于冗余分配,允许数据片段有多个副本分别存储在不同的站点上,与非冗余分配相比，这样将大大降低不同站点对同一数据片段的检索访问代价，但是却带来数据片段更新代价的提高。下面介绍3种冗余分配方法：选择所有收益场地法、启发式添加副本法、试消副本法。

1. 选择所有收益场地法

该方法的主要思想是：设待分配的数据片段为 F_j，在全部场地内选择一组场地，当数据片段 F_j 的一个副本分配到这一组场地时，若收益大于花费的代价，则决定把数据片段 F_j 分配到这一组场地中的所有场地上。这种分配方法是通过对片段的初始分配费用和片段复制给某些场地后的费用经过计算和比较得到的，如果复制后的费用低于复制前的费用，则决定进行复制。算法步骤如下。

(1) 用非冗余分配法将数据片段集 F 分配到站点集 S 上。设 $F_j(F_j \in F)$ 分配到 $S_k(S_k \in S)$。

(2) 对于任意 F_j，计算 F_j 分配到 S_k 上后，所有事务对数据片段 F_j 的处理代价。

(3) 选择一站点集合，计算在该站点集合中的每一站点上分配片段 F_j 所带来的得益和分配片段 F_j 带来的开销，若得益大于开销，就将该片段 F_j 的副本分配到该站点集合中的每一个站点上，否则就不分配。其中，得益定义为增加副本的站点产生的检索事务对片段 F_j 的远程和本地的检索访问时间之差；开销定义为增加副本后对此副本进行的本地和远程更新访问的时间之和。

(4) 重复步骤(2)、(3)直至将数据片段集 F 中所有的数据片段都处理完。

冗余分配算法在一定程度上减少了检索事务的处理代价，但更新事务的处理代价有一定上升。选择所有收益场地法就是在寻找最优化的结合点，提供一个最佳冗余分配片段副本的站点，但也存在一些不足，算法中没有说明如何选择站点集合，站点集合选择的随意性对分配结果有很大影响，因为网络拓扑信息对计算代价有影响。

2. 启发式添加副本法

该方法的主要思想是：设待分配的数据片段为 F_j，首先用最佳适应法确定一个非冗余的最佳分配方案，然后再分别计算在剩余的场地中的一个场地上增加片段 F_j 的副本后整个系统的总费用，找出其中的最小费用，如果该费用大于增加 F_j 副本前的最小费用，则停止计算；否则，决定在相应的场地上增加数据片段 F_j 副本。这样一直计算下去，直到找出最小费用为止。其算法步骤如下。

(1) 先采用“非冗余分配最佳适应法”选定一个分配方案。

(2) 假设该方案决定将数据片段 F_j 分配到站点 S_k 上，计算出它的检索和更新处理代价。

(3) 分别计算在剩余的站点中的每个站点上增加数据片段 F_j 的副本后整个系统的代价，得出最小代价。

(4) 比较步骤(3)中得到的最小代价和复制数据片段 F_j 前的代价，若小于复制片段

F_j 前的代价,则在该站点上增加冗余副本,转步骤③继续进行,否则表明数据片段 F_j 处理完毕,选择下一个未处理的数据片段。

(5) 重复步骤(2)、(3)、(4),直到将所有的片段都处理完。

启发式添加副本法是一种典型的启发式方法。它不但考虑副本之间的相互影响,还考虑随着副本数的增加而带来的费用上升问题。从以往经验来看,当副本数为 2 或 3 时,系统费用较理想。当副本数进一步增加时,系统费用不一定会降低,甚至有可能上升。

3. 试消副本法

该方法的主要思想是:设待分配的数据片段为 F_j,先将数据片段 F_j 分配到网络中的所有场地上,计算出总的费用。再分别计算出在某一场地上去掉数据片段 F_j 副本后的总费用,找出其中最小者,如果这个最小费用大于去掉该场地上数据片段 F_j 前的最小费用,则停止计算;否则,去掉相应场地上的数据片段 F_j 的副本。这样一直计算下去,直到找出最小费用为止。算法步骤如下。

(1) 设待分配的数据片段为 F_j,先将数据片段 F_j 分配到网络中的所有站点上,计算出总的代价。

(2) 分别计算出在某一站点上去掉数据片段 F_j 的副本后的总代价,得出费用最小者。

(3) 比较步骤(2)得到的最小代价和去掉该站点上数据片段 F_j 的副本前的代价,若小于去掉该站点上数据片段 F_j 副本前的代价,就去掉该站点上数据片段 F_j 的副本,转步骤(2)继续进行。否则表明数据片段 F_j 处理完毕,选择下一个未处理的数据片段。

(4) 重复步骤(1)、(2)、(3),直到将所有的片段都处理完。

试消副本法也是一种启发式方法,它的实现可以看作是添加副本法实现的逆过程。

3.10.4 与数据分配问题相关的统计信息

分布式数据库及应用环境的统计信息对分配方法代价函数的建立和优化有很大影响。这些信息可以分为 4 类:数据库信息、应用信息、站点信息和网络信息。要将纷繁复杂的信息都考虑进一个代价函数,难度之大,无法评估。主要原因是很难构建一个如此全面的代价公式,即使构建出这样一个代价公式,其复杂性也是难以接受的。实际情况中统计信息的种类繁多,获取的难度也千差万别,同一统计信息对不同的实际系统的重要性也不尽相同,获得一个统计信息的难度代价与考虑该统计信息对分配的好处之间也存在着制约关系。忽略获取难度过大的和对分配结果影响甚小的统计信息,是减小分配方法的复杂性的好办法。所以在进行数据分配时,必须对当前需要分配的数据、应用和所处的环境进行分析,将 4 类信息按照一定的原则进行选取。

1. 数据库信息

最重要的数据库信息是数据片段的大小,用 Size(F_i)表示,该统计信息的重要性来源于两点：一是数据片段的大小对于各站点的存储代价是直接因素；二是片段大小对于网络通信时间有直接影响。查询对片段的选择度(查询结果的大小)也是重要的信息，这是因为查询结果的大小直接影响查询的传输代价。因此，数据库的片段大小以及查询对片段的选择度都是进行分配设计需要考虑的重要因素。

2. 应用信息

应用信息就是指与事务相关的信息，包括对片段的访问需求信息、各个应用在各个站点上执行的频率、每个事务对片段的访问选择性等。

(1) 对片段的访问需求。该需求表示了哪些事务要访问哪些数据片段。当然，有些时候对这个信息细化一下也是有必要的，即细化出执行某个事务需要检索哪些数据片段、更新哪些数据片段。这个信息对代价计算很重要。它是判定将片段分配到哪些站点的依据之一，该站点上有访问某个数据片段的事务存在，才有可能被分配该数据片段的副本；否则，不用将数据片段分配给这个站点。

(2) 各个应用在各个站点上执行的频率。从这个统计信息可以得到两方面的数据。第一，哪些事务是由哪些站点发出的；第二，各个事务在各个站点执行的频率。这个信息的重要性不弱于前者，也是必需的，它是另一个判定将片段分配到哪些站点的依据之一。

(3) 每个事务对片段的访问选择性。选择性表示片段被事务访问的数量百分数，每个事务不一定都访问片段中百分之百的数据。这个统计信息也比较重要，因为它能更客观地反映系统在实际运行中传输的数据量，而数据量是代价公式中最主要考虑的因素，采用选择性这个统计信息能进一步细化访问的数据量。

3. 站点信息

站点信息可分为本地存储代价和本地处理代价。目前计算机硬件设备性价比越来越高，存储器的价格也在不断下降，对一般的数据处理，存储代价不算是一个重要的因素，除非是海量数据处理。这个统计信息在衡量分配代价时不太重要但是能精确获得，在一般情况下，可以忽略它，或者仅作为一个次要限制条件。站点的处理代价一般定义为 CPU 和 I/O 的占用时间，这和具体站点的计算机的配置以及应用的规模有关，是否考虑该信息应该根据分布式数据库的运行环境酌情考虑。一般来说，当分布式数据库分散在地理位置较远的广域网或速度较慢的低速网络环境中，或者受到传输带宽的限制，也就是说信息传输速率的数量级低于磁盘与主存之间的传输速率时，就可以考虑传输代价为其侧重点而忽略各站点 CPU 和 I/O 的代价；而当分布式数据库系统处于局域网环境中时，站点间的信息传输速率几乎接近于磁盘与主存之间的传输速率，这时就可以把通信代价与局部的 I/O 代价和 CPU 代价同时考虑。

4. 网络信息

网络信息可以包括网络带宽、站点初始化数据包的单位代价、网络拓扑信息等。但是由于网络本身就是一个动态的环境，尤其是大范围的广域网，其各方面特性都在随时变化，有些变化的幅度还相当大。因此，这方面的各种精确信息都比较难获得，只能以估算或统计的平均值作为参考，如非必要应尽量弱化这些信息在代价公式中的作用。

3.11 分布式数据库设计案例

利用分布式数据库水平分片、导出水平分片、垂直分片、混合分片和分配技术可以合理设计分布式数据库，提高分布式数据库应用效率。

现有某高等学校教学信息管理系统，数据库包括学生基本信息表、教师基本信息表、课程基本信息表、学生选课信息表、学生成绩信息表，假设学校有三个校区，各数据库关系表结构如下。

学生基本信息表：student(sno(学号),name(姓名),age(年龄),sex(性别),major(专业),class(班级),campus(校区),college(学院),Province(籍贯),score(入学成绩))。

教师基本信息表：teacher(tno(教工号),name(姓名),age(年龄),sex(性别),college(学院),research (教研室),course1(教授课程 1),course2(教授课程 2),course3(教授课程 3),campus(校区))。

课程基本信息表：course(cno(课程代码),name(课程名称),credit(学分),time(学时),semester(开设学期))。

学生选课信息表：selection(cno(课程代码),tno(授课教工号),sno(选课学生学号),score(课程成绩))。

学生成绩信息表：achievement(sno(学号),score1(第 1 学年成绩),score2(第 2 学年成绩),score3(第 3 学年成绩),score4(第 4 学年成绩))。

基于上面给出的关系模式有如下应用需求：

(1) 各校区负责人经常查询本校区学生的基本信息、选课信息、学生成绩信息，各学院负责人经常查询本学院的学生的基本信息、选课信息、学生成绩信息。

(2) 学校本部数据中心需要对学生信息进行综合分析，即需要学生的基本信息、选课信息、课程成绩及学年成绩等信息，了解各校区学生的学习情况。

1. 分片设计

对于学生基本信息表 student 来说，各校区要用到所在校区学生的信息，学校本部数据中心要用到全部学生的信息，所以学生基本信息表 student 按照校区进行水平分片。具体分片情况如下：

student$i=\sigma_{\text{campus}=\text{校区名称}}$(student),$i=(1,2,3)$。

学生基本信息表 student 分片树如图 3-23 所示。

对于教师基本信息表 teacher 来说，各学院要用到所在学院教师的信息，学校本部数据中心要用到全部教师的信息，所以教师基本信息表 teacher 按照校区进行水平分片。具体分片情况如下：

$\text{Teacher}i\ \sigma_{\text{campus}=\text{校区名称}}(\text{teacher})$，　$i=(1,2,3)$。

教师基本信息表 teacher 分片树如图 3-24 所示。

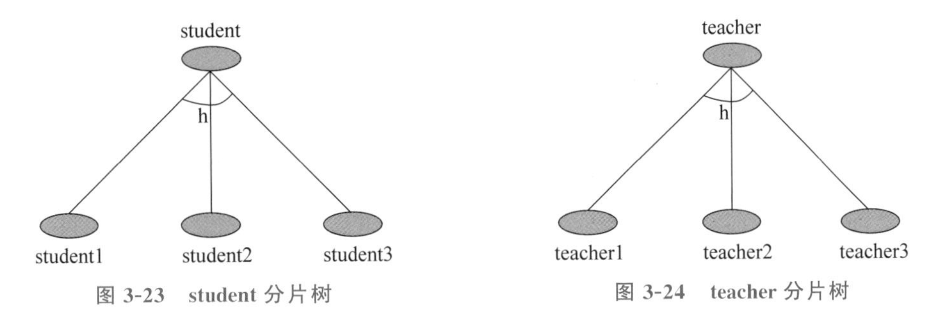

图 3-23　**student 分片树**　　图 3-24　**teacher 分片树**

对于学生选课信息表 selection 表来说，各校区要用到所在校区学生的信息，学校本部数据中心要使用全部学生的信息，所以选课信息表 selection 按照学生所在的校区进行导出水平分片，具体分片情况如下：

$$\text{selection}i=\Pi_{\text{cno, tno, sno, score}}(\sigma_{\text{campus}=\text{校区名称}}(\text{selection}\infty\text{student}),\quad i=(1,2,3))$$

学生选课信息表 selection 分片树如图 3-25 所示。

对于学生成绩信息表 achievement 来说，各校区要用到所在校区学生的信息，学校本部数据中心要使用全部学生的信息，所以学生成绩信息表 achievement 按照学生所在的校区进行导出水平分片，具体分片情况如下：

$$\text{achievement}i=\Pi_{\text{sno, score1, score2, score3, score4}}(\sigma_{\text{campus}=\text{校区名称}}(\text{achievement}\infty\text{student})),\quad i=(1,2,3)$$

学生成绩信息表 achievement 分片树如图 3-26 所示。

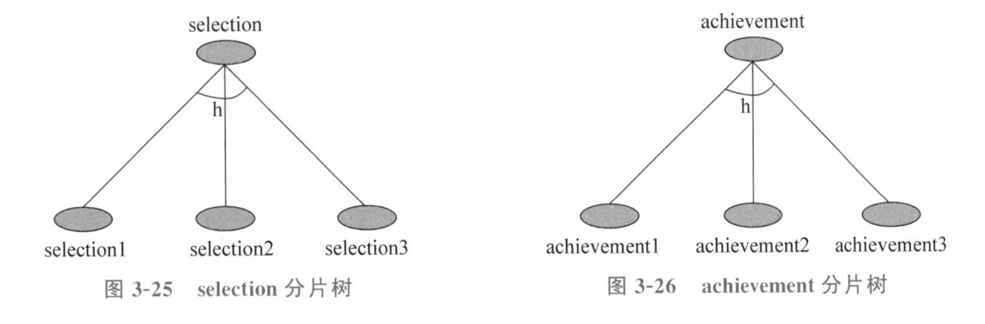

图 3-25　**selection 分片树**　　图 3-26　**achievement 分片树**

对于课程基本信息表 course 来说，各校区各学院及学校本部数据中心均需用到全部信息，所以课程基本信息表 course 不用分片。

2. 分配设计

数据库的学生基本信息表 student、教师基本信息表 teacher、学生选课信息表 selection、学生成绩信息表 achievement、课程基本信息表 course 数据分配如图 3-27 所示。

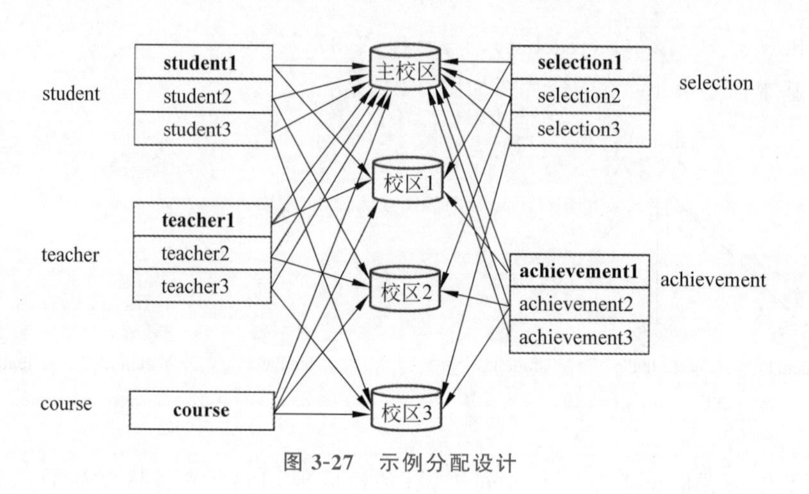

图 3-27 示例分配设计

习 题 3

1. 简述分布式数据库设计的目标。

2. 简述分布设计原则。

3. 基本水平分片和导出水平分片的定义不同,但表示形式一致,它们的分配模式是否一致?

4. 说明水平分片谓词的设计方法。

5. 简述分布式数据库分配类型。

6. 某企业集团的数据中心在场地 S1,销售总公司在场地 S2,销售总公司下属三个分公司分别在场地 S3、S4、S5,该集团的销售总公司关系模式如下:

(1) 雇员信息表:EMP(eno(雇员编号),name(雇员姓名),age(年龄),sex(性别),title(级别),dno(总公司编号和分公司编号),add(工作地址));

(2) 雇员销售信息表:SALE(no(商品编号),pname(商品名称),num(销售数量),date(日期),eno(雇员编号))。

假设基于上面给出的关系模式有如下应用需求:

(1) 各个分公司管理自己公司的雇员信息和销售信息;

(2) 销售总公司管理销售总部人员信息和 title>4 的雇员信息与他们的销售信息;

(3) 企业集团数据中心管理 title>6 的雇员信息与他们的销售信息。

依据上述信息进行数据分片设计,写出分片的定义、分片条件,指出分片的类型,分别画出分片树,给出相应的分配设计。

7. 教师信息管理系统包括教师基本信息表 T 和课程信息表 C,且各学院有信息中心用于存储数据,关系表结构如下:

(1) 教师基本信息表 T(tno(教师编号),tname(教师姓名), age(年龄),sex(性别),title(职称),tcollege(教师所在学院));

(2) 课程信息表 C(cno(课程代码),cname(课程名称),college(开课学院),xnxq(学

年学期),tno(教师编号));

假设基于上面给出的关系模式有如下应用需求:

(1) 各学院管理学院教师信息及开课课程信息;

(2) 学校信息中心管理分析所有数据。

依据上述信息进行数据分片设计,写出分片的定义、分片条件,指出分片的类型,分别画出分片树,给出相应的分配设计。

8. 某公司客户信息管理信息系统包含客户基本信息表和客户业务信息表,该公司有两个分公司,关系表结构如下:

(1) 客户基本信息表 KHXX(no(客户编号),name(姓名), age(年龄),sex(性别),lx(客户类型),fgs(客户所属分公司名称));

(2) 客户业务信息表 KHYW(yno(业务代码),yname(业务名称),fgsm(分公司名称),no(客户编号))。

假设基于上面给出的关系模式有如下应用需求:

(1) 各分公司管理所属客户信息及业务;

(2) 总公司信息中心管理分析所有数据。

依据上述信息进行数据分片设计,写出分片的定义、分片条件,指出分片的类型,分别画出分片树,给出相应的分配设计。

第4章 分布式数据库查询优化

本章首先介绍分布式数据库的查询优化相关理论、分布式查询处理流程，以及传统查询优化和分布式查询优化研究的内容，然后介绍查询分解、从全局查询到片段查询的转化以及全局优化。

4.1 分布式数据库查询优化概述

数据查询是关系数据库系统中最基本、最常用、最重要的操作，数据库的查询一般都是用SQL语言表达的。从SQL查询语句开始直到获得查询结果，需要DBMS完成实际的查询过程。虽然用户并不需要关心这个过程，但对于同一个给定的查询需求，通常会有许多可能的处理策略，策略好坏使得其实现效率差别很大，有时甚至相差几个数量级。因此，通过查询优化选取好的查询策略显得尤为重要。

4.1.1 分布式查询优化的必要性

对于全局查询，如果子查询在不同的局部数据库中没有相交，很显然可以使用局部数据库的名称代替全局名称，也就是只要从局部数据库中查询数据就行了，这就相当于缩小了查询范围，从而提高了优化效率。如果子查询在不同的局部数据库中有相交，经过合理的优化，可以减少中间结果，提高查询效率。下面以关系数据库为例，通过两个例子分析查询优化的必要性。

例4.1　假设一个全局学生基本信息关系Student，其模式为Student(snum，name，age)，对其进行水平分片得到两个逻辑片段Student1 (snum，name，age)和Student2 (snum，name，age)，其中Student1对应的是属性age的值大于或等于20的记录，Student2对应的数据是属性age的值小于20的记录，要求查询所有年龄字段属性>20的学生信息。

学生基本信息关系Student分片情况如下：

Student1：满足age≥20的所有元组，Student1=$\sigma_{age\geq 20}$(Student)；

Student2：满足age<20的所有元组，Student2=$\sigma_{age<20}$(Student)。

显然{Student1，Student2}是R上的一个水平分片，两者不可能存在相交，并且两者的并集是关系Student，即Student=Student1∪Student2。

现有实际应用需要查询所有年龄字段属性>20 的学生信息，即对 Student 做以下查询：

```
SELECT * FROM Student WHERE age >20
```

显然该查询的结果数据记录都在逻辑分片 Student1 中，那么可以直接将查询范围从全局模式 Student 缩减为逻辑分片 Student1，将上述查询转换如下：

```
SELECT * FROM Student1 WHERE age >20
```

对于例 4.1 中的查询，分布式查询就相当于对一个本地或远程局部数据库进行本地或远程查询，显然这种优化方法提高了查询效率。

例 4.2　有全局数据模式中的学生成绩信息表 Score(sno, name, age, sex, sc, college)，其中 sno 为学生学号，name 为姓名，age 为年龄，sex 为性别，sc 为学生成绩，college 为学生所在的学院，进行垂直分片，分为两个局部数据模式 Score1(sno, name, age)和 Score2(sno, sex, sc, college)，要求查询学生成绩>60 且为男生的学生信息。

全局数据模式中的学生成绩信息表 Score(sno, name, age, sex, sc, college)的分片情况如下：

$Score1 = \Pi_{sno, name, age}(Score)$；

$Score2 = \Pi_{sno, , sex, sc, college}(Score)$。

Score1 由 Score 中的元组属性 sno、name、age 组成，Score2 由属性 sno、sex、sc、college 组成，每个学生的成绩信息在两个分片中。

现要求查询 Score 表中学生成绩>60 且为男生的学生信息，查询语句 Q 如下：

```
SELECT * FROM Score WHERE sc >60 AND sex ="男"
```

该查询的目标数据存放于分片 Score1 和 Score2 中，因此必须将该全局查询语句分解为对两个局部数据库进行访问的子查询语句。

通过查找全局数据模式与局部数据模式之间的映射信息，将查询语句转换为 Q'：

```
SELECT sno, Score1.name, Score1.age, Score2.sex, Score2. sc, Score2. college
FROM Score1, Score2 WHERE Score2.sc> 60 and Score2.sex ='男' and Score1.sno=
Score2.sno
```

进一步对查询语句 Q' 分解为对 Score1 表进行子查询的语句 Q'_1：

```
SELECT sno, name, age FROM Score1
```

对查询语句 Q' 分解为对 Score2 表进行子查询的语句 Q'_2：

```
SELECT sno, sex,sc,college FROM Score2 WHERE sc >60 AND sex ="男"
```

若无查询优化处理，将分别执行局部数据库的查询语句 Q'_1 和 Q'_2，并且返回局部查询结果 Score1′和 Score2′,再对局部查询结果 Score1′和 Score2′根据公共连接属性 sno 进行自然连接操作,连接结果就是最终的全局查询结果。

无查询优化的查询,增加了中间查询结果的数据量,例如假设 Score1 表和 Score2 表分别有 1000 条记录,Score2 表中满足 sc>60 且性别为男的学生记录有 100 条,则中间查询结果的数据记录有 100+1000=1100 条。

若采取了查询优化处理,则中间查询结果的数据量将大大减少。例如实际查询时,首先执行局部数据库 Score2 的查询语句 Q'_2,返回局部查询结果 Score2′,Score2′是表 Score2 中满足 sc>60 且性别为男的学生记录,所以 Q'_2 的查询结果记录数为 100。在局部查询结果 Score2′的基础上,再执行局部数据的查询语句 Q'_1,返回局部查询结果 Score1′,查询结果记录数为 100,最后对局部查询结果 Score1′和 Score2′根据公共连接属性 sno 进行自然连接操作,连接结果就是最终的全局查询结果。则中间查询结果的数据记录有 100+100=200 条。无查询优化的中间查询结果为 1100 条,使用查询优化后,中间查询结果为 200 条,查询优化后的数据记录大大减少了。

由此可见,查询经过优化后,查询的效率将得到极大提高,这一点特别对于大量数据的查询,查询优化的优势发挥得更明显。

4.1.2 分布式查询优化的目标

在集中式数据库系统中,查询优化的目的在于为每个用户查询寻求总代价最小的执行策略。通常,总代价是以查询处理期间的 CPU 代价和 I/O 代价来衡量的。由于集中式数据库系统大都运行在单个处理器的计算机上,使总代价最小就意味着使查询的响应时间最短。而分布式查询处理相对于集中式查询增加了很多新的内容。一个查询可能涉及多个站点,所以查询代价的计算要复杂得多。在计算分布式查询总代价时,除了像集中式数据库系统一样考虑 CPU 代价和 I/O 代价,同时还要包括数据在网络间传输的通信代价。这是由于数据的分布和冗余,使得查询处理中,数据不可避免地在站点间相互传递,从而产生一定的通信费用,引起查询总代价的增加。在分布式查询中,不同的查询处理策略,其查询的总代价和并行处理方式是不同的。那么就要根据具体的情况,比较当前可能的查询策略,从而得到总代价最小或响应时间最短的查询策略方案。分布式数据库查询优化有两个标准,具体描述如下。

1. 以查询总代价最小为标准

在远程通信网络的环境中,磁盘读写数据的时间和 CPU 处理时间与站点间数据传输时间相比,几乎可以忽略不计。因为远程通信网络中站点之间的通信带宽普遍较低,站点之间的数据传输速率比磁盘数据的读写速率慢得多。因此,对于远程通信网络环境中的分布式数据库系统,查询处理的代价主要由数据传输代价所决定。在查询优化时主要考虑数据传输量和传输次数,以减少通信开销作为优化的主要目标。

在高速局域网中,高速局域网的网络带宽要比远程通信网络的带宽高很多。因此,查询优化需要同时考虑局部查询代价和通信代价,以总执行代价最小作为优化目标。如果站点之间的数据传输时间比局部查询处理时间短很多,则局部查询的处理代价是查询的主要代价，优化时以减少局部查询执行时间作为主要目标。如果数据传输时间与局部查询处理时间相近，则查询优化要以同时减少通信代价和局部处理代价作为主要目标。在查询优化中，局部查询的执行时间主要通过 CPU 处理时间和磁盘 I/O 次数进行度量，对通信代价和局部执行代价的估计主要基于各个站点上的数据的分布情况和执行操作符所使用的算法来评价。与集中式数据库系统的情况不同，分布式查询的局部处理代价会随着数据传输的不同而变化，这一点也增加了估计分布式查询执行策略代价的复杂度。

2. 以查询的响应时间最短为标准

在处理同样的一个查询时，查询所需时间越短，说明该查询策略效率越高。在集中式数据库中查询总代价最小和查询的响应时间最短是相同的，但在分布式数据库中，由于可以在各站点并发执行，查询的响应时间最短不一定查询总代价最小，查询总代价最小也不一定查询的响应时间最短。

4.2　查询优化的基本概念

用户或应用程序看到的是全局关系组成的全局数据库，通过如 SQL 等的查询语言来表达分布式查询，之后由系统将其转换成等价的关系表达式描述的操作系列。为了方便转化，采用一种查询操作树作为内部表示方法。在优化过程中，为了准确地估计出执行策略的代价，需要通过统计方法获得数据库中关系的一些重要特征参数，以便估计出局部处理的代价和中间结果的大小。

4.2.1　关系代数等价变化规则

关系代数表达式可以表示出操作的执行顺序，可以利用等价变换，实现查询优化。关系代数的所有操作数都是关系，计算结果也是关系。关系代数有 9 种常见操作符：其中 2 个一元操作符，7 个二元操作符。一元运算：选择(σ)，投影(Π)；二元运算：并($\cup$)、交($\cap$)、差($-$)、除($\div$)、笛卡儿积(x)、连接(∞)、半连接 ($\propto$)。

假设关系代数的两个表达式分别为 E1 和 E2，若这两个表达式的相同关系具有相同值时，总会得到相等的结果，那么这两个表达式是等价的。等价的关系代数表达式遵守以下定律：

(1) 一元运算的交换律；

(2) 一元运算的幂等性；

(3) 一元运算的提取律；

(4) 二元运算的结合律；

(5) 一元运算相对于二元运算的分配律。

设 R、S、T 为关系，U、U_1、U_2 为一元运算符，B、B_1、B_2 为二元运算符，则关系代数等价规则如下：

(1) $U_1U_2R = U_2U_1R$；

(2) $UR = UUR$；

(3) $(UR)B(US)=U(RBS)$;

(4) $RB(SBT)=(RBS)BT$;

(5) $U(RBS)=(UR)B(US)$。

下面介绍关系代数中一些常用的等价变化规则。

1. 连接、笛卡儿积的交换律

设 E_1、E_2 是关系代数表达式,F 是连接运算的条件,则以下等价公式成立:

(1) $E_1 \times E_2 = E_2 \times E_1$;

(2) $E_1 \infty E_2 = E_2 \infty E_1$;

(3) $E_1 \underset{F}{\infty} E_2 = E_2 \underset{F}{\infty} E_1$。

2. 连接、笛卡儿积的结合律

设 E_1、E_2、E_3 是关系代数表达式,F_1、F_2 是连接条件,F_1 只涉及 E_1 和 E_2 的属性,F_2 只涉及 E_2 和 E_3 的属性。则以下等价公式成立:

(1) $(E_1 \infty E_2) \infty E_3 = E_1 \infty (E_2 \infty E_3)$;

(2) $(E_1 \underset{F_1}{\infty} E_2) \underset{F_2}{\infty} E_3 = E_1 \underset{F_1}{\infty} (E_2 \underset{F_2}{\infty} E_3)$;

(3) $(E_1 \times E_2) \times E_3 = E_1 \times (E_2 \times E_3)$。

3. 投影的串接

设 E 是一个关系代数表达式,$A_1, A_2, \cdots, A_n, B_1, B_2, \cdots, B_m$ 是 E 中的某些属性名,$A_i \in \{B_1, B_2, \cdots, B_m\} (i=1,2,\cdots,n)$,则以下等价公式成立:

$$\Pi_{A_1, A_2, \cdots, A_n}(\Pi_{B_1, B_2, \cdots, B_m}(E)) = \Pi_{A_1, A_2, \cdots, A_n}(E)$$

4. 选择运算串接

设 E 是一个关系代数表达式,F_1 和 F_2 是选择运算的条件,则以下等价公式成立:

$$\sigma_{F_1}(\sigma_{F_2}(E)) = \sigma_{(F_1 \wedge F_2)}(E)$$

由于 $F_1 \wedge F_2 = F_2 \wedge F_1$,因此选择的交换律也成立,即

$$\sigma_{F_1}(\sigma_{F_2}(E)) = \sigma_{F_2}(\sigma_{F_1}(E))$$

5. 选择运算与投影运算的交换律

设 F 只涉及 L 中的属性,则以下等价公式成立:

$$\prod_L(\sigma_F(E)) = \sigma_F(\prod_L(E))$$

如果条件 F 还涉及不在 L 中的属性集 L1,那么下式成立:

$$\prod_L(\sigma_F(E)) = \prod_L(\sigma_F(\prod_{L \cup L1}(E)))$$

6. 选择运算与笛卡儿积的分配律

（1）设 F 中涉及的属性都是 E_1 的属性.则有以下等价公式成立：

$$\sigma_F(E_1 \times E_2) = \sigma_F(E_1) \times E_2$$

（2）如果 $F = F_1 \wedge F_2$，且 F_1 只涉及 E_1 的属性，F_2 只涉及 E_2 的属性，则有以下等价公式成立：

$$\sigma_F(E_1 \times E_2) = \sigma_{F_1}(E_1) \times \sigma_{F_2}(E_2)$$

（3）如果 $F = F_1 \wedge F_2$，且 F_1 只涉及 E_1 的属性，F_2 涉及 E_1 和 E_2 的属性，则有以下等价公式成立：

$$\sigma_F(E_1 \times E_2) = \sigma_{F_2}(\sigma_{F_1}(E_1) \times E_2)$$

7. 选择对并的分配律

假设 E_1 和 E_2 具有相同的属性名，或者 E_1 和 E_2 表达的关系的属性有对应性，则有以下等价公式成立：

$$\sigma_F(E_1 \cup E_2) = \sigma_F(E_1) \cup \sigma_F(E_2)$$

8. 选择对集合差的分配律

假设 E_1 和 E_2 具有相同的属性名，或者 E_1 和 E_2 表达的关系的属性有对应性，则有以下等价公式成立：

$$\sigma_F(E_1 - E_2) = \sigma_F(E_1) - \sigma_F(E_2)$$

9. 选择对自然连接的分配律

假设 F 只涉及表达式 E_1 和 E_2 的公共属性，且包含连接属性，则有以下等价公式成立：

$$\sigma_F(E_1 \infty E_2) = \sigma_F(E_1) \infty \sigma_F(E_2)$$

10. 投影对笛卡儿积的分配律

假设 L_1 是 E_1 的属性集，L_2 是 E_2 的属性集，则有以下等价公式成立：

$$\prod\nolimits_{L_1 \cup L_2}(E_1 \times E_2) = \prod\nolimits_{L_1}(E_1) \times \prod\nolimits_{L_2}(E_2)$$

11. 投影对并的分配律

假设 E_1 和 E_2 具有相同的属性名，或者 E_1 和 E_2 表达的关系的属性有对应性，则有以下等价公式成立：

$$\prod\nolimits_{L}(E_1 \cup E_2) = \prod\nolimits_{L}(E_1) \cup \prod\nolimits_{L}(E_2)$$

12. 选择与连接操作的结合

设 E_1、E_2、E_3 是关系代数表达式，F、F_1、F_2 是条件，则有以下等价公式成立：

$$\sigma_F(E_1 \times E_2) = E_1 \underset{F}{\infty} E_2$$

$$\sigma_{F_1}(E_1 \underset{F_2}{\infty} E_2) = E_1 \underset{F_1 \wedge F_2}{\infty} E_2$$

13. 并和交的交换律

假设 E_1 和 E_2 具有相同的属性名,或者 E_1 和 E_2 表达的关系的属性有对应性,则有以下等价公式成立:

$$E_1 \cup E_2 = E_2 \cup E_1$$
$$E_1 \cap E_2 = E_2 \cap E_1$$

14. 并和交的结合律

假设 E_1、E_2、E_3 具有相同的属性名,或者 E_1、E_2、E_3 表达的关系的属性有对应性,则有以下等价公式成立:

$$(E_1 \cup E_2) \cup E_3 = E_1 \cup (E_2) \cup (E_3)$$
$$(E_1 \cap E_2) \cap E_3 = E_1 \cap (E_2) \cap (E_3)$$

为了简化查询,以下给出了应用于等价变换的准则。

准则 1:使用选择和投影的幂等性为每个关系产生相应的选择和投影。

准则 2:将选择和投影运算尽可能提前执行。

查询树

4.2.2 查询树

查询树,是指一个查询的关系代数表达式,按其运算的先后顺序用树状结构来加以表示。

查询树定义如下:

$$\text{ROOT}:=T$$
$$T:=R/T/\text{TBT}/\text{UT}$$
$$U:=\sigma_F/\Pi_L$$
$$B:=\infty/\times/\cup/\cap/-/\propto/\div$$

其中 R 是关系,F 是选择条件,L 是属性集。关系代数的操作 σ、Π、∞ 和 $\cap$ 与查询树的对应关系分别如图 4-1 至图 4-4 所示。

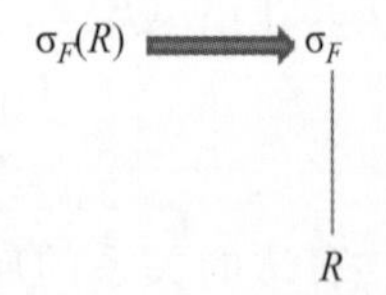

图 4-1 关系代数操作 σ 查询树

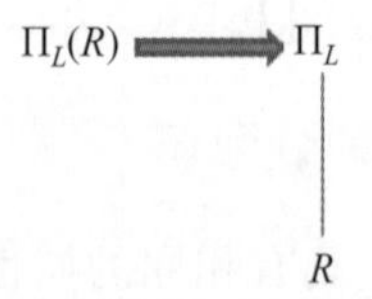

图 4-2 关系代数操作 Π 查询树

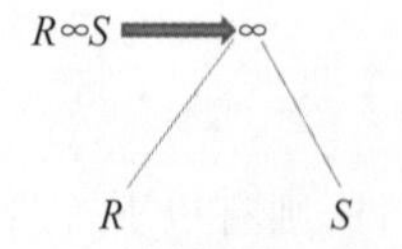

图 4-3 关系代数操作 ∞ 查询树

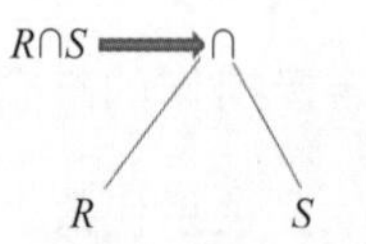

图 4-4 关系代数操作 $\cap$ 查询树

例 4.3 设有一个学生关系 STUDENT(SNO,SNAME,BIRTH,SCORE,DNO,

COLLEGE)，其中 SNO 为学生学号，SNAME 为学生姓名，BIRTH 为生日，SCORE 为所选课程总成绩，DNO 为学生所在学院编号，COLLEGE 为学院名称。有一学生选课关系表 COURSE(CNO，CNAME，CSCORE，SNO)，其中 CNO 为课程代码，CNAME 为课程名称，CSCORE 为课程成绩，SNO 为选课学生学号。要求查找所有选修了“分布式数据库原理”课程的学号及姓名。

将上述查找所有选修了“分布式数据库原理”课程的学号及姓名的查询记为 Q，实现的方式为首先进行 STUDENT 和 COURSE 的自然连接，其次选择满足 CNAME ="分布式数据库原理"的元组，最后在属性 SNO、SNAME 上进行投影操作，我们可以用下面的关系代数表达式表示查询：

$$Q: \Pi_{SNO,SNAME}(\sigma_{CNAME=\text{"分布式数据库原理"}}(STUDENT \infty COURSE))$$

对应于这个表达式，可用图 4-5 所示的查询树表示。其中，树叶为全局关系，每个节点表示一个一元或二元运算，运算的次序由靠近树叶的节点开始逐步向上推到树根节点。显然，这样的查询树同样定义了产生正确的查询结果所必须实施的运算序列。

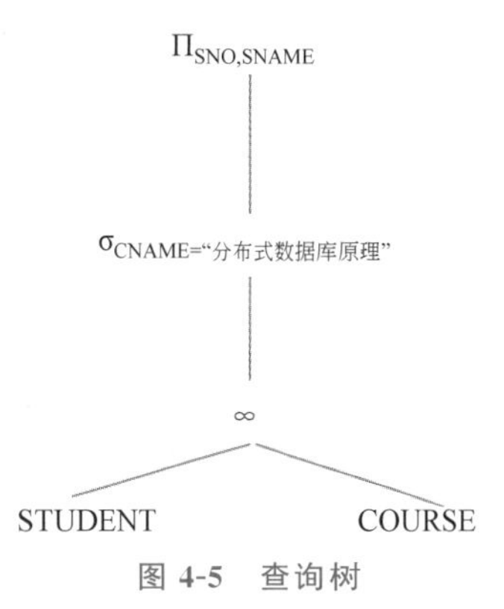

图 4-5　查询树

4.2.3 数据库参数

对于一个给定的关系 R，常用的数据库参数如下。

(1) 关系的基数：指关系 R 包含的元组个数，记为 Card(R)。

(2) 属性的长度：指关系 R 中属性 A 的取值所占用的平均字节数，记为 Length(A)。

(3) 元组的长度：指关系 R 中每个元组占用的平均字节数，记为 Length(R)，这里有 Length(R)= $\sum$ Length(A_i)。

(4) 关系的大小：指关系 R 中所有元组包含的字节数，记为 Size(R)，这里有 Size(R)= Card(R)×Length(R)。

(5) 关系的块数：指包含关系 R 中所有元组所需的内存块的数量，记为 Block(R)。

(6) 属性不同值：指关系 R 中属性 A 在所有元组中不同属性值的个数，记为 Val(R，A)。

(7) 属性的值域：指关系 R 中属性 A 的取值范围，记为 Dom(A)。

(8) 属性 A 的最大值和最小值：指关系 R 中属性 A 的所有元组取得的最大值和最小值，记为 Max(A)和 Min(A)。

4.2.4 关系运算的特征参数

在优化过程中，估算代数运算结果的特征参数，对评价其运算的效果是非常有用的。此外，给出了全局关系的特征参数，也就可以计算片段的特征参数。令 S 表示对关系 R 执行一元运算的结果，令 T 表示对两个关系 R 和 S 进行某种二元运算的结果。下面给出各种代数运算结果特征参数计算的方法。

1. 选择运算(σ)

1) 基数

对于选择运算,规定一个选择率 ρ, ρ 是满足该选择谓词的元组的比例。在简单地选择(属性="值",即 $A=U$)运算时,假定属性的值是均匀分布的,而且在关系 R 中有这样的 U 值,那么可把 ρ 估计为 $1/\text{Val}(R,A)$,于是有:$\text{Card}(S)=\rho\times\text{Card}(R)$。

2) 元组的长度

选择运算不影响关系的元组的长度,即 $\text{Length}(S)=\text{Length}(R)$。

3) 属性不同值

在选择运算中,对结果关系中属性不同值的估计可以分为属性 B 属于选择谓词和不属于选择谓词两种情况考虑。

当属性 B 属于选择谓词时,如果选择条件中有条件等式 $B=X$(X 为属性值),则其不同值的数量为 $\text{Val}(S,B)=1$。

当属性 B 属于选择谓词时,如果选择条件中属性 B 的条件为不等式,或 B 与选择谓词相关且为关键词,则在属性均匀分布的假设下,不同值的数量与选择率成正比,即有 $\text{Val}(S,B)=\rho\times\text{Val}(R,B)$。

当属性 B 不属于选择谓词时,假设 B 是均匀分布的,在这种情况下对结果关系中属性 B 不同值的近似值估计方法如下:

(1) 当 $\text{Card}(S)<\text{Val}(R,B)/2$ 时,$\text{Val}(S,B)=\text{Card}(S)$;

(2) 当 $\text{Val}(R,B)/2\leqslant\text{Card}(S)<2\text{Val}(R,B)$ 时,$\text{Val}(S,B)=(\text{Card}(S)+\text{Val}(R,B))/3$;

(3) 当 $\text{Card}(S)\geqslant 2\text{Val}(R,B)$ 时,$\text{Val}(S,B)=\text{Val}(R,B)$。

2. 投影运算(Π)

1) 基数

投影运算影响操作数的基数,对一个关系 R 进行投影运算后,在所得的结果关系 S 中,可能出现重复的元组,而根据关系的性质,这些重复的元组应被删除。所以,投影运算会影响操作数的基数,即通常 $\text{Card}(S)$不等于 $\text{Card}(R)$,但是,要对这个影响做出估算是困难的,一般可用下列 3 条准则:

(1) 如果投影只涉及单个属性 A,则令 $\text{Card}(S)=\text{Val}(R,A)$;

(2) 如果所有投影属性的不同值 $\text{Val}(R,A_i)\times\text{Val}(R,A_1)\times\text{Val}(R,A_2)\times\cdots\times\text{Val}(R,A_n)<\text{Card}(R)$,其中 $\text{Attr}(S)$是投影结果中的属性,$A_i\in\text{Attr}(S)$,则令 $\text{Card}(S)=\text{Val}(R,A_1)\times\text{Val}(R,A_2)\times\cdots\times\text{Val}(R,A_n)$;

(3) 如果投影包含 R 的一个关键字,则令 $\text{Card}(S)=\text{Card}(R)$。

应该注意,有些关系在投影运算之后不执行对重复元组的删除,在这种情况下,结果的基数和操作数的基数相同。

2) 元组的长度

投影结果的长度被缩短成投影属性长度之和,即 $\text{Length}(S)=\sum\text{Length}(A_i)$,其

中 A_i 为投影属性。

3）属性不同值

投影属性的不同值的数量和操作数关系中不同值的数量相同，即 $\mathrm{Val}(S,A)=\mathrm{Val}(R,A)$。

3. 并运算

1）基数

$\mathrm{Card}(T)\leqslant\mathrm{Card}(R)+\mathrm{Card}(S)$。

2）元组的长度

$\mathrm{Length}(T)=\mathrm{Length}(R)=\mathrm{Length}(S)$，这是因为并运算只能运用于具有相同属性模式的关系。

3）属性的不同值

$\mathrm{Val}(T,A)\leqslant\mathrm{Val}(R,A)+\mathrm{Val}(S,A)$。

4. 差运算

1）基数

$\mathrm{Max}(0,\mathrm{Card}(R)-\mathrm{Card}(S))\leqslant\mathrm{Card}(T)\leqslant\mathrm{Card}(R)$。

2）元组的长度

$\mathrm{Length}(T)=\mathrm{Length}(R)=\mathrm{Length}(S)$；

同样，差运算只能运用于具有相同属性模式的关系。

3）属性不同值

$\mathrm{Val}(T,A)\leqslant\mathrm{Val}(R,A)$。

5. 笛卡儿积运算

1）基数

$\mathrm{Card}(T)=\mathrm{Card}(R)\times\mathrm{Card}(S)$。

2）元组的长度

$\mathrm{Length}(T)=\mathrm{Length}(R)+\mathrm{Length}(S)$。

3）属性的不同值

属性的不同值与操作数关系相应属性的不同值相等，即当 $A\in\mathrm{Attr}(R)$ 时，$\mathrm{Val}(T,A)=\mathrm{Val}(R,A)$；当 $A\in\mathrm{Attr}(S)$ 时，$\mathrm{Val}(T,A)=\mathrm{Val}(S,A)$。

6. 连接运算

1）基数

对于关系 R 和 S，假设满足以下条件：

(1) 对于具有相同属性 A 的两个关系 R 和 S，且 $\mathrm{Val}(R,A)\leqslant\mathrm{Val}(S,A)$，即 R 中属性 A 的每个取值都在 S 中出现；

(2) 对于不是关系 R 与关系 S 连接属性的属性 B，在连接后不会丢失属性值；

(3) 属性的不同值均匀地分布在关系 R 和 S 中。

基于以上假设,自然连接基数近似估计如下:

$$\mathrm{Card}(T)=\mathrm{Card}(R)\times \mathrm{Card}(S)/\mathrm{Max}(\mathrm{Val}(R,A),\ \mathrm{Val}(S,A))$$

2) 元组的长度

$$\mathrm{Length}(T)= \mathrm{Length}(R)+\mathrm{Length}(S)- \mathrm{Length}(A)$$

3) 属性不同值

如果 A 是一个连接属性,则有 $\mathrm{Val}(T,A)=\min(\mathrm{Val}(R,A),\ \mathrm{Val}(S,A))$。

如果 A 为关系 R 中不是用于连接的属性,则有 $\mathrm{Val}(T,A)\leqslant\mathrm{Val}(R,A)$。

如果 A 为关系 S 中不是用于连接的属性,则有 $\mathrm{Val}(T,A)\leqslant\mathrm{Val}(S,A)$。

7. 半连接运算

1) 基数

令 ρ 表示半连接运算的选择率,它用于度量 R 中元组选择到结果关系 T 的比例,并可由下式估算:

$$\rho = \mathrm{Val}(S,A)/ \mathrm{Val}(\mathrm{dom}(A))$$

其中,$\mathrm{Val}(\mathrm{dom}(A))$表示在属性 A 的域值集合中不同值的数目。给定 ρ,便可确定 $\mathrm{Card}(T)$的值为:$\mathrm{Card}(T)= \rho\times\mathrm{Card}(R)$。

2) 元组的长度

半连接运算结果的长度和它的第一个操作数的长度相同,即 $\mathrm{Length}(T)=\mathrm{Length}(R)$。

3) 属性不同值

如果属性 A 不属于半连接属性,假设该属性独立于半连接属性且均匀分布假设成立,则属性不同值的数量如下:

(1) 当 $\mathrm{Card}(T)< \mathrm{Val}(R,A)/2$ 时,$\mathrm{Val}(T,A)= \mathrm{Card}(T)$;

(2) 当 $\mathrm{Val}(R,A)/2\leqslant\mathrm{Card}(T)<2\ \mathrm{Val}(R,A)$ 时,$\mathrm{Val}(T,A)=(\mathrm{Card}(T)+\mathrm{Val}(R,A))/3$;

(3) 当 $\mathrm{Card}(T)\geqslant 2\mathrm{Val}(R,A)$时,$\mathrm{Val}(T,A)=\mathrm{Val}(R,A)$。

如果 A 是半连接属性或者与半连接属性相关,则 $\mathrm{Val}(T,A)=\rho\times\mathrm{Val}(R,A)$。

4.3 分布式查询处理过程与优化层次

分布式数据库系统中有三类查询:局部查询、远程查询和全局查询。局部查询和远程查询都只涉及单个节点上的数据,所以查询优化采用的技术就是集中式数据库的查询优化技术。全局查询涉及多个站点的数据,查询处理和优化要复杂得多。

4.3.1 分布式查询处理过程

在分布式数据库中,当进行局部查询时,就相当于在集中式数据库上进行查询,比较简单。由于全局查询要涉及多个站点,所以全局查询要复杂得多。分布式数据库中的全局查询处理过程主要包括查询分解和全局优化、查询转换和局部处理查询三个部分。

(1) 把一个全局查询分解成多个逻辑子查询，每一个逻辑子查询对应一个局部数据库中的数据，分解后的逻辑子查询仍用全局查询语言表示。

(2) 将全局查询分解成逻辑子查询后，如果逻辑子查询的描述语言与局部数据库的查询语言不同，还要将每一个逻辑子查询都转换成相应的局部数据库的本地语言并传到相应的局部数据库中执行。

(3) 将逻辑子查询的语言转换成局部数据库的本地语言后(有可能不需要转换)，局部处理子查询将结果返回并组合成最终的查询结果。

分布式数据库查询处理过程如图 4-6 所示，其中 SQ1，SQ2，…，SQ*n* 是输出模式子查询，PQ1，PQ2，…，PQ*k* 是后处理查询，TQ1，TQ2，…，TQ*n* 是 SQ1，SQ2，…，SQ*n* 转换后的本地查询语句。

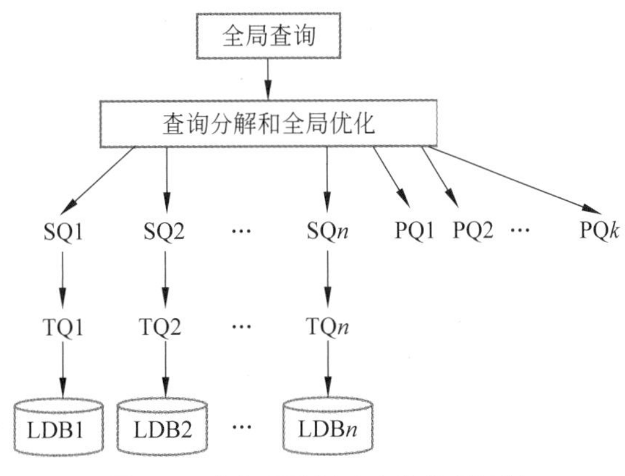

图 4-6　分布式数据库查询处理过程

一个全局查询被分解成两类逻辑子查询：一类是和每一个局部数据库模式相对应的逻辑子查询，称为输出模式子查询；另一类是把各个子查询结果组合成所需的输出结果的查询语句，称为后处理查询。

查询分解以后，生成输出模式子查询，其中每个子查询对应一个局部数据库，但是子查询的查询语言还是用全局查询语言来描述的，如果全局查询语言和本地查询语言不同，还要通过查询转换把全局查询语言转换成本地查询语言。

4.3.2　分布式查询优化过程

查询优化指的是生成最优查询执行计划(Query Execution Plan，QEP)的过程。查询优化涉及搜索空间(search space)、搜索策略(search strategy)和查询代价模型(cost model)三个概念。搜索空间是指将输入的查询语句依据变换规则生成多个操作符执行顺序和执行方法不同的等效的查询执行计划(运算树)；查询代价模型是对一个给定的查询执行计划进行代价估算的计算方法，搜索策略则定义了对搜索空间中查询执行计划代价估计的顺序，从而降低最优执行计划选择的代价。查询优化的具体过程如图 4-7 所示。

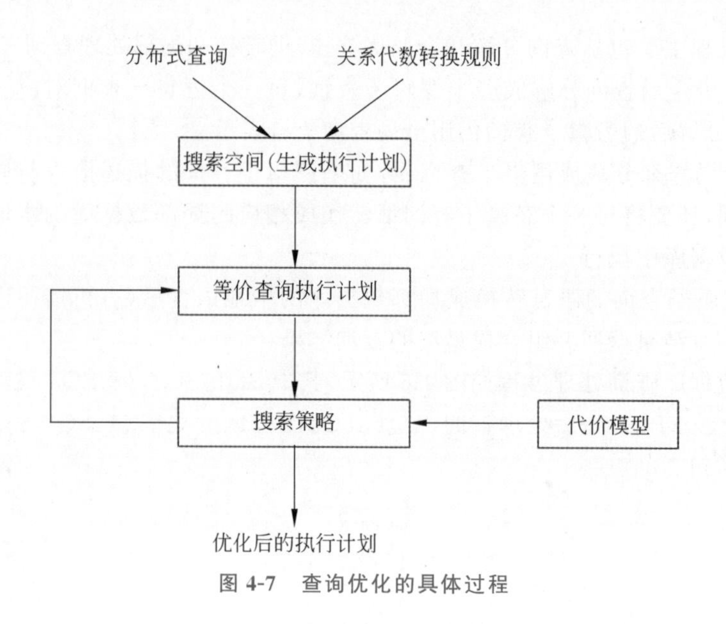

图 4-7 查询优化的具体过程

1. 搜索空间

搜索空间是指将输入的查询语句依据变换规则生成多个操作符执行顺序和执行方法不同的等效的查询执行计划(运算树),这些执行计划的等效性体现在它们获得的查询结果是相同的。一个包含较多关系和操作符种类的复杂查询,按照关系连接顺序和操作顺序的变换生成的等价运算的数量可能很大。从如此大范围的搜索空间中寻找最优查询执行计划的开销可能远大于查询执行时间,一个很自然的想法就是限制搜索空间中等效查询执行计划的数量。为此,可以采用一些启发式规则来缩小搜索空间范围,常见的规则包括:对基础关系的运算先做投影和选择运算,再做连接运算;投影运算应尽可能下移并优先执行;避免不需要的笛卡儿积,有时可以将笛卡儿积转换为等效的等值连接。

2. 搜索策略

搜索策略定义了对搜索空间每个等效查询执行计划代价估计的顺序,有效降低了选择执行计划的代价。目前有两种主要的搜索策略分类法。

(1) 自顶向下方法:从表达式树的根节点向叶节点遍历,估计每个节点可能的执行方法,计算所有组合的代价并从中选出最优执行计划。

(2) 自底向上方法:从表达式树的叶节点向上遍历,选出最优的子表达式的执行方法并组合出最优执行计划。

常用的搜索策略包括动态规划方法、启发式方法和爬山法等算法。

3. 查询代价模型

优化程序的代价模型由预测操作代价的函数、数据库信息统计、中间结果大小估计等几部分组成,响应时间是衡量一个数据库性能的重要指标,所以代价经常用操作执行的时间来衡量。

1）代价函数

分布式执行策略的代价可以表示为完成查询所花费的全部时间，或者表示为从查询开始到查询完成的响应时间。

对于查询所花费的全部时间，当分布式数据库系统的通信链路为远程通信网络时，数据传输代价决定查询代价。远程通信网络的较低的通信带宽导致数据在站点间传输的速度比磁盘上数据的读写速度慢很多，即与站点间的传输代价比，CPU 代价和 I/O 代价小得多以致可以忽略不计。在高速局域网中站点间数据的传输速度有可能比磁盘的读写速度快很多，通信代价在总代价中占的比重可以忽略不计，查询执行代价主要由 CPU 代价和 I/O 代价决定，此时对系统的优化主要采用以减少 CPU 代价和 I/O 代价为主要目标的集中式数据库常用优化策略。当磁盘读写时间和数据传输时间接近时，分布式数据库系统的查询优化的目标为同时减少 CPU 代价、I/O 代价和网络通信代价。大多数分布式系统的通信链路数据传输速度较慢，所以通信代价是分布式系统查询优化所考虑的一个重要因素。

假设一个查询的估计代价为 Q，则在集中式数据库中，这个估计代价可以表示为 CPU 代价和 I/O 代价之和。而在分布式数据库中，因为分布式数据库需要在网络上传输数据，查询的估计代价除了 CPU 代价和 I/O 代价之外，应该还要加上通信代价。查询代价可以用以下公式来表示：

在集中式中：Q＝I/O 代价＋CPU 代价；

在分布式中：Q＝I/O 代价＋CPU 代价＋通信代价。

通信代价可用以下公式来进行估算：

$$T(X)=C_0+C_1\times X$$

其中，X 为数据的传输量，通常以 bit 为单位计算；C_0 为两站点间通信初始化一次所花费的时间，它由通信系统确定，近似一个常数，以秒为单位；C_1 为传输率（传输速度的倒数），即单位数据传输的时间，单位是 s/bit。

2）数据库统计信息

执行过程中产生的中间关系的大小是影响执行策略的主要原因，对于中间关系的估计需要用到数据库的统计信息。

对于一个给定的关系 R，常用的数据库参数包括：关系的基数 Card(R)、属性的长度 Length(A)、元组的长度 Length(R)、关系的大小 Size(R)、关系的块数 Block(R)、属性不同值 Val(R,A)、属性的值域 Dom(A)、属性 A 的最大值 Max(A)和最小值 Min(A)。选择因子也是数据库中的一个重要统计量，它是取值 0～1 之间的实数。

3）中间结果的基数

上面提到的数据库的统计信息对于计算查询产生的中间结果非常有用，为了简化计算量对数据库常做两种简单假设：关系上的所有属性都是互相独立的和属性值的分布是均匀的。

选择操作的结果基数如下面公式所示：$\text{card}(\sigma_F(R))=\rho_R(F)\times\text{card}(R)$，其中 $\rho_R(F)$为在关系 R 中条件 F 的选择因子。

关系 R 和 S 的笛卡儿积的基数如下面公式所示：$\text{card}(R\times S))=\text{card}(R)\times\text{card}(S)$。

4. 查询优化过程

查询优化的第一步是生成查询执行计划的搜索空间，第二步是选定搜索策略对搜索空间中的等效执行计划逐一计算代价，从计算出的结果中选择当前搜索策略下的最优执行计划。

查询优化层次模式

4.3.3 查询优化层次模式

由于分布式数据库的分布透明性，使得用户在进行数据的查询时，不必去知道关系是否被分片、有无副本、数据的具体物理存放位置等，对用户而言，查询的过程就同集中式数据库一样。为了方便介绍分布式数据库的查询，通常从结构上将查询分为 4 个层次，自上而下分别为查询分解、数据本地化、全局优化、局部优化。分布式查询的 4 个层次如图 4-8 所示。

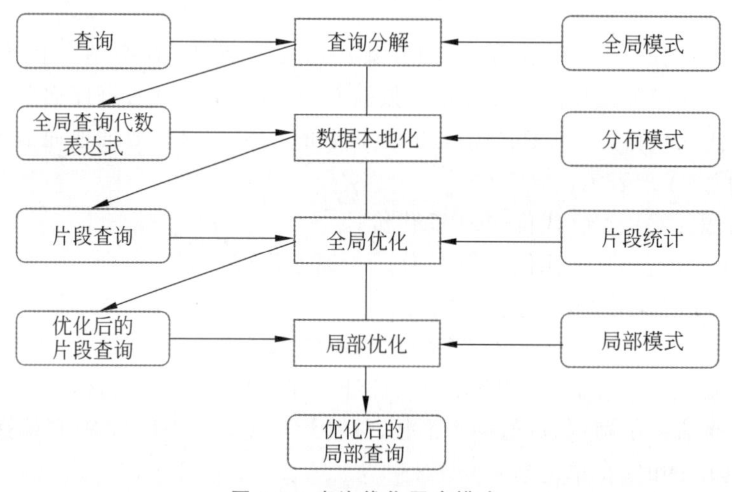

图 4-8 查询优化层次模式

1. 查询分解

查询分解是指将查询问题转换成一个定义在全局模式结构上的关系代数表达式，其中转换所需要的信息在全局概念模式中获得。由于并未涉及数据的分布问题，因此分布式数据库的全局概念模式与集中式数据库的概念模式没有本质的不同。

2. 数据本地化

数据本地化是将一个在全局关系上的查询，尽可能地落在本站点或者距离很近的站点的片段上执行。也就是将在全局关系上的关系代数表达式转换为相应片段上的关系代数表达式。这一转换所需要的信息在分段模式和片段的分布模式中获得。

3. 全局优化

全局优化的输入是片段查询。查询优化的目标在于寻找一个近似最优的执行计划，即找出片段查询的最优操作次序，使得总代价最小。全局优化的一个重要内容是关于连接操作的优化。这一过程需要的信息来自数据库统计信息，包括各站点片段统计信息、资源信息和通信信息等。

4. 局部优化

局部优化在拥有与查询有关的片段的站点上执行。它由该站点上的 DBMS 进行优化，所需要的信息在局部模式中获得。

4.4 查询分解

查询分解将面向全局模式的演算查询转换为代数查询。可以分为 4 个步骤：一是以规范形式重写演算查询，查询规范化通常涉及查询量词和查询条件限制；二是按照语义分析规范化表示查询，检测不正确的查询，并尽可能地将其拒绝，通常使用查询图捕获查询的语义；三是简化正确的关系演算，消除多余的谓词是简化查询通常采用的一种方法，多余谓词可能是在系统转换时产生的；四是将演算查询重构成一个代数查询，基于启发式规则将该代数查询等价变换为优化的代数查询。

4.4.1 查询规范化

将查询转换成规范化形式的目的是便于进一步处理。然而，输入查询依赖于所使用的查询语言，可能比较复杂。对于 SQL 语言最重要的转换部分就是查询条件，这些查询条件可能很复杂，可以包含任意的量词，如存在量词和全称量词。有两种谓词规范表示形式：一种是 AND 形式，另一种是 OR 形式。在 AND 规范形式中，查询可以表达为独立的 OR 子查询，并用 AND 结合起来。在 OR 形式中，查询可以表达为独立的 AND 子查询，并用 OR 结合起来，但是这种形式可能导致重复的连接和选择操作。

AND 规范化形式为$(p_{11} \vee p_{12} \vee \cdots \vee p_{1n}) \wedge \cdots \wedge (p_{m1} \vee p_{m2} \vee \cdots \vee p_{mn})$，其中 p_{ij} 为简单谓词。$\wedge$ 为 AND 操作（逻辑与），$\vee$ 为 OR 操作（逻辑或）。

OR 规范化形式为$(p_{11} \wedge p_{12} \wedge \cdots \wedge p_{1n}) \vee \cdots \vee (p_{m1} \wedge p_{m2} \wedge \cdots \wedge p_{mn})$，其中 p_{ij} 为简单谓词。$\wedge$ 为 AND 操作（逻辑与），$\vee$ 为 OR 操作（逻辑或）。

简单谓词的等价转化如下：

1. 交换律

$$p_1 \wedge p_2 = p_2 \wedge p_1$$
$$p_1 \vee p_2 = p_2 \vee p_1$$

2. 结合律

$$p_1 \wedge (p_2 \wedge p_3) = (p_1 \wedge p_2) \wedge p_3$$
$$p_1 \vee (p_2 \vee p_3) = (p_1 \vee p_2) \vee p_3$$

3. 分配律

$$p_1 \vee (p_2 \wedge p_3) = (p_1 \vee p_2) \wedge (p_1 \vee p_3)$$
$$p_1 \wedge (p_2 \vee p_3) = (p_1 \wedge p_2) \vee (p_1 \wedge p_3)$$

4. 德·摩根定律

$$\neg(p_1 \wedge p_2) = \neg p_1 \vee \neg p_2$$
$$\neg(p_1 \vee p_2) = \neg p_1 \wedge \neg p_2$$

5. 对合律

$$\neg(\neg p_1) = p_1$$

应用交换律、结合律、分配律、德·摩根定律、对合律,可以将分布式查询转化为规范化形式。

例 4.4 有一个全局关系模式为 student(snum,name,college,score),其中 snum 为学生编号,name 为学生姓名,college 为学生所在的学院,score 为总成绩。现查找计算机学院且总成绩超过 600 或总成绩少于 400 的学生姓名,则查询的 SQL 语句如下:

```
SELECT name FROM student WHERE college="计算机" AND (score>600 OR score<400)
```

AND 规范化形式如下:

```
college="计算机"∧ (score>600∨score<400)
```

OR 规范化形式如下:

```
(college="计算机"∧ score>600)∨(college="计算机"∧ score<400)
```

在 OR 形式的规范化形式中,需要分别独立处理两个与操作,如果子表达式没有删除,会导致冗余操作。

4.4.2 查询分析与查询约简

查询分析能够拒绝不正确的查询,而查询约简是为了减少查询的重复检测和计算代价对查询进行的约简处理。

1. 查询分析

查询分析能够拒绝查询类型不正确或者语义不正确的非规范查询,查询类型不正确是指关系属性或关系名没有在全局模式中被定义，或者操作应用于错误类型的属性上。查询语义不正确是指查询的组件不能构造出查询结果。在关系演算中，很难确定一般查询语义的正确性，但是对于关系查询的选择、投影和连接运算操作，基于查询图可判断其语义正确性。在查询图中，一个节点代表结果关系，其余节点代表操作关系。边分为两类：一类是两个节点都不是结果节点，边代表连接操作；另外一类是其中一个节点是结果节点，边表示投影，非结果节点可以用选择或自连接谓词标注。如果查询图不是连通的，则查询的语义不正确。

例 4.5 设有一个学生关系 STUDENT(SNO, SNAME, BIRTH, SCORE, DNO, COLLEGE)，其中 SNO 为学生学号，NAME 为学生姓名，BIRTH 为生日，SCORE 为所选课程总成绩，DNO 为学生所在学院编号，COLLEGE 为学院名称。有一学生选课关系 SC(CNO, CSCORE, SNO}，其中 CNO 为课程代码，CSCORE 为课程成绩，SNO 为选课学生学号。有一课程关系表 COURSE(CNO, CNAME)，其中 CNO 为课程代码，CNAME 为课程名称。要求查找所有选修了“分布式数据库原理”课程且所有课程总成绩在 600 以上学生的学号及姓名。

查询的 SQL 语句如下：

```
SELECT SNO,SNAME FROM STUDENT, SC, COURSE WHERE STUDENT. SNO=SC. SNO
AND SC. CNO=COURSE. CNO AND COURSE. CNAME="分布式数据库原理"
AND STUDENT. SCORE>600
```

该查询的查询图如图 4-9 所示。

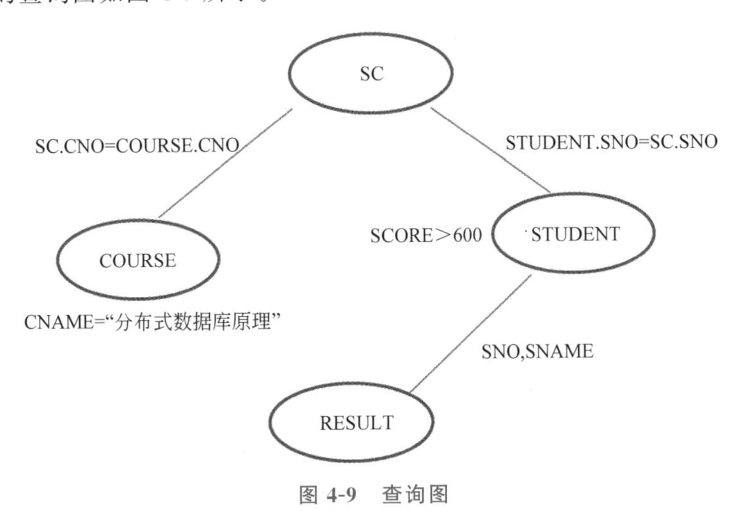

图 4-9 查询图

例 4.6 对于例 4.5 中的关系 STUDENT、SC、COURSE 有如下查询：

```
SELECT SNO,SNAME FROM STUDENT, SC, COURSE WHERE STUDENT. SNO=SC. SNO
AND COURSE. CNAME="分布式数据库原理" AND STUDENT. SCORE>600
```

该查询的查询图如图 4-10 所示，可以看出查询图不是连通的，说明该查询的语义不正确,查询将被拒绝。

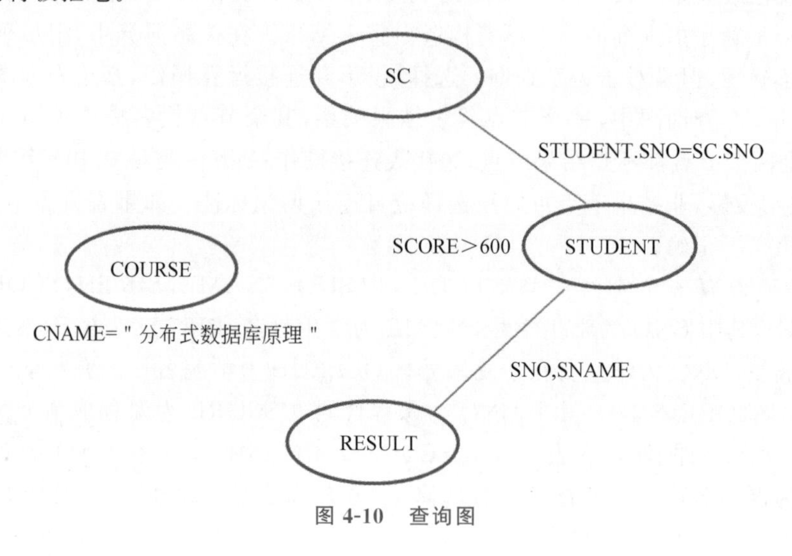

图 4-10 查询图

2. 查询约简

关系查询的查询条件可能包含冗余的谓词,可以使用约简规则对其进行简化处理。约简规则如下:

$$p \land p = p$$
$$p \lor p = p$$
$$p \land \text{True} = p$$
$$p \lor \text{True} = \text{True}$$
$$p \land \text{False} = \text{False}$$
$$p \lor \text{False} = p$$
$$p \land \neg p = \text{False}$$
$$p \lor \neg p = \text{True}$$
$$p_1 \land (p_1 \lor p_2) = p_1$$
$$p_1 \lor (p_1 \land p_2) = p_1$$

查询重写

4.4.3 查询重写

查询重写是将关系演算查询转化为关系代数查询并通过等价变化重写关系代数查询以提高性能,可以分如下两步实现。

1. 直接将关系演算转化为关系代数

直接将关系演算转化为关系代数,关系代数有关系代数表达式和关系代数操作查询树两种表示方法。对于元组关系演算查询到查询树的转换,SQL 查询语句可以通过如下步骤实现:叶子来自于 FROM 子句;根节点是结果关系,由所需要的属性的投影操作生成,所需要的属性包含在 SELECT 子句中;WHERE 子句中的条件被转换成从叶子节点到根节点的关系操作序列，操作序列由操作符和谓词出现的顺序直接生成。

例4.7 设有一个学生关系 STUDENT(SNO,SNAME,BIRTH,SCORE,DNO,COLLEGE)，其中 SNO 为学生学号，SNAME 为学生姓名，BIRTH 为生日，SCORE 为所选课程总成绩，DNO 为学生所在学院编号，COLLEGE 为学院名称。有一学生选课关系 COURSE(CNO,CNAME,CSCORE,SNO)，其中 CNO 为课程代码，CNAME 为课程名称，CSCORE 为课程成绩，SNO 为选课学生学号。要求查找所有选修了“分布式数据库原理”课程的学号及姓名。

该查询的 SQL 语句如下：

```
SELECT SNO, SNAME FROM STUDENT, COURSE WHERE (STUDENT.SNO = COURSE.SNO) AND
COURSE.CNAME="分布式数据库原理"
```

按照直接转化的步骤，生成查询树如图4-11所示。

2. 重写关系代数查询以提高查询性能

查询重写实际是将用户请求构成的查询树进行等价变换。一棵查询树可等价变换为多棵查询树，其中有一棵查询树是最优的。因此，在每次等价变换过程中，需要选择能生成最优查询树的等价变换。关系查询优化的基本思想是先做能使中间结果变小的操作，尽量减少查询执行代价。一元运算能够使得中间结果变小，所以在等价变换的过程中尽量先进行一元运算。根据以上查询重构思想，得出以下等价变换的通用准则。

(1) 尽可能地将一元运算移到查询树的底部，优先执行一元运算。

(2) 利用投影和选择的串接定律，缩减每一关系，以减少关系尺寸。

例4.8 对例4.7转化后查询树重构，将一元运算下移，得到优化后的查询树如图4-12所示。

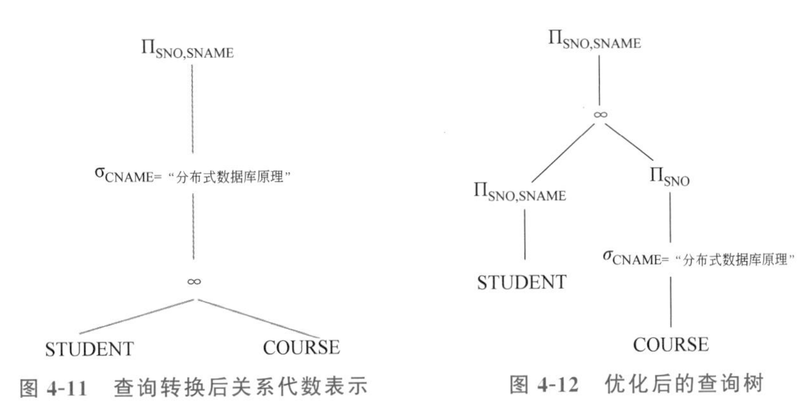

图4-11 查询转换后关系代数表示　　图4-12 优化后的查询树

4.5 公共子表达式的确定

找出关系表达式的公共子表达式(即找出其中多次出现的子表达式)是简化查询的重要手段，因为如果查询表达式中找出了公共子表达式，而且只对它运算一次，无疑可以节省查询代价。识别公共子表达式的一种方法是把其相应的查询树变换成运算符图。具体做法为：一是将查询转化为查询树；二是对其进行等价变换；三是合并相同的树叶(即相同的操作数关系)，把对相同操作数进行相同运算的中间节点加以合并，得到运算符图，找出公共子表达式；四是对于找出的公共子表达式，利用关系代数的等价变换规则进行查询优化。

(1) 将查询转化为查询树。

例 4.9 对于例 4.7 中的关系 STUDENT 和 COURSE，假设有如下查询：

$$Q:\Pi_{SNO,SNAME}((STUDENT\infty\sigma_{CNAME="分布式数据库原理"}(COURSE))$$
$$-(\sigma_{SCORE>600}(STUDENT)\infty\sigma_{CNAME="分布式数据库原理"}(COURSE)))$$

查询 Q 的查询树如图 4-13 所示。

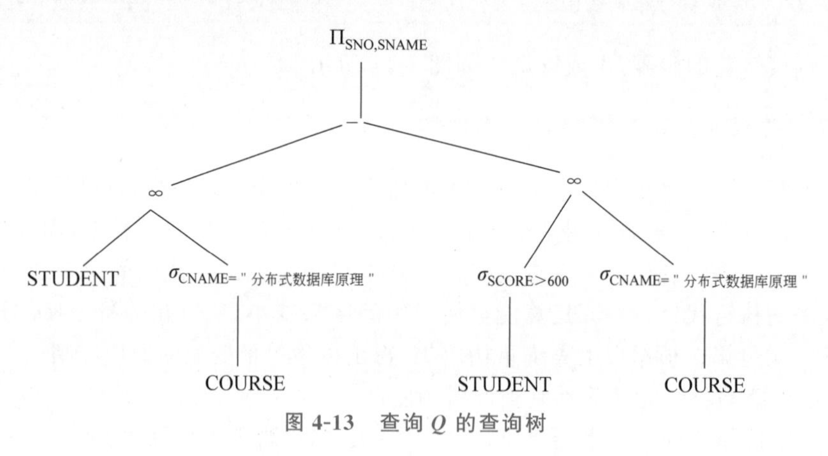

图 4-13 查询 Q 的查询树

(2) 对查询树进行等价变换，在不同的分支中使其尽可能多的树叶和中间节点相同。根据等价变换规则，将如图 4-14 所示的查询树中的 SCORE>600 上移到自然连接之前，得到变换后的查询树如图 4-14 所示。

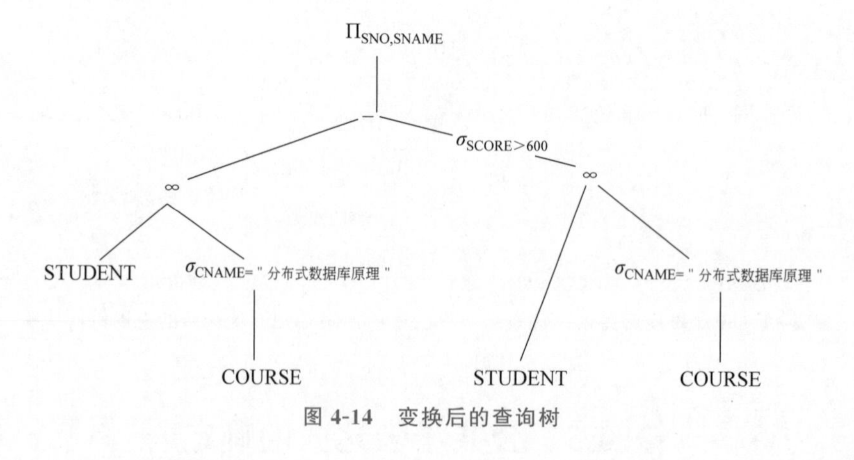

图 4-14 变换后的查询树

(3) 在查询树中将相同的树叶、对相同操作数进行相同运算的中间节点合并，形成运算符图，并从中找出公共子表达式，

从图 4-14 中不难发现，以“−”为根节点的左右子树的两片树叶相同，可以将它们分

别合并,然后合并 $\sigma_{\text{CNAME}=\text{"分布式数据库原理"}}$ 及∞这些中间节点,从而得到如图4-15所示的运算符图。由此可以得出公共子表达式 STUDENT∞$\sigma_{\text{CNAME}=\text{"分布式数据库原理"}}$(COURSE)。

(4) 对于找出的公共子表达式,利用关系代数的等价变换规则进行查询优化。采用如下等价变换规则:$(\sigma_{F_1}R)-(\sigma_{F_2}R)=\sigma_{F_1\ \text{AND NOT}\ F2}(R)$,把运算符图4-15化简为图4-16所示的查询树,经进一步优化后得到如图4-17所示的优化查询树。

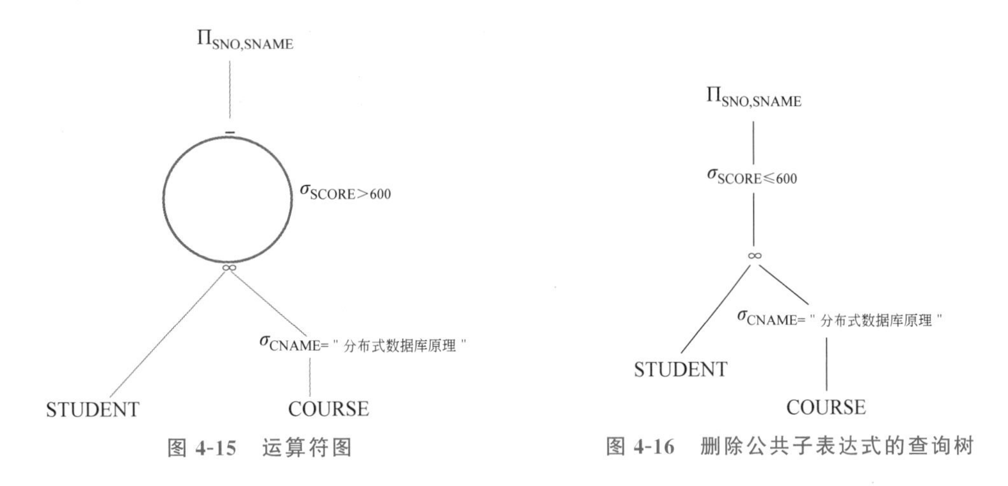

图4-15　运算符图　　图4-16　删除公共子表达式的查询树

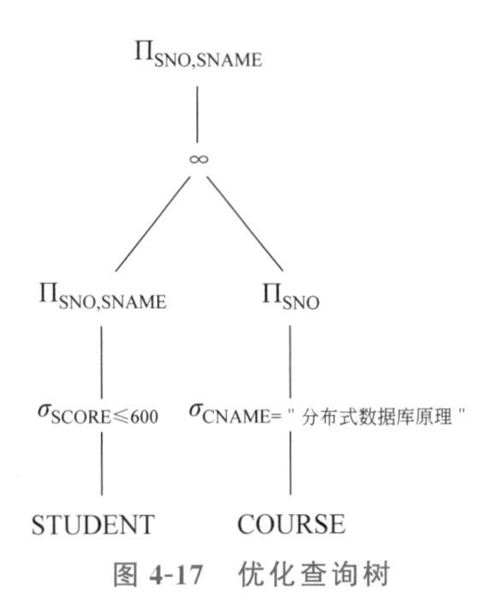

图4-17　优化查询树

4.6　全局查询到片段查询的转换

全局查询到片段查询的转换是将基于全局关系的分布式查询转换成基于片段的查询,并应用关系代数的等价变换规则对其进行优化。通常分为两步实现、首先应用重构规则将全局关系用相应的片段关系替换;其次优化片段查询。

1. 生成片段查询树

将分布式查询中的全局关系替换为片段关系的查询,变换后的查询称为片段查询,对应于片段查询的查询树称为片段查询树。片段查询树是依据关系的水平分片等价关系和垂直分片等价关系生成的。关系 R 与其水平分片 R_1、R_2、…、R_n 之间的等价关系为 $R=R_1\cup R_2\cup\cdots\cup R_n$。关系 R 与其垂直分片 R_1、R_2、…、R_n 之间的等价关系为 $R=R_1\infty R_2\infty\cdots\infty R_n$。用下面例子来介绍片段查询树的生成过程。

例 4.10 对于教师信息表 T(TNO,TNAME,AGE,SEX,COLLEGE),假设 COLLEGE 只有两个取值 X 和 Y,将 T 按照 COLLEGE$=X$ 和 COLLEGE$=Y$ 水平分片为 T_1、T_2,要求查找学院为 X 的所有教师姓名。其查询树如图 4-18 所示,分片树如图 4-19 所示。

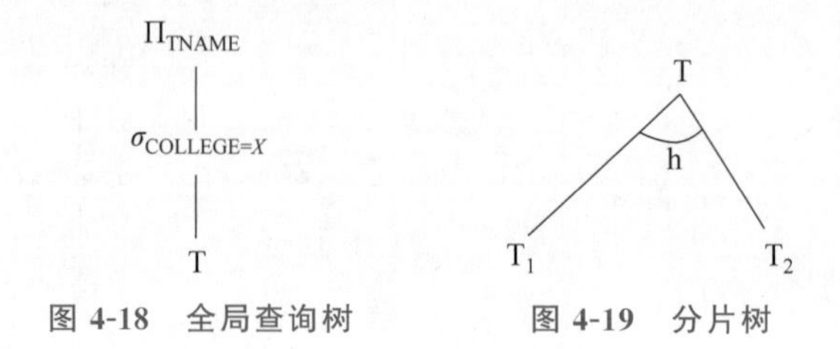

图 4-18 全局查询树　　图 4-19 分片树

(1) 将水平分片树的 h(水平)节点转化为∪节点,将垂直分片树的 v(垂直)节点转化为∞节点。分片树转化后如图 4-20 所示。

(2) 用替换后的分片树代替分布式数据库查询树中的全局关系,得到片段查询树。片段查询树如图 4-21 所示。

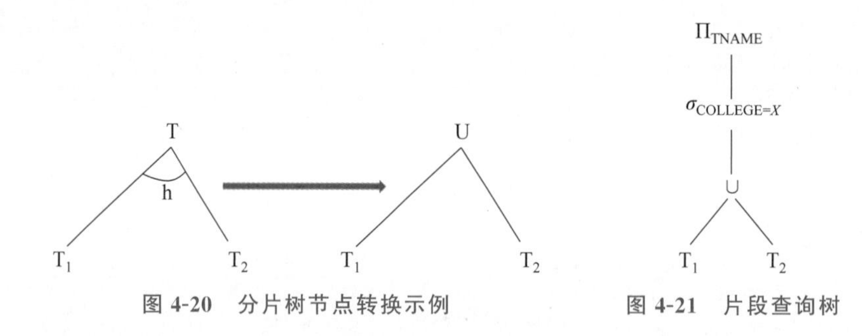

图 4-20 分片树节点转换示例　　图 4-21 片段查询树

2. 优化片段查询

依据全局关系与其水平分片和垂直分片等价关系生成的片段查询树,需要按照关系代数的等价变换规则进行优化,优化遵循的规则如下。

(1) 将叶子节点之前的选择运算作用于所涉及的片段,如果不满足片段的限定条件,则消去该片段。

(2) 对于连接运算的树枝,若连接条件不满足,则消去该运算。

(3) 将连接运算下移到并运算之前执行。

(4) 消去不影响运算的垂直片段。

在例 4.10 的片段查询树图 4-21 中,将选择运算 $\sigma_{COLLEGE=X}$ 下移作用于 T_1、T_2,由于 T_2 不满足选择运算的限定条件,去掉 T_2,同时也去掉了一个∪节点,优化后的片段查询树如图 4-22 所示。

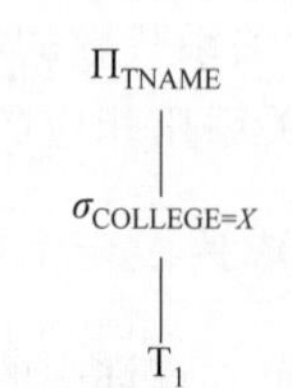

图 4-22 优化后的片段查询树

4.7　综合应用案例分析

基于关系代数等价变换的优化使用启发式优化方法，在搜索空间中缩小查找范围，找到查询的优化方案。无论在集中式还是分布式系统中，启发式优化的方法都是尽量减小中间关系的大小，为此，根据启发式优化方法原理，提出了三条关系代数改进原则：

(1) 尽可能早地执行选择操作；

(2) 尽可能早地执行投影操作；

(3) 避免直接做笛卡儿积或连接操作，把笛卡儿积操作之前和之后的一连串选择和投影合并起来一起做，以减小中间结果的数据量。

基于关系代数等价变换优化的具体步骤如下。

(1) 将一个查询问题转换成关系代数表达式。

(2) 将关系代数表达式变换到查询树。查询树的根节点是最终的查询结果，叶节点是查询涉及的所有关系，中间节点是按代数表达式中的操作顺序组成的一组关系操作符。查询树优化的方法是：尽可能先执行选择和投影操作，后执行连接和合并操作，即在查询树中，把选择和投影操作向树叶移动，而连接和合并操作向树根移动。

(3) 从全局查询到片段查询的变换。首先，把基于全局关系的查询树中的全局关系名，用其重构该全局关系的各片段名替换，生成片段查询树；然后，若为水平分片，则把分片条件与选择条件进行比较，去掉存在矛盾的片段，如果只剩下一个片段，就可以去掉一个并操作。若为垂直分片，则把片段的属性集与投影操作所涉及的属性集进行比较，去掉无关的所有片段。如果只剩下一个垂直片段，就可以去掉一个连接操作。

例 4.11　设有一个学生关系 STUDENT(SNO,SNAME,BIRTH,SCORE,DNO,COLLEGE)，其中 SNO 为学生学号，SNAME 为学生姓名，BIRTH 为生日，SCORE 为所选课程总成绩，DNO 为学生所在学院编号，COLLEGE 为学院名称。

先对学生表 STUDENT 进行垂直分片，使其分为 STUDENT1 (SNO,SNAME,BIRTH,SCORE) 和 STUDENT2 (SNO, DNO, COLLEGE) 两个数据模式，再将 STUDENT1 (SNO,SNAME,BIRTH,SCORE)进行水平分片，使其分为 STUDENT11 (SCORE>600)和 STUDENT12(SCORE≤600)两个数据模式，最终形成 STUDENT11 (SCORE>600)、STUDENT12(SCORE≤600)、STUDENT2 (SNO,DNO,COLLEGE)三个局部数据模式。

有一学生选课关系表 COURSE(CNO,CNAME,CSCORE,SNO)，其中 CNO 为课程代码，CNAME 为课程名称，CSCORE 为课程成绩，SNO 为选课学生学号。

要求查找所有选修了“分布式数据库原理”课程且学生所有课程总成绩>600 的学生学号和学生姓名。即查询如下：

```
SELSECT SNO,SNAME FROM STUDENT, COURSE WHERE COURSE.CNAME ="分布式数据库原理"
AND STUDENT.SCORE>600 AND STUDENT. SNO=COURSE. SNO
```

(1) 将查询问题转换成关系代数表达式。

SELSECT SNO, SNAME FROM STUDENT, COURSE WHERE COURSE.

CNAME="分布式数据库原理"AND STUDENT .SCORE>600 AND STUDENT. SNO=COURSE. SNO 转化为关系代数表达式:

$$\Pi_{SNO,SNAME}(\sigma_{CNAME="分布式数据库原理" AND\ SCORE>600}(STUDENT \infty COURSE))$$

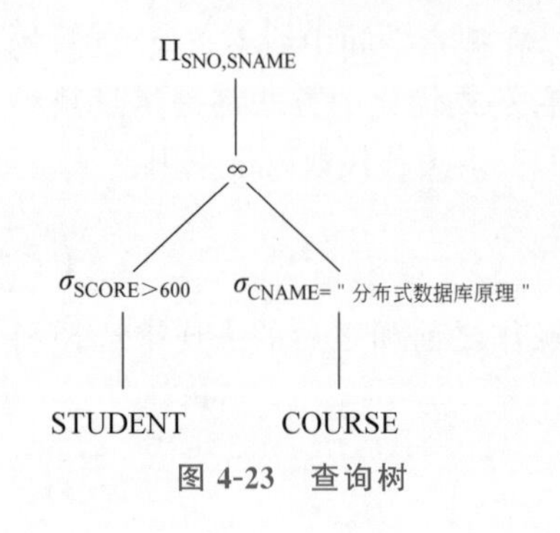

图 4-23 查询树

(2) 将关系代数表达式变换到查询树。将关系代数表达式转换为查询树时尽可能先执行选择和投影操作,后执行连接和合并操作,即在查询树中,把选择和投影操作向树叶移动,而连接和合并操作向树根移动。转化后的结果如图 4-23 所示。

(3) 从全局查询到片段查询的变换。把查询树中的全局关系名,用其重构该全局关系的各片段名替换,得到对应的片段查询树。片段查询树如图 4-24 所示。

在图 4-24 中将选择运算与投影运算下移,可以看出 STUDENT12 的分片条件与查询选择条件矛盾,故去掉 STUDENT12 片段,也就去掉了一个合并操作,同时还去掉了一个对 STUDENT11 片段的一个选择操作;由于 STUDENT2 是不影响查询运算的垂直分片,去掉 STUDENT2 片段,也就去掉了一个∞操作;优化后的查询树如图 4-25 所示。

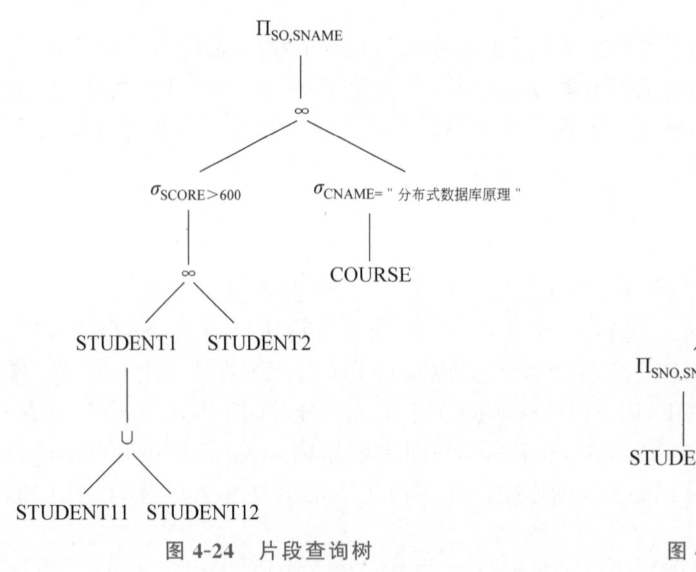

图 4-24 片段查询树

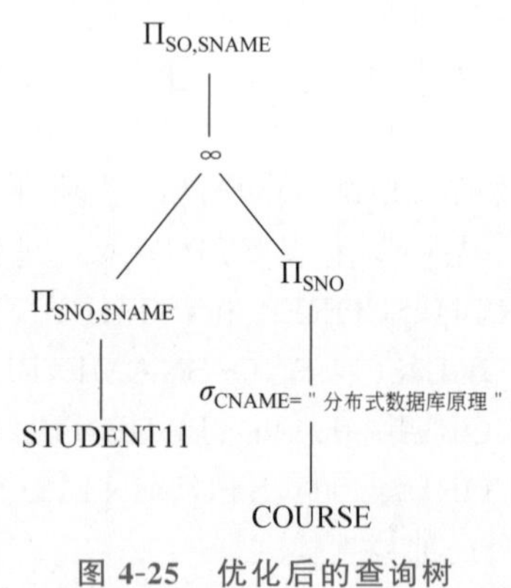

图 4-25 优化后的查询树

习 题 4

1. 分布式查询的目标是什么?
2. 数据库的主要参数包括哪些?
3. 查询优化的 4 个层次是什么?
4. 查询分解的功能有哪些?

5. 简述确定公共子表达式的步骤。

6. 某企业集团的数据中心在场地 S1，销售总公司在场地 S2，销售总公司下属有三个分公司分别在场地 S3、S4、S5，该集团的销售总公司关系模式如下：

(1) 雇员信息表：EMP(eno(雇员编号)，name(雇员姓名)，age(年龄)，sex(性别)，title(级别)，dno(总公司编号和分公司编号)，add(工作地址))；

(2) 雇员销售信息表：Sale(no(商品编号)，pname(商品名称)，num(销售数量)，Date(日期)，eno(雇员编号))。

假设基于上面给出的关系模式有如下应用需求：

(1) 各个分公司管理自己公司的雇员信息和销售信息；

(2) 销售总公司管理销售总部人员信息和 Title＞4 的雇员信息与他们的销售信息；

(3) 企业集团数据中心管理 Title＞6 的雇员信息与他们的销售信息。

要求查询 Title＞4 的雇员的姓名、销售商品编号、销售数量、日期等信息，写出 SQL 语句，转换为关系表达式，画出全局查询树、片段查询树并对其优化。

7. 教师信息管理系统包括教师基本信息表 T 和课程信息表 C 且各学院有信息中心用于存储数据，关系表结构如下：

(1) 教师基本信息表 T(tno(教师编号)，tname(教师姓名)，age(年龄)，sex(性别)，title(职称)，tcollege(教师所在学院))；

(2) 课程信息表 C(cno(课程代码)，cname(课程名称)，college(开课学院)，xnxq(学年学期)，tno(教师编号))。

假设基于上面给出的关系模式有如下应用需求：

(1) 各学院管理学院教师信息及开课课程信息；

(2) 学校信息中心管理分析所有数据。

要求查询 2020 年第二学期开课的计算机学院所有教师姓名，写出 SQL 语句，转换为关系表达式，画出全局查询树、片段查询树并对其优化。

8. 某公司客户信息管理信息系统包含客户基本信息表和客户业务信息表，该公司有两个分公司，关系表结构如下：

(1) 客户基本信息表 KHXX(no(客户编号)，name(姓名)，age(年龄)，sex(性别)，lx(客户类型)，fgs(客户所属分公司名称))；

(2) 客户业务信息表 KHYW(yno(业务代码)，yname(业务名称)，fgsm(分公司名称)，no(客户编号))；

假设基于上面给出的关系模式有如下应用需求：

(1) 各分公司管理所属客户信息及业务；

(2) 总公司信息中心管理分析所有数据。

要求查询业务代码为 05001 的海南分公司所有客户编码及姓名，写出 SQL 语句，转换为关系表达式，画出全局查询树、片段查询树并对其优化。

第5章 分布式查询策略的优化

所谓优化，就是在许多可供选择的方法中，选取一种查询代价最低的方法。因为实现优化的技术一般不能得到最优结果，而只是找到一种“良好”策略，所以对各种最优性断言必须详细研究。本章主要介绍基于半连接算法的查询优化、基于直接连接的查询优化算法、R* 中的查询优化算法和 SSD-1 算法。

查询处理策略选择涉及的问题

5.1 查询处理策略选择涉及的问题

查询处理策略的优劣与查询所用数据的存储地点、运算的执行顺序及各种运算的执行方法等密切相关。因此，查询处理策略选择涉及的问题包括如下 3 个方面。

1. 确定查询所需片段的物理副本

一般来说，在执行同样的查询时，对每一个片段尽可能地选取相同的物理副本，而对涉及同一片段的不同子查询则可以在其不同的物理副本上执行。在查询优化时，对于物理副本的选择通常采用以下几种启发式规则。

(1) 本场地上的物理副本优先。由于在分布式查询处理中，数据通信代价是影响执行代价的重要因素，因此选择本场地上的物理副本可以减少通信代价。

(2) 如果二元运算存在，则尽可能地在本场地上执行。这一规则的目的同样是减少通信代价，因为在一般情况下，执行连接后结果集合的大小要小于两个连接关系的大小。

(3) 数据量最小的物理关系应优先选中。

(4) 网络通信代价小的物理副本应优先选中。在选择物理副本时不但要考虑副本的大小，而且要考虑网络带宽对通信代价的影响，因为通信代价的计算涉及传输的数据量和两场地之间的网络带宽。

2. 选定运算的执行顺序

选定运算的执行顺序，也就是要确定一个较优的连接、半连接和并运算序列，至于其他运算的执行顺序是不难确定的。值得注意的是，在查询变换后所产生的查询树中蕴含地定义运算的次序，即按照从树叶到树根的顺序进行运算。然而这并不完全确定优化问题的解法，因为还要求指出在树的同一层上所执行的子表达式的求值顺序。此外，从树叶开始逐步往上运算也不一定就是最好的执行顺序。

3. 选择执行每个操作符的办法

为每个操作符指定合适的物理查询计划，即场地上数据库存取方法的选择，是减少查询执行代价的重要步骤。如尽可能地将同一场地上对同一副本的全部操作在一次数据库访问后一起执行。例如，对于一个关系的选择和投影操作可以同时进行。一般来说，操作符执行方法的选择可以采用集中式数据库中的方法。

在查询优化中，以上3个方面彼此间不是互相独立的，而是互相影响的。如操作符的执行顺序会影响中间结果关系的大小，而参与操作符运算的关系的大小会影响执行操作符的算法。同样，物理副本的选择会影响操作符的执行顺序，因此单独考虑某一方面会导致无法获得较好的执行策略。在具体优化时，通常以操作符的执行顺序作为优化的重点，同时考虑其他两个方面的内容。

5.2 基于半连接算法的查询优化

基于连接算法的查询优化

无论是集中式数据库系统还是分布式数据库系统，选择、投影和连接是最常用的3种操作。在集中式数据库和分布式数据库中选择和投影操作没有什么不同，可以在局部站点执行。考虑到分布式数据库系统中站点的物理分散性以及关系的分片特性，其上的连接操作很复杂。当连接操作关联的两个关系对象位于不同的站点上时，完成连接操作不可避免地要在站点间进行数据传输，为了降低通信代价很直观的想法是避免网络上不必要的元组的传输，半连接算法正是基于减少数据传输量的思想而做优化的。

5.2.1 半连接操作的定义

半连接(semi-join)是对全连接结果属性列的一种缩减操作，它由投影和连接操作导出，投影操作实现连接属性基数的缩减，连接操作实现左连接关系元组数的缩减。

定义5.1：假设关系R和S拥有相同的属性a，则关系R和S的半连接为$\Pi_R(R\infty S)=R\infty\Pi_a(S)$，记为$R\propto S$，即$R\propto S=\Pi_R(R\infty S)=R\infty\Pi_a(S)$；关系$S$和$R$的半连接为$\Pi_S(S\infty R)=S\infty\Pi_a(R)$，记为$S\propto R$，即$S\propto R=\Pi_S(S\infty R)=S\infty\Pi_a(R)$。

$R\propto S$或者$S\propto R$都是关系R、S的半连接运算描述，$R\propto S=\Pi_R(R\infty S)=R\infty\Pi_a(S)$保留的是$R$和$S$自然连接结果中关系$R$的属性列，$S\propto R=\Pi_S(S\infty R)=S\infty\Pi_a(R)$保留的是$S$的属性列，所以半连接操作也可以理解为利用另一个关系缩减自身关系的元组数，且半连接操作不满足交换律，即$R\propto S\neq S\propto R$。在执行半连接操作时，会利用数据库系统的站点信息和分片统计信息选择$R\propto S$或者$S\propto R$。

5.2.2 半连接操作过程和代价估算

关系 R 和关系 S 的连接可用半连接实现，即 $R\infty S=(R\infty\Pi_a(S))\infty S=(R\propto S)\infty S$，其执行示意图如图 5-1 所示。

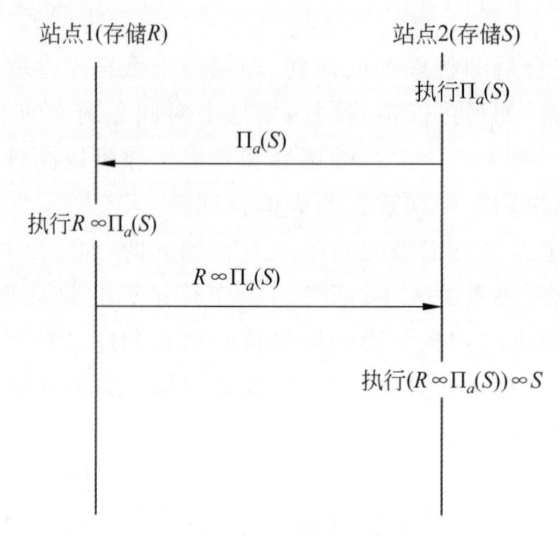

图 5-1 执行示意图

下面讨论这个半连接程序的操作过程和传输代价。其传输代价用 $T=C_0+C_1\times X$ 估算。

(1) 在站点 2 计算关系 S 在属性 a 上的投影 $\Pi_a(S)$。

(2) 把 $\Pi_a(S)$ 的结果从站点 2 传到站点 1，其传输代价为 $C_0+C_1\times \text{Length}(a)\times \text{val}(S,a)$，其中 Length($a$)表示属性 a 的长度，val(S,a)表示关系 S 中属性 a 的个数。

(3) 在站点 1 计算半连接，设其结果为 R'，则 $R'=R\propto S$。实际上，这个操作是执行 $R\infty\Pi_a(S)$。

(4) 把 R'从站点 1 传到站点 2，其传输代价为 $C_0+C_1\times \text{Length}(R)\times \text{card}(R')$，其中：Length($R$)是 R 中元组的长度，card(R')是 R'的元组数。

(5) 在站点 2 执行连接操作$(R\infty\Pi_a(S))\infty S$。

显然，步骤(1)、(3)、(5)无需传输费用，所以执行这样一个半连接程序，总的传输代价如下：

$$T_{\text{semi-jion}}=C_0+C_1\times \text{Length}(a)\times \text{val}(S,a)+C_0+C_1\times \text{Length}(R)\times \text{card}(R')$$
$$=2\times C_0+C_1(\text{Length}(a)\times \text{val}(S,a)+\text{Length}(R)\times \text{card}(R'))$$

由于半连接运算不具有对称性，即没有交换性。因此，另一个等价的半连接程序$(S\propto R)\infty R$，可能具有不同的传输代价。通过对它们的代价进行比较，就可以确定 R 和 S 的最优半连接程序。

从半连接的执行过程可以看出，相比于全连接来说，半连接比全连接多了一次数据传输过程，但大多数情况下半连接传输的数据总量远比全连接要少得多，即满足 $T_{\text{semi-jion}}<T_{\text{join}}$，此时使用半连接算法能够降低通信代价。半连接操作适用的情况是关系 R 中只有少量元组参与和关系 S 的连接，这时可用半连接算法缩减关系 R 的元组数目。当连接关系较

多时，半连接的种类有很多种，此时需要计算所有的半连接形式的通信代价，从中选出代价最少的半连接方案，并选出传输数据代价最小的站点作为执行连接操作的站点。

5.2.3　基于半连接算法的查询优化案例

假设在站点 1 存储教师基本信息表 Teacher(Tno，Tname，Sex，Major)，其中 Tno 为教师工号(8B)，Tname 为教师姓名(20B)，Sex 为性别(2B)，Major 为专业(20B)。教师基本信息表 Teacher 有 5000 个元组。在站点 2 存储学院基本信息表 College(Cno，Cname，Tno)，其中 Cno 为学院代码(8B)，Cname 为学院名称(20B)，Tno 为学院院长教工号(8B)。学院基本信息表有 20 个元组。现在考虑用户在站点 2 上有一个查询，检索每个学院的名称和学院院长的姓名，其 SQL 语句如下：

```
SELECT Cname, Tname FORM Teacher, College WHERE Teacher. Tno=College. Tno
```

其关系代数表达式如下：

$$\Pi_{Cname, Tname}(Teacher \infty College)$$

优化后的查询树如图 5-2 所示。

假设每个学院都有一个院长，那么查询结果将包含 20 条记录，并且每条记录为 40B。用半连接方法的步骤如下。

(1) 在站点 2，把 College 关系中的 Tno 值传输到站点 1，即传输关系 Π_{Tno}(College)，它的大小为 8B×20=160B。

(2) 在站点 1，对被传输过来的 Π_{Tno}(College) 和 $\Pi_{Tno,Tname}$(Teacher)关系做连接，然后把要求的属性值从连接结果传输到站点 2 上。也就是传输 $\Pi_{Tno,Tname}$(Teacher) $\infty\Pi_{Tno}$(College))，它的大小为 20B * 28=560B。

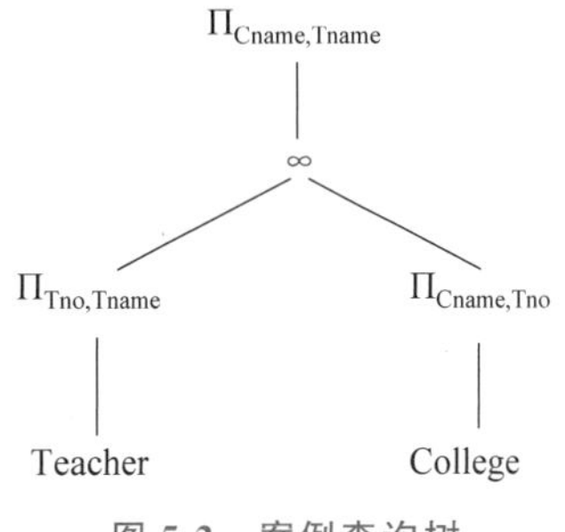

图 5-2　案例查询树

(3) 在站点 2，通过被传输来的 $\Pi_{Tno,Tname}$(Teacher)∞ Π_{Tno}(Colleger))和关系 $\Pi_{Cname,Tno}$(College)做连接来执行查询，然后在站点 2 上将结果呈现给用户。

这个半连接方法中的传输量为 160B+560B=720B。在第(2)步中限制 Teacher 的属性和元组传输到站点 2，只传输那些在第(3)步中实际要与 Colleger 元组做连接的属性和元组。此时 Teacher 关系的 5000 个元组中只有 20 个元组传过去。

如果不采用半连接程序法，而直接采用连接法，例如在站点 2 执行连接操作，那么需要把关系 $\Pi_{Tno,Tname}$(Teacher)从站点 1 传到站点 2，所需的代价为 28B×5000=140 000B，这个代价太大了。

5.3　基于直接连接的查询优化算法

在广域网中由于数据传输速率的限制，执行查询操作所花费的通信代价时间要比 I/O 代价大得多，这种情况下查询所花的代价可以用通信代价来衡量而忽视 I/O 代价。在高速局域网中或专线网络中，数据的传输速率很快，传输数据的通信代价和 I/O 代价所占的比重差不多或者前者消耗的时间更少,此时系统综合考虑通信代价和I/O代价。高速局域网和专线网络中高速的数据传输特性使得此种网络环境更加注重查询响应时间,而不是通信代价,所以在局域网或专线网络中执行连接操作时总是从本地站点传输整个关系到另一个站点,对此所做的优化称为直接连接查询优化。

5.3.1 直接连接操作的策略

直接连接操作依据参与连接的两个关系是否在同一站点而采取不同的操作策略。当两个关系在同一站点时,与集中式数据库一样可采用嵌套循环连接算法和基于排序的连接算法。

(1) 嵌套循环连接算法。顺序扫描外层关系 R,并对 R 的每个元组扫描内层关系 S,查找在连接属性上相等的元组并将其组合起来形成结果的一部分,这种方法需要扫描一次关系 R 和 Card(R)次关系 S 才能找到匹配的元组。

(2) 基于排序的连接算法。基于连接属性对两个关系先后进行排序和扫描操作,使得到的结果中包含以上两种操作所获得的匹配元组的组合。此方法虽然扫描的次数不多,但是增多了排序的代价。

对于不同站点上的关系 R 和 S 的连接,除考虑局部代价外还需要考虑传输代价。影响传输代价的因素有两个方面:传输方式和连接站点。

传输方式有两种:整体传输方式和按需传输方式。

(1) 整体传输方式:假设 $R \infty S$ 这一连接操作,外层关系为 R,内层关系为 S。若对关系 S 进行传输,则将它进行保存;若对关系 R 进行传输,则陆续来到的 R 元组可以被关系 S 直接使用,且关系 R 不保存。

(2) 按需传输方式:在一次只传输一个元组的前提下,针对那些需要执行连接操作的元组进行传输,不需要临时存储,该传输方式的传输代价很高,因为交换信息的次数过于频繁,每次提取都需要进行一次信息交换。

选择连接站点的方法有以下三类:

(1) 将 R 所在站点作为连接站点。

(2) 将 S 所在站点作为连接站点。

(3) 使用其他站点作为连接站点。

5.3.2 嵌套循环连接算法

嵌套循环连接算法是一种最简单的连接算法,其原理是对连接操作的两个关系对象中的一个仅读取其元组一次,而对另一个关系对象中的元组将重复读取。嵌套循环连接算法的特点是可以用于任何大小的关系间的连接操作,不必受连接操作所分配的内存空间大小的限制。对于嵌套循环连接算法,可根据每次操作的对象大小分为基于元组的嵌套循环连接和基于块(block)的嵌套循环连接。

假设有关系 $R(A, B)$和关系 $S(B, C)$,分别有 Card(R) $=n$ 和 Card(S)$=m$,现在要执行两个关系在属性 B 上的连接操作,操作过程如图 5-3 所示。

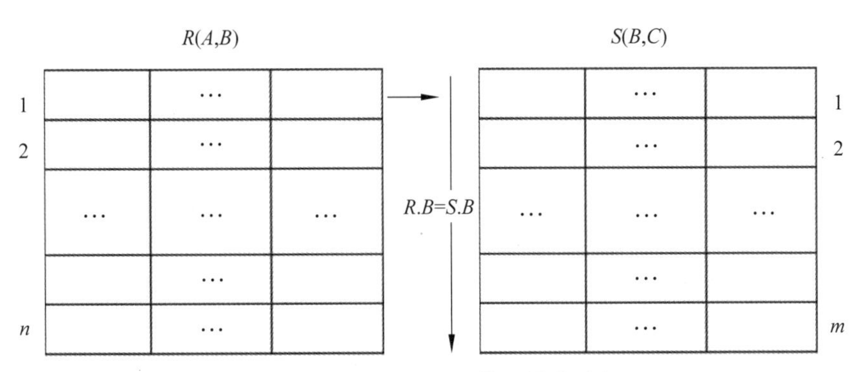

图 5-3　嵌套循环连接算法操作过程

1. 基于元组的嵌套循环连接算法

基于元组的嵌套循环连接是最简单的形式，其中循环以关系中的元组为单位进行操作，假设有关系 $R(A, B)$和关系 $S(B, C)$，则 R 和 S 基于元组的嵌套循环连接具体的执行算法如下：

```
Result=ϕ
For each tuple r in R
      For each tuple s in S
          If r.B=s.B Then
            join r and s as tuple t
            output t into Result
          End If
      End For
End For
Return Result
```

其中，对循环外层的关系通常称为外关系，而对循环内层的关系称为内关系。在执行循环嵌套连接时，仅仅对外关系进行 1 次读取操作，而对内关系则需要进行反复读取操作。如果不进行优化的话，这种基于元组的执行代价很大，磁盘读取代价计算最多可能多达 $\text{Card}(R)\times\text{Card}(S)$。因此，通常对这种算法进行修改，以减少嵌套循环连接的磁盘读取代价。基于元组的嵌套循环连接算法优化通常使用两种方法：一种方法是使用连接属性上的索引，以减小参与连接元组的数量；另一种方法是通过尽可能多地使用内存以减少磁盘读取数量。

2. 基于块的嵌套循环连接算法

基于块的嵌套循环连接算法是通过尽可能多地使用内存，减少读取元组的 I/O 次数，其中，对连接操作的两个关系的访问均按块(也称为页面)进行组织，同时使用尽可能多的内存来存储嵌套循环中外关系的块。

与基于元组的方法相似，将连接操作中的一个对象作为外关系，每次读取部分元组到内存中,整个关系只读取一次;而另一个对象作为内关系,反复读取到内存中执行连接。对于每个逻辑操作符,数据库系统都会分配一个有限的内存缓冲区。假设为连接操作分配的内存缓冲区大小为 M 块,同时有 Block(R)≥Block(S)≥M,即连接的两个关系都不能完全读取到内存中。为此,首先选取较小的关系作为外关系,这里选择关系 S,将 1 到 $M-1$ 块分配给关系 S,而第 M 块分配给关系 R,将外关系 S 按照 $M-1$ 块的大小分为多个子表,并重复地将这些子表读取到内存缓冲区中,用于重复地依次读取关系 R 的每一个块。对于内存缓冲区中元组的连接操作,先在 $M-1$ 个块的外关系 S 元组的连接属性上构建查找结构,再从内关系 R 在内存中的块中取元组,通过查找结构与 S 中的元组连接。基于块的嵌套循环连接方法的原理如图 5-4 所示。

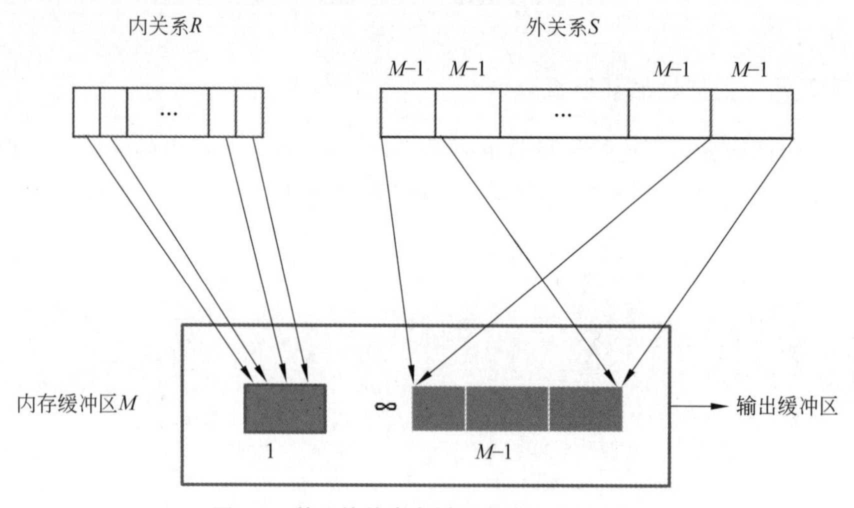

图 5-4 基于块的嵌套循环连接方法的原理

假设有关系 $R(A, B)$ 和关系 $S(B, C)$,S 是内关系,R 是外关系,则 R 和 S 基于块的嵌套循环连接具体的执行算法如下:

```
Result=ϕ
Buffer=M
For each M-1 Block in Block(S)
  Read M-1 Block of Block(S) into Buffer
      For each Block in Block(R)
          Read 1 Block of Block(R) into Buffer
          Join M-1 Block of Block(S) and 1 Block in Block(R)s in Buffer
          output t into Result
      End For
End For
Return Result
```

3. 嵌套循环连接算法的代价估计

对于两个关系 R 和 S,如果使用基于元组的嵌套循环连接方法,则需要对每个元组的读取产生 1 次磁盘 I/O。因此，假设两个关系的元组数量分别为 Card(R)和 Card(S)，则基于元组的嵌套连接方法的执行代价为 Card(R)×Card(S)，即两个关系大小的乘积。

对于基于块的嵌套循环连接算法来说，假设两个连接关系 R 和 S 占用的块分别为 Block(R)和 Block(S)，M 为内存缓冲区大小。在嵌套循环过程中使用 S 作为外关系，每一次迭代时首先读取 $M-1$ 块 S 的内容到内存缓冲区，再每次读取 R 的 Block(R)中的 1 块的内容到内存中与 $M-1$ 块的 S 内容执行连接。连接的代价用以下公式计算：

$$\begin{aligned} C_{\text{join}} &= \frac{\text{Block}(S)}{(M-1)} \times (M-1+\text{Block}(R)) \\ &= \text{Block}(S) + \frac{\text{Block}(S)}{(M-1)} \times \text{Block}(R) \end{aligned}$$

从以上公式可以看出，选择较小的关系作为连接的外关系可以获得较小的执行代价，因此通常选择较小的关系作为外关系。如果连接关系的 Block(R)、Block(S)的值很大，且远远大于内存缓冲区大小 M 时，可以认为连接的代价近似等于 Block(R)×Block(S)。虽然嵌套循环连接的执行代价看上去较高，但是这种算法能够适用于任意大小的关系之间的连接执行。因此，嵌套循环连接算法依然广泛应用于现有的数据库系统中。

5.3.3 基于排序的连接算法

基于排序的连接算法(sort-based join algorithm)是直接连接算法中的另外一种常用方法，其首先将两个关系按照连接属性进行排序，然后按照连接属性的顺序扫描两个关系，同时对两个关系中的元组执行连接操作。因为数据库中关系的大小往往大于连接操作可用内存缓冲区的大小，所以对关系的排序通常采用外存排序算法，即归并排序算法。

1. 归并排序算法

简单的归并排序算法的执行可以划分为两个阶段。

(1) 对关系进行分段排序，即首先将需要排序的关系 R 划分为大小为 M 块的子表，其中 M 是可用于排序的内存空间的数量，以块为单位，再将每个子表放入内存中采用快速排序等主存排序算法执行排序操作，这样可以获得一组内部已排序的子表。对关系进行分段排序过程如图 5-5 所示。

(2) 对关系的子表执行归并操作，即按照顺序从每个排序的子表中读取一块的内容放入内存中，在内存中统一对这些块中的记录执行归并操作，每次选择最小(最大)的记录放入输出缓冲区中，同时删除子表中相应的记录。当子表在内存中的块被取空时，从子表中顺序读取一新块放入内存中继续执行归并操作。归并操作的过程如图 5-6 所示。

归并操作过程同时对多个子表执行归并操作，因此也称为两阶段多路归并排序。需要说明的是，第二阶段的归并操作执行的条件是关系的子表数量小于排序操作可用内存的块数 M，这样才能保证同时对所有子表进行归并操作。因此，两阶段归并执行的条件是关系的大小 Block(R)$\leqslant M^2$。如果关系的大小 Block(R)$>M^2$，则需要嵌套执行归并排序算法，使用三阶段或更多次的归并操作。

2. 基于排序的连接算法

基于排序的连接算法主要是对已经按照连接属性排序的两个关系，按照顺序读取关

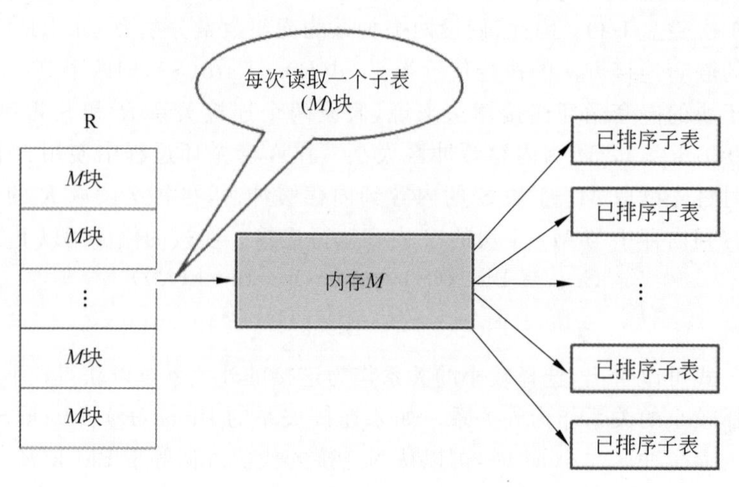

图 5-5 分段排序过程

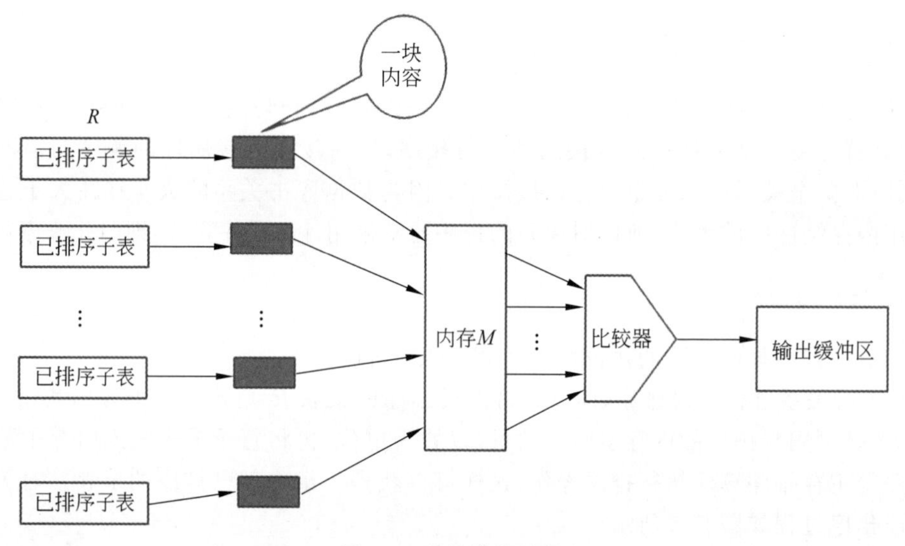

图 5-6 归并操作过程

系中的块到内存中执行连接操作。基于排序的连接算法执行过程如图 5-7 所示,其中先使用内存对关系 R 和 S 进行排序,再基于归并方法按顺序依次连接关系中的元组。

3. 基于排序的连接算法代价估计

在基于排序的连接算法中,假设在排序阶段使用的是两阶段多路归并排序,关系的大小满足条件 $\text{Block}(R)\leqslant M^2$ 和 $\text{Block}(S)\leqslant M^2$。

在算法排序阶段的执行代价包括如下。

(1) 对关系的子表执行排序所需的一次读(读子表数据)和一次写(子表排序结果写入磁盘)的代价,为 $2(\text{Block}(R)+\text{Block}(S))$。

(2) 多路归并时的读写代价为 $2(\text{Block}(R)+\text{Block}(S))$。

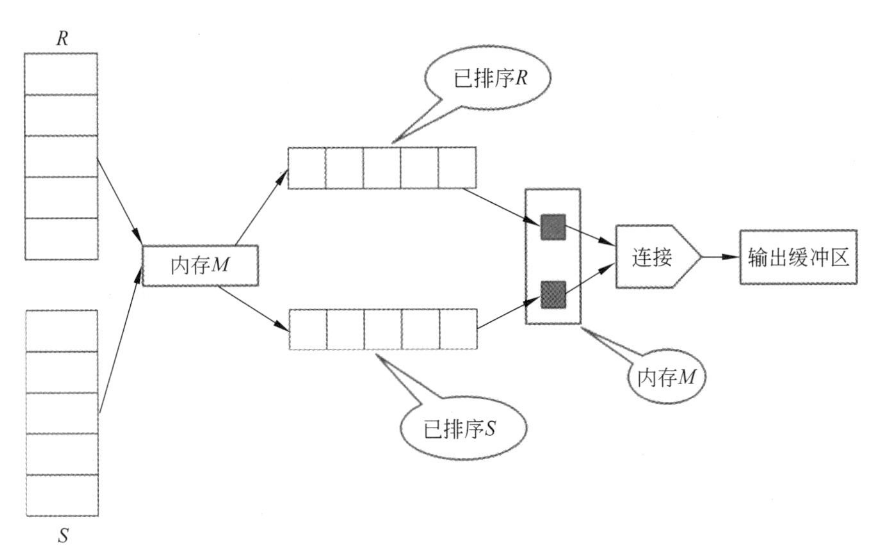

图 5-7　基于排序的连接算法执行过程

算法排序阶段的执行代价为 4(Block(R)＋Block(S))。

在归并连接阶段需要对关系执行一次读操作，因此，基于排序的连接算法的执行代价为 5(Block(R)＋Block(S))。

5.3.4　站点依赖算法

在分布式数据库系统中，关系或者关系的某个片段总是分布在不同的站点上，当两个关系做连接操作时，如果在数据传输量最小甚至无数据传输方式下得到正确的结果，此时可获得最佳的性能。

假定两个关系 R_1 和 R_2 的水平分片分别存放在站点 S_1 和 S_2 上，数据分布的初始状态如表 5-1 所示。

表 5-1　数据分布的初始状态

场地 / 关系		站点	
		S_1	S_2
关系	R_1	R_{11}	R_{12}
	R_2	R_{21}	R_{22}

对关系 R_1 和 R_2 在连接属性 A 上的自然连接 $R_1 \infty R_2$，如果其结果可以通过合并同一站点上两个关系片段的自然连接的结果集得到，即 $R_1 \infty R_2 = (R_{11} \infty R_{21}) \cup (R_{12} \infty R_{22})$，则该策略是一种有效的策略。在该策略中，由于连接操作所涉及的片段总能在本站点找到可关联的元组，因此连接操作可以在站点间不发生数据传输的情况下进行，而且还可以利用本地站点中数据片段的索引信息提升局部处理的性能。上述情况即为“站点依赖”。

定义 5.2：对于两个关系 R_1 和 R_2 在属性 A 上的所有分片片段 F_{1i} 和 F_{2j}(i 和 j 代表站点,并且 $i \neq j$),如果满足 $F_{1i} \underset{A}{\infty} F_{2j} = \phi$,则称 R_1 和 R_2 在属性 A 上站点依赖。那么 $R_1 \underset{A}{\infty} R_2 = \bigcup (F_{1s} \underset{A}{\infty} F_{2s})$,其中 $s=1,\cdots,n$ ($1,\cdots,n$ 为包含 R_1、R_2 片段的所有站点)。

推论 5.1：如果 R_i 和 R_j 在属性 A 上站点依赖,则 R_i 和 R_j 在任何包含 A 的属性集 B 上也站点依赖。

推论 5.2：如果 R_i 和 R_j 在属性 A 上站点依赖,另一个属性(或属性组)B 函数决定 A(即 $B \rightarrow A$),且 $A \neq \phi$,则 R_i 和 R_j 在属性(或属性组)B 上也站点依赖。

推论 5.3：若 R_i 和 R_j 在属性 A 上站点依赖,且 R_j 和 R_k 在属性 B 上站点依赖,则 $(R_i \underset{A}{\infty} R_j \underset{B}{\infty} R_k) = \bigcup (F_{is} \underset{A}{\infty} F_{js} \underset{B}{\infty} F_{ks})$,其中 S 为所有包含 R_i、R_j 和 R_k 的片段的任一站点。

站点依赖算法描述如下。

算法主要用到 4 个集合 Q、R、P 和 S。其中 Q 是查询操作的关系代数集,$R=\{R_1,R_2,\cdots,R_n\}$是所有参与查询 Q 的关系的集合,P 是站点依赖信息集(算法中所有的站点依赖信息都从此集合中得到),S 是一个连接操作可以无数据传送执行的最大关系集合。

(1) 初始化：$S=\phi$,$R=\{R_1,R_2,\cdots,R_n\}$。

(2) 如果能找到一对关系 R_i 和 R_j,使得 R_i 和 R_j 在属性 A 上站点依赖,且 $R_i \underset{C}{\infty} R_j$ 包含在 Q 中,其中 C 包含 A,据推论 5.1,则将 R_i 和 R_j 放入 S 中;否则,算法终止执行,返回空集 S。

(3) 对于任意关系 R_k,若它满足在 R 中而不在 S 中,则可把 R_k 插入 S 中,条件是存在 S 中的关系 R_x,它与 R_k 在属性 B 上有站点依赖关系,且 $R_x \underset{B}{\infty} R_k$ 在 Q 中或可由 Q 中导出(根据推论 5.1～5.3)。多次循环,直至不能再向 S 中添加关系为止。

可以看到,站点依赖算法利用站点依赖信息判断全局连接查询是否可以零数据传输,如果 $S=R$,则 Q 可以零数据传输处理。该算法有效利用了局部查询的本地化特征,在一个设计精良的分布式数据库中可以实现全局连接查询的零数据传输处理。由于某个站点上的关系片段通常只与该站点的 SQL 应用密切相关,因此基于站点依赖的连接查询在很多分布式应用中都能得到正确的结果。但如果全局连接操作引用的关系片段在不同站点中存在相关联的元组时,该算法将失效。

例 5.1 设有查询 $R_1 \underset{A}{\infty} R_2 \underset{B}{\infty} R_3 \underset{C}{\infty} R_4$。假定 R_1 和 R_2 在属性 A 上站点依赖,R_2 和 R_3 在属性 B 上站点依赖,R_3 和 R_4 在属性 C 上站点依赖,试根据站点依赖算法判断上述查询是否可以零数据传输处理。

开始时,S 为空集;在执行第(2)步后,关系 R_1 和 R_2 由于在属性 A 上存在站点依赖关系,因此被加入 S 中;同理,R_3 和 R_4 也依次被加入 S 中。

$$S=\{R_1,R_2,R_3,R_4\};$$

$$R=\{R_1,R_2,R_3,R_4\};$$

$$S=R;$$

故 $R_1 \underset{A}{\infty} R_2 \underset{B}{\infty} R_3 \underset{C}{\infty} R_4$ 可以零数据传输处理。

5.3.5 分片和复制算法

如果一个查询不能在无数据传送方式下得到处理,则需要用其他的算法来进行处理。分片和复制算法就是这样一种算法,它的基本思想是选择一组站点,把查询引用的某个关系的所有片段分布在这些站点上,引用的其余关系则被复制到每个站点中,然后分别在每个站点上做连接操作,最后合并连接结果。

例如,两个关系 R_1 和 R_2,R_1 被水平分片为两部分,存放在两站点 S_1 和 S_2 中,分别记为 F_{11} 和 F_{12};同理,R_2 也被水平分片为两部分,并存放在两站点 S_1 和 S_2 中,分别记为 F_{21} 和 F_{22}。运用分片和复制算法,假定让 R_1 保持分片状态,则应把 F_{21} 从 S_1 传送到 S_2,当片段 F_{21} 到达 S_2 后与 F_{22} 合并得到 R_2 的一个副本,同时把 F_{22} 从 S_2 传送到 S_1。同样,片段 F_{22} 到达 S_1 与 F_{21} 合并得到 R_2 的一个副本。假设 R_1 的一个元组 t 与 R_2 连接,t 要么在 F_{11} 中,要么在 F_{12} 中。如果 t 在 F_{11} 中,那么它将与站点 S_1 中 R_2 的副本连接;如果 t 在 F_{12} 中,那么它将与站点 S_2 中 R_2 的副本连接。显然,对 R_1 的每个元组都可做与以上相同的操作,所以有 $R_1 \infty R_2 = \bigcup (F_{1i} \infty R_2)$,其中的并操作取遍每个有 R_1 片段的站点 S_i。

分片和复制算法描述如下。

算法主要用到三个集合 Q、R 和 S。其中,Q 是查询操作的关系代数集,$R=\{R_1,R_2,\cdots,R_n\}$ 是所有参与查询 Q 的关系的集合,S 是站点集合。

```
For 每个保持分片状态的关系 Ri,i=1,2,…,n
    {
        For 每个包含关系 Ri 的一个片段的站点 Sj,j=1,2,…,m
          {
              计算在站点 sj 执行子查询的完成时间 FT(Q,Sj,Ri)
          }
        计算关系 Ri 保持分片状态下的响应时间
        Ti=max(FT(Q,S1,Ri),FT(Q,S2,Ri),…,FT(Q,Sm,Ri))
    }
```

若 $T_k=\min(T_1,T_2,\cdots,T_n)$,则 R_k 为保持分片状态的关系。

其他关系被复制到有 R_k 片段的每个站点中。

5.3.6 Hash 划分算法

Hash 划分算法是以 Hash 划分为基础的优化算法,它也是一种基于站点依赖的算法,并且是一类比较流行的分布式数据库查询优化算法。

Hash 划分是一种划分方法,它对关系的某一属性或者属性集的元组值应用 Hash 函数,得到这些元组的 Hash 值,然后将具有相同 Hash 值的元组放置到同一个站点。这样经过 Hash 划分的每一个关系的元组都会根据该元组的 Hash 值存放到多个不同的站点上而组成相应关系的水平片段,很显然,不同的关系经过同一种 Hash 划分后是满足站点依赖的。

下面通过一个例子简单说明一下 Hash 划分。假设现有关系 R_1 和 R_2,对于 R_1 和 R_2 的每一个元组,在 X 属性列上运用下面的 Hash 函数:当 X 为奇数时 $h(x)=1$,当 X 为偶数时 $h(X)=0$。也就是说,对于 R_1 和 R_2 的每一个元组,当该元组 X 属性列的值为奇数,则该元组的 Hash 值即为 1;当该元组 X 属性列的值为偶数,则该元组的 Hash 值为 0。然后将 Hash 值为 1 的元组送到站点 S_1,分别记为 R_{11} 和 R_{21};Hash 值为 0 的元组送到站点 S_2,分别记为 R_{12} 和 R_{22},于是关系 R_1 被分成片段 R_{11} 和 R_{12},分别位于站点 S_1 和站点 S_2;关系 R_2 被分成片段 R_{21} 和 R_{22},分别位于站点 S_1 和站点 S_2。通过 Hash 划分后,关系 R_1 与 R_2 在属性 X 上满足站点依赖,则连接操作 $R_1 \infty R_2$ 就可转换为 $(R_{11} \infty R_{21}) \cup (R_{12} \infty R_{22})$。

5.4 SDD-1 算法

在 SDD-1 算法中,使用半连接来处理关系间的连接,将关系进行缩减,当所有的关系都被缩减到一定限度时,再将这些缩减后的关系传输到一个恰当的站点执行连接操作得到查询结果。SDD-1 算法有三个重要特征:一是使用半连接作为处理方案;二是所有站点上的关系都是不重复的,也不进行分片;三是在整个算法的代价估算中,不计算查询发起站点的传输代价。

5.4.1 SDD-1 算法的基本概念

SDD-1 是美国采用 ARPANET 远程网建立的世界上第一个分布式数据库管理系统,该系统采用的分布式查询方法是多关系半连接算法。在介绍 SDD-1 算法前,首先介绍选择因子及半连接收益分析的有关概念。

定义 5.3:设 R 和 S 是两个关系,R 和 S 半连接选择因子记为 $\rho(R \propto S)=\text{card}(\Pi_A(S))/\text{card}(S)$,其中 $\text{card}(\Pi_A(S))$ 是关系 S 在关系 R 和 S 的公共属性 A 上投影所包含的不同元组的个数,$\text{card}(S)$ 是关系 S 的元组个数。

定义 5.4:设 R 和 S 是两个关系,R 和 S 半连接代价公式记为 $\text{cost}(R \propto S)=\text{size}(\Pi_A(S))=\text{card}(\Pi_A(S))\times\text{length}(A)$,其中 $\text{length}(A)$ 是属性 A 定义的长度(字节数)。

定义 5.5:设 R 和 S 是两个关系,R 和 S 半连接效益公式记为:$\text{benefit}(R \propto S)=(1-\rho(R \propto S))\times\text{size}(R)$,其中 $\text{size}(R)$ 表示关系 R 的大小(字节数)。

定义 5.6:设 R 和 S 是两个关系,如果 $\text{benefit}(R \propto S)-\text{cost}(R \propto S)>0$,则 R 和 S 半连接为有益半连接。

定义 5.7:在多个半连接中,$\text{benefit}(R \propto S)-\text{cost}(R \propto S)$ 结果最大的半连接为最有益半连接。

5.4.2 SDD-1 算法概述

SDD-1 算法由两部分组成:基本算法和后优化。基本算法根据缩减代价公式来评估各执行策略的费用、收益等多种因素,然后给出所有半连接缩减的程序集,最后选择最有益的执行策略,但这个策略的效率不一定是最理想的。后优化是将基本算法得到的执行结果进行优化修正，以便得到更加合理的执行策略。SDD-1基本算法的处理过程主要包括4个步骤。

(1) 初始化：找出所有关系中的半连接，计算这些半连接的选择因子和查询代价，生成有益的半连接集合。

(2) 选择最有益的半连接：从有益的半连接集合中找出最有益的半连接，将其添加到执行策略ES中(ES表的初始状态为空)，并相应地修改被影响关系的统计值(选择因子、关系的大小等)。

(3) 循环操作：重复第(1)步，直到所有有益的半连接加入执行策略ES中。

(4) 选择组装场地：选择数据量最大的站点作为装配站点，其他站点都将数据传输到这个装配站点，这样可以使得数据传输量最小，从而达到查询优化。

SDD-1算法后优化可对算法进行两种修正。

(1) 若最后一次半连接缩减关系所在的站点正好是被选中的最终执行站点，那么最后的这次半连接就可以取消。

(2) 对基本算法的循环所构成的半连接的流程图进行修正。因为一开始的(或某一个)半连接缩减的代价可能很高但是收益评估却很大，如果有，这时可将这个关系进行缩减后再执行半连接缩减，这样就可以修正半连接的操作顺序了。

5.4.3 SDD-1算法案例

已知有三个站点S_1、S_2和S_3，这三个站点上分别存放着关系R_1、R_2和R_3，且R_1和R_2的共同属性为A，R_2和R_3的共同属性为B，现有应用查询需要多关系连接，如图5-8所示。

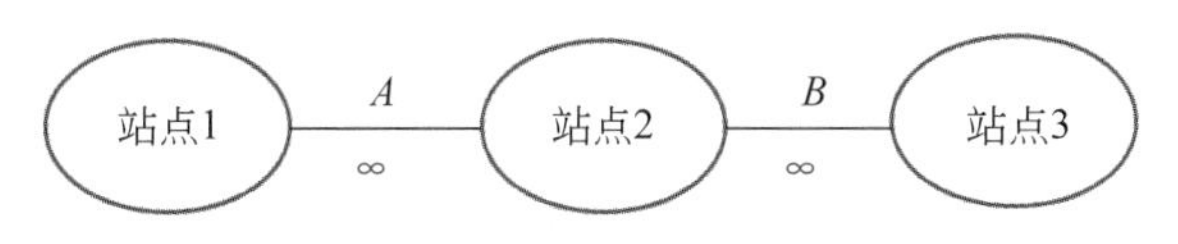

图5-8　案例连接示意图

表5-2显示了R_1、R_2和R_3三个关系的基本数据情况。表5-3显示了与R_1、R_2和R_3的共同属性A、B有关的选择因子和半连接代价。

表5-2　基本数据

关系	基数	元组大小	关系大小
R_1	30	50	1500
R_2	100	30	3000
R_3	10	38	380

表5-3　选择因子和半连接代价

属　性	选择因子	半连接代价
$R_1.A$	0.3	36
$R_2.A$	0.8	320

续表

属　性	选择因子	半连接代价
$R_2.B$	1.0	600
$R_3.B$	0.4	80

设有益半连接运算存储在 BS 表中,执行策略存储在 ES 表中,其中 ES 初始状态为空。

第一轮循环:

ES 表(execution strategy):

空。

BS 表(benifical semi_join):

P1:$R_2 \propto R_1$;

benefit($R_2 \propto R_1$)= $(1-\rho(R_2 \propto R_1)) \times$size($R_2$)=(1 −0.3) × 3000 =2100 ;

cost($R_2 \propto R_1$) =36;

benefit($R_2 \propto R_1$)− cost($R_2 \propto R_1$)=2100−36=2064>0;

所以 P1 是有益半连接。

P2:$R_2 \propto R_3$

benefit($R_2 \propto R_3$)= $(1-\rho(R_2 \propto R_3)) \times$size($R_2$)=(1−0.4) ×3000 =1800;

cost($R_2 \propto R_3$) =80;

benefit($R_2 \propto R_3$)− cost($R_2 \propto R_3$)=1800−80=1720>0;

所以 P2 是有益半连接。

P3:$R_1 \propto R_2$

benefit($R_1 \propto R_2$)= $(1-\rho(R_1 \propto R_2)) \times$size($R_1$) =(1−0.8) ×1500 =300;

cost($R_1 \propto R_2$)=320;

benefit($R_1 \propto R_2$)−cost($R_1 \propto R_2$)=300−320 =−20< 0;

所以 P3 是非有益半连接,舍去。

P4:$R_3 \propto R_2$

benefit($R_3 \propto R_2$)=$(1-\rho(R_3 \propto R_2)) \times$size($R_3$) =(1−1.0) ×380 =0

cost($R_3 \propto R_2$)=600

benefit($R_3 \propto R_2$)−cost($R_3 \propto R_2$)=0−600=−600 < 0;

所以 P4 是非有益半连接,舍去。

第一轮循环所有半连接的 cost、benefit 等如表 5-4 所示。

表 5-4　第一轮循环所有半连接信息表

半连接	benefit	cost	benefit- cost	是否有益半连接
P1	2100	36	2064	是
P2	1800	80	1720	是

续表

半连接	benefit	cost	benefit- cost	是否有益半连接
P3	300	320	−20	否
P4	0	400	−600	否

在第一轮循环中最有益半连接为 P1，将其从 BS 表中删除，加入 ES 表。调整统计数据，R_2 的有关数据如基数、关系大小、选择因子和代价得到调整。设 $R_2' = R_2 \propto R_1$，表 5-5 所示为进行 $R_2' = R_2 \propto R_1$ 调整后的基本数据情况，表 5-6 所示为进行 $R_2' = R_2 \propto R_1$ 调整后有关的选择因子和半连接代价。

表 5-5　$R_2' = R_2 \propto R_1$ 调整后的基本数据情况

关　系	基　数	元组大小	关系大小
R_1	30	50	1500
R_2'	30	30	900
R_3	10	38	380

表 5-6　$R_2' = R_2 \propto R_1$ 调整后的选择因子和半连接代价

属　性	选择因子	半连接代价
$R_1.A$	0.3	36
$R_2'.A$	0.24	96
$R_2'.B$	1.0	600
$R_3.B$	0.4	80

表 5-5 所示的 $R_2' = R_2 \propto R_1$ 调整后的基本数据和表 5-6 所示的 $R_2' = R_2 \propto R_1$ 调整后的选择因子和半连接代价调整情况如下。

(1) R_2'的基数变为 $100 \times 0.3 = 30$；

(2) R_2'的关系大小变为 $3000 \times 0.3 = 900$；

(3) $R_2'.A$ 的半连接选择因子变为 $0.8 \times 0.3 = 0.24$；

(4) $R_2'.A$ 的半连接代价变为 $320 \times 0.3 = 96$。

第二轮循环：

ES 表：

P1：$R_2 \propto R_1$。

BS 表：

P2：$R_2' \propto R_3$；

$\text{benefit}(R_2' \propto R_3) = (1 - \rho(R_2' \propto R_3) \times \text{size}(R_2') = (1 - 0.4) \times 900 = 540$；

$\text{cost}(R_2' \propto R_3) = 80$；

$\text{benefit}(R_2' \propto R_3) - \text{cost}(R_2' \propto R_3) = 540 - 80 = 460 > 0$；

所以 P2 是有益半连接。

P3：$R_1 \propto R'_2$；

$benefit(R_1 \propto R'_2)=(1-\rho(R_1 \propto R'_2))\times size(R_1)=(1-0.24)\times 1500=1140$；

$cost(R_1 \propto R'_2)=96$；

$benefit(R_1 \propto R'_2)-cost(R_1 \propto R'_2)=1140-96=1044>0$；

所以 P3 是有益半连接。

P4：$R_3 \propto R'_2$；

$benefit(R_3 \propto R'_2)=(1-\rho(R_3 \propto R'_2))\times size(R_3)=(1-1.0)\times 380=0$

$cost(R_3 \propto R'_2)=600$

$benefit(R_3 \propto R'_2)-cost(R_3 \propto R'_2)=0-600=-600<0$；

所以 P4 是非有益半连接，舍去。

第二轮循环所有半连接的 cost、benefit 等如表 5-7 所示。

表 5-7 第二轮循环所有半连接信息表

半连接	benefit	cost	benefit-cost	是否有益半连接
P2	540	80	460	是
P3	1140	96	1044	是
P4	0	400	−600	否

第二轮循环中最有益半连接为 P3，将其从 BS 表中删除，加入 ES 表中。调整统计数据，R_1 的有关数据如基数、关系大小、选择因子和代价得到调整。设 $R'_1=R_1 \propto R'_2$，表 5-8 所示为进行 $R'_1=R_1 \propto R'_2$ 调整后的基本数据情况，表 5-9 所示为进行 $R'_1=R_1 \propto R'_2$ 调整后有关的选择因子和半连接代价。

表 5-8 $R'_1=R_1 \propto R'_2$ 调整后的基本数据情况

关系	基数	元组大小	关系大小
R'_1	7.2	50	360
R'_2	30	30	900
R_3	10	38	380

表 5-9 $R'_1=R1 \propto R'_2$ 调整后的选择因子和半连接代价

属　性	选择因子	半连接代价
$R'_1.A$	0.072	8.64
$R'_2.A$	0.24	96
$R'_2.B$	1.0	600
$R_3.B$	0.4	80

表 5-8 所示的 $R'_1=R1 \propto R'_2$ 调整后的基本数据和表 5-9 所示的 $R'_1=R1 \propto R'_2$ 调整

后的选择因子和半连接代价的调整情况如下：

R_1'的基数变为 30×0.24=7.2。

R_1'的关系大小变为 1500×0.24=360。

$R_1'.A$ 的半连接选择因子变为 0.3×0.24=0.072。

$R_1'.A$ 的半连接代价变为 36×0.24=8.64。

第三轮循环：

ES 表：

P1：$R_2 \propto R_1$；

P3：$R_1 \propto R_2'$。

BS 表：

P2：$R_2' \propto R_3$；

$\text{benefit}(R_2' \propto R_3)=(1-\rho(R_2' \propto R_3))\times \text{size}(R_2')=(1-0.4)\times 900=540$；

$\text{cost}(R_2' \propto R_3)=80$；

$\text{benefit}(R_2' \propto R_3)-\text{cost}(R_2' \propto R_3)=540-80=460>0$；

所以 P2 是有益半连接。

P4：$R_3 \propto R_2'$；

$\text{benefit}(R_3 \propto R_2')=(1-\rho(R_3 \propto R_2'))\times \text{size}(R_3)=(1-1.0)\times 380=0$

$\text{cost}(R_3 \propto R_2')=600$

$\text{benefit}(R_3 \propto R_2')-\text{cost}(R_3 \propto R_2')=0-600=-600<0$；

所以 P4 是非有益半连接，舍去。

第三轮循环所有半连接的 cost、benefit 等如表 5-10 所示。

表 5-10　第三轮循环所有半连接信息表

半连接	benefit	cost	benefit- cost	是否有益半连接
P2	540	80	460	是
P4	0	400	−600	否

第三轮循环中最有益半连接为 P2，将其从 BS 表中删除，加入 ES 表中。调整统计数据，R_2'的有关数据如基数、关系大小、选择因子和代价得到调整。设 $R_2''=R_2' \propto R_3$，表 5-11 所示为进行 $R_2''=R_2' \propto R_3$ 调整后的基本数据情况，表 5-12 所示为进行 $R_2''=R_2' \propto R_3$ 调整后有关的选择因子和半连接代价。

表 5-11　$R_2''=R_2' \propto R_3$ 调整后的基本数据情况

关　系	基　数	元组大小	关系大小
R_1'	7.2	50	360
R_2''	12	30	360
R_3	10	38	380

表 5-12 $R_2''=R_2'\propto R_3$ 调整后的选择因子和半连接代价

属 性	选择因子	半连接代价
$R_1'.A$	0.072	8.64
$R_2''.A$	0.24	96
$R_2''.B$	0.4	240
$R_3.B$	0.4	80

表 5-11 所示的 $R_2''=R_2'\propto R_3$ 调整后的基本数据和表 5-12 所示的 $R_2''=R_2'\propto R_3$ 调整后的选择因子和半连接代价的调整情况如下：

R_2''的基数变为 30×0.4=12；

R_2''的大小变为 900×0.4=360；

R_2''的半连接选择因子变为 1.0×0.4=0.4；

R_2''的半连接代价变为 600×0.4=240。

第四轮循环：

ES 表：

P1：$R_2\propto R_1$；

P3：$R_1\propto R_2'$；

P2：$R_2'\propto R_3$。

BS 表：

P4：$R_3\propto R_2''$；

$\text{benefit}(R_3\propto R_2'')=(1-\rho(R_3\propto R_2''))\times \text{size}(R_3)=(1-0.4)\times 380=228$；

$\text{cost}(R_3\propto R_2'')=240$；

$\text{benefit}(R_3\propto R_2'')-\text{cost}(R_3\propto R_2'')=228-240=-12<0$；

所以 P4 是非有益半连接，舍去。

到此为止，所有有益的半连接者均加入到执行策略 ES 中，ES 表如下：

P1：$R2\propto R1$；

P3：$R1\propto R_2'$；

P2：$R_2'\propto R_3$。

最后各站点的存储数据如表 5-13 所示。

表 5-13 各站点的存储数据

关 系	基数	元组大小	关系大小
R_1'(站点 1)	7.2	50	360
R_2''(站点 2)	12	30	360
R_3(站点 3)	10	38	380

最后统计站点1上数据大小为360，站点2上数据大小为360，站点3上数据大小为380，选择数据量最大的站点3作为装配站点，将其他站点数据都传输到站点3进行最后装配。连接流程如图5-9所示。

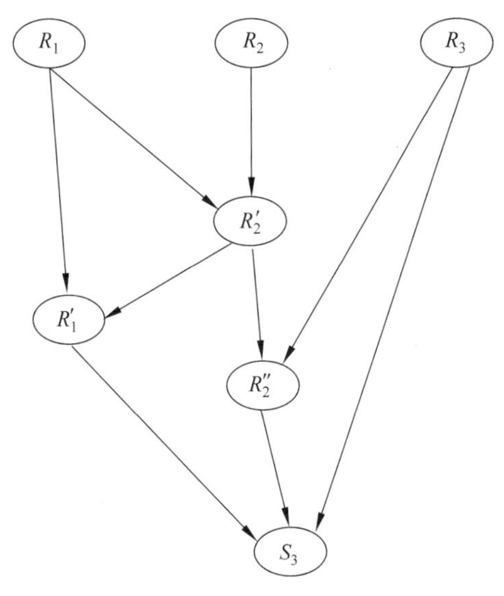

图5-9　连接流程

总传输代价为cost(P1)＋cost(P3)＋cost(P2)＋站点1数据大小＋站点2数据大小＝36＋96＋80＋360＋360＝932。若直接将站点1、站点2的数据发到站点3，则总传输代价为1500＋3000＝4500。由上可以得出，SDD-1算法通过运用半连接进行的查询优化处理，减少了通信代价，达到了查询优化的目标。

例5.2　SDD-1算法后优化示例。

设有关系R、S、T分别存放在节点S_1、S_2、S_3上，对于连接$R\infty S\infty T$，SDD-1算法优化后的半连接顺序如下：

(1) $T'=T\propto S$；

(2) $S'=S\propto R$；

(3) $S''=S'\propto T'$。

连接流程如图5-10所示。

从图5-10可以看出，对于T缩减的半连接操作结果在对S进行的缩减的半连接操作之后执行，可以减少向T所在节点的数据传输，能够得到更好的执行计划。因此，根据SDD-1算法后优化方法对执行计划进行调整，将S和T的半连接放到R和S的半连接后执行，得到执行顺序如下：

(1) $S'=S\propto R$；

(2) $T'=T\propto S'$；

(3) $S''=S'\propto T'$。

后优化后的连接流程如图5-11所示。

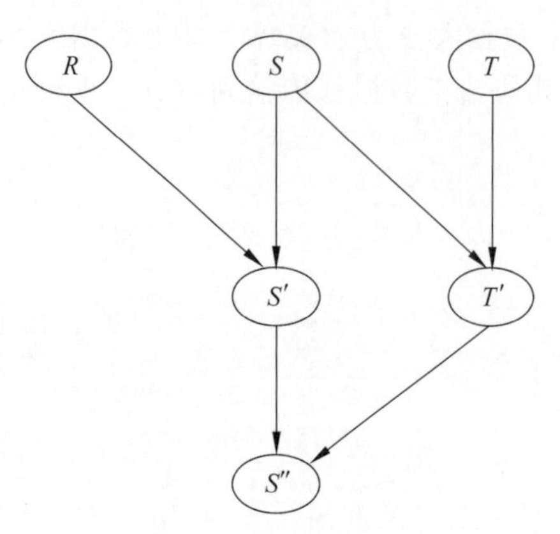

图 5-10　示例连接流程

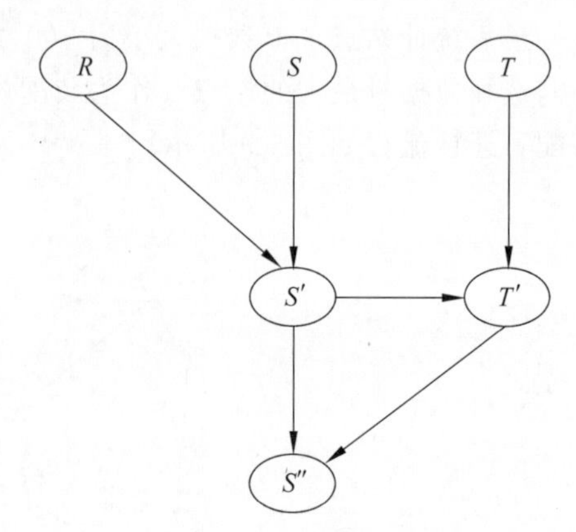

图 5-11　后优化连接流程

尽管 SDD-1 算法的查询优化效率很高,但是该算法也有一些缺陷,如半连接程序依赖于分布式数据库的静态特性;一个无收益的半连接程序可能到最后会变成一个有收益的半连接程序;算法运算具有一定的复杂性,当元组数目很大时,查询代价会迅速增加,可能会使系统无法承受。

5.5　R* 中的查询优化算法

R* 系统是 IBM 公司的 System R 系统在分布式环境下自然扩展后形成的分布式数据库系统。本节首先介绍 System R 数据库系统的查询优化算法,然后讲解 R* 中的查询优化算法。

5.5.1　System R 算法

IBM 公司的 System R 数据库系统是 IBM 公司于 20 世纪 70 年代在 San Jose 研究中心的一个研究项目中实现的。System R 第一次实现了现在普遍使用的 SQL,并且使用基于动态规划算法的查询优化技术,即在一个执行计划空间中选择最优的执行计划。因此,System R 也是使用静态查询优化技术的典型系统。

System R 中的查询优化算法是目前关系数据库使用较多的算法,其输入是一个 SQL 查询被解析后的关系代数树,根据该树描述的逻辑查询计划,算法生成各种物理执行计划,并最终从中选择出一个较优的物理执行计划。System R 使用磁盘 I/O 和 CPU 执行时间来估计执行计划的代价,并根据一个执行计划的执行代价来判断其优劣。对于一个查询,能够生成多个执行计划的主要因素之一就是查询中包含多个关系的连接操作,因为有多少个不同的连接顺序就会产生多少个相应的执行计划。System R 的优化算法中主要使用动态规划算法来选择代价最小的执行计划,而对代价的估计将会用到数据库参数、关系代数操作特性等统计信息。

在 System R 的查询优化算法中,主要考虑以下两个问题。

(1) 用于实现逻辑操作符的物理操作可以分为在单独关系上的选择谓词操作和关系

连接的二元操作。

(2) 相似操作的排序主要考虑多关系之间的连接操作。

对于物理操作符的选择问题,如果是一个一元的逻辑操作,将为其选择代价最小的执行方法,例如在关系上的选择操作,如果在查询谓词的属性上存在一个可用的索引,则使用索引扫描,否则使用全关系表扫描。而对于二元的连接操作,则主要有两种算法可以使用,即嵌套循环连接算法和基于排序的算法。

嵌套循环连接算法主要使用基于块的嵌套循环连接。在不考虑关系中索引的情况下,连接的执行代价近似为 $\text{Block}(R)\times\text{Block}(S)$,如果连接的关系在连接属性上有索引,则还可以减少连接的执行代价,因为不必每次将内关系的全部数据读入内存,因此执行代价近似为 $\text{Block}(R)\times\log(\text{Block}(S))$。

基于排序的算法由于要求关系中元组是按照连接属性排序的,因此其代价计算分为两部分:一部分是对关系的排序代价,另一部分是连接代价。排序的代价可以分为三种情况:关系已排序,此时不需要任何排序代价;关系使用内存排序,代价为 $\text{Block}(R)$;关系较大,需要使用归并排序,此时代价为 $4\text{Block}(R)$,而归并连接过程代价则是读取两个关系的代价和,即 $\text{Block}(R)+\text{Block}(S)$。这里均没有考虑内存操作的执行代价。

System R 在优化中将根据这两种连接方法的执行代价进行比较,选择其中代价较小的作为最终的物理执行算法。

对于多关系连接的顺序,由于包含 n 个关系的连接操作将有 $n!$ 个排列,因此不能对每个排列都进行代价估计。为了解决这一问题,System R 采用了动态规划方法。首先从每个关系开始构建连接,逐渐添加关系到连接序列中,再每次根据启发式规则删除掉代价较大的计划,直到所有关系均加入连接序列中。这里有两个启发式规则可以使用:一个是两个关系连接的两种顺序中必然存在一个代价较小的;另一个是笛卡儿积操作具有较高代价。最后再根据索引等情况选择一个代价较小的连接顺序。

5.5.2 System R* 算法

R* 系统采用直接连接操作作为查询处理和优化的主要策略。R* 系统直接处理连接操作,通过穷举所有可能的连接策略,将全局连接操作分解为每个站点上的局部连接操作,最后选择一个最优的连接策略作为执行策略。虽然这种穷举的计算方法非常耗时,但是如果频繁地执行某一查询操作,这种为查询所进行的计算很快就会被快速高效的查询弥补。

在 R* 系统中,查询的编译是分布式进行的,执行的过程由查询的提交站点(即主站点)负责协调,其他站点(即子站点)负责确定各局部站点上的具体查询策略。R* 优化器的目标是降低查询的总代价,它根据以往查询的统计信息以及对中间结果的公式化估算来选择连接顺序、连接算法(嵌套循环算法或基于排序的算法)等。

由于 R* 系统采用直接连接的方式作为查询处理的策略,所以关系在不同站点之间的传输是影响查询速度的一个关键因素,在涉及站点间的数据传输时,R* 系统有两种处理方式:全部传输和部分传输。

(1) 全部传输。全部传输是指关系的全部元组都将传送到相应站点进行关系间的连接,并在相应站点存储连接结果。如果连接算法为合并连接,那么需要连接的两个关系可以每到达一个元组后就进行连接,不需要等全部元组都传送完。

(2) 部分传输。部分传输是指站点间只传送连接操作涉及的相关元组。假设有站点A和B,站点A中存放关系*R*,站点B中存放关系*S*,需要将关系*S*相应的元组传送到站点A中。这时,可以先将连接的条件从站点A传送到站点B,站点B根据连接条件扫描关系*S*中的每个元组,并将满足条件的元组传送到站点A中。

显然,第一种方式传输的数据量要大于第二种方式,但是传输的附加信息相应会少很多。所以,当数据量不是很大的情况下,第一种传输方式的效率更高;反之,当数据量很大并且连接匹配的元组很少时,第二种方式的处理效率会更高。

假设两个关系分别为站点A上的*R*和站点B上的*S*,则R^*系统主要包括以下4种连接策略。

第一种策略:将关系*R*中的所有元组传送到站点B,并按照合并连接的方式进行连接。

第二种策略;将关系*S*中的所有元组传送到站点A,等关系*S*全部传送完成后再进行连接。

第三种策略:将关系*S*中满足连接条件的元组传送到站点A。在这种情况下,首先要将连接条件传送到站点B,从中筛选出满足条件的元组,并将其传送到A站点与关系*R*按照合并连接的方式进行连接。

第四种策略:将关系*R*和*S*传送到站点C,并在C站点进行连接。在这种情况下,首先将关系*S*传送到站点C,并在站点C保存关系*S*的临时副本,再将关系*R*传送到站点C,并按照合并连接的方式与*S*的副本进行连接。

通过对上述4种策略的执行时间进行计算,计算时间最少的策略为R^*的最优的执行策略。

习　题　5

1. 简述查询处理策略选择涉及的问题。

2. 某企业信息管理系统中包括员工信息表和部门信息表,在场地S_1上存储员工信息表,在场地S_2上存储部门信息表,表结构如下。

(1) 员工信息表EMP(no,name,age,sex,major,dno),其中no为员工编号(8B),name为员工姓名(20B),age为年龄(2B),sex为性别(2B), major为专业(20B),dno为部门编号(8B),有1000个元组。

(2) 部门信息表DEP(dno,dname,no),其中dno为部门代码(8B),dname为部门名称(20B),no为部门负责人编号(8B),有36个元组。

用户从S_2上有一个查询,查找所有部门的名称和部门负责人的姓名,写出SQL语句,求出基于半连接算法的执行代价和基于直接连接的执行代价。

3. 简述嵌套循环连接算法的代价估计。

4. 简述基于排序的连接算法的代价估计。

5. 简述SDD-1算法的处理过程。

分布式数据复制

分布式数据库系统中数据交换策略通常采用增加数据副本的方法，这使得大多数远程访问转换为本地访问，从而提高了应用系统查询速度和可靠性。由于副本在多个站点上，一旦要对数据进行更新时，为保证数据库的一致性，就必须对增量数据在所有节点上进行复制。本章介绍数据复制的概念、数据复制的原理、数据复制的体系结构和典型的数据库复制技术。

6.1 数据复制的概念

数据复制可以把数据分发到其他数据库，也可以将各个源站点的数据合并，最终使所有的数据副本保持一致。用户可以就近访问所要的信息，甚至在本机获得源数据的副本，减少对网络环境以及服务器的依赖，使得系统的可用性大大加强。

6.1.1 数据复制

复制是一种实现数据分布的方法，就是指把一个系统中的数据通过网络分布到另外一个或者多个地理位置不同的系统中，以适应可伸缩组织的需要，减轻主服务器的工作负荷和提高数据的使用效率。这个过程中，将分布式数据库中某个节点的数据复制到不同物理地点的数据库中，以支持分布式应用。数据复制作为一种重要而有力的实现数据分布的数据库技术，使得数据的分布变得简单。其目的是为了提高系统的可用性、可靠性及性能。

数据复制技术的功能是对数据冗余进行控制与维护，它用于将某个服务器上的某些表中的数据复制和分发到其他数据库服务器上，保证数据的同步更新，使用户在其他站点就可以完成分布式查询操作，减少网络的开销。此外，用户只需要关心本地数据库的维护，对于数据副本的更新则由数据库系统本身去完成。对于数据复制，各个数据库系统都有自己的解决方案。

在实现过程中，数据分为源数据和副本，源数据一般放在数据的采集节点或经常有修改操作的节点上，副本一般放在经常查询操作的节点上。在一般的复制技术中，修改操作只能对源数据进行，副本的修改只能通过复制进行。在高级复制技术中，数据的修改也可以在副本上进行。数据复制的物理过程分为两步：修改过程和复制过程，对一个数据副本进行插入、修改和删除的过程为修改过程；将修改过的副本的数据复制到其他副本的过程为复制过程。

对多节点的分布式数据库系统来说，数据复制至少有两点好处：一是增加系统的可用性，即在有些节点不能工作的情况下能完成某些事务；二是提高操作的效率，有副本的节点可就近读到副本中的数据，减少了数据的通信代价。

6.1.2 基本概念

1. 复制对象

复制对象就是被复制的数据。数据表示和存储对象相互之间都蕴含了一定的逻辑联系，在数据复制时，可以按要求进行分割和组合，因此复制对象不一定采用与存储对象相同的基本单位。

在关系数据库中，表示和存储的基本单位是关系。复制对象可以是整个关系、关系的部分行或列、索引、视图、过程或者它们的组合等。

2. 更新方式

更新方式表示更新数据副本时所使用的传输数据的形式。更新方式有 3 种基本形式。

(1) 完整复制(full copy)方式。不管复制对象有没有改变，以及哪些数据项发生改变，都将它的全部内容传输给相应节点。完整复制的优点是实现起来简单，不占用额外资源。其缺点是效率较低，而且不能用于同步复制和对等复制。除了复制初始化、崩溃恢复，它只能用于数据规模不大的场合。

(2) 增量更新(incremental update)方式。这种方式下传输的数据是复制对象的全部变化(修改、插入、删除)序列。增量更新的最大优点就在于它是唯一符合单副本可串行性的更新方式，因为能提供详细的控制信息，适用于任何类型的复制。但它的缺点是需要一些特定机制的支持，需要的资源也比较多。

(3) 净变化(net change)方式。更新的数据是始、末两个时刻复制对象的净变化值。显然，净变化方式的传输量最小，在最坏情况下也只分别与前两种方式相等；而且它有多种实现方法，这是它的优点。但是它的缺点也很明显，由于它不以分布式事务为基础，因此不能用于同步复制，而且提供的控制信息相对简单，在对等复制时会遇到问题。

3. 选时方式

选时(timing)方式表示在什么时候刷新副本。有 3 种基本的选时方式。

(1) 固定间隔方式，每隔一个固定时间段就更新副本。这种方式容易调度，效率也较高，时间间隔的大小对数据一致性的强弱程度和系统性能的高低有较大影响。

(2) 请求响应方式，根据用户或程序的请求命令来更新副本。请求响应方式是基于事件驱动的，它的突出特点是灵活性强，多用在移动环境、动态环境以及需要人工干预的场合。

（3）立即响应方式，源数据库的复制对象一旦发生变化，就立即分发到目标数据库。立即响应方式能保证或接近达到数据的紧密一致性，因此它能适用于同步复制和异步复制。

6.2　数据复制的分类

数据复制有两种传统的分类方法：根据更新传播的方式分为同步复制和异步复制；根据参与复制的节点间的关系分为主从复制和多主体复制。

1. 根据更新传播的方式分类

1）同步复制

同步复制能够保证应用程序的数据一致性，但是需要各数据节点之间频繁通信以及时完成事务操作。如果复制环境中的任何一个节点的复制数据发生了更新操作，这种变化会立刻反映到其他所有的复制节点。此类复制保证所有数据更新后的完整性优先于事务操作的完整性，即所有的数据副本在任何时刻都是同步的，如果某个节点由于某种原因崩溃了，则正在进行的事务操作失败。

2）异步复制

异步复制导致所有复制节点的数据在一定时间内是不同步的。如果复制环境中的一个节点的复制数据发生了更新操作，稍后其他复制站点的数据才能得到更新这种改变。复制节点之间的数据暂时是不同步的，但传播最终将保证所有复制节点间的数据一致。当目标系统崩溃时，该复制方法仍能够适用，只是复制工作将延迟到系统恢复后进行。

同步复制的优点是可以保障副本之间的一致性及较强的容错性，但它也带来一系列问题，其中包括死锁、通信量增加、节点规模受限制及事务响应时间延长。异步复制的优点是降低了通信量并且缩短了响应时间，因而可提高系统效率；但它的缺点是可能在不同节点的副本之间存在着不一致，还可能有潜在的数据冲突，它所引起的事务回滚的代价较大。虽然异步复制会增加事务回滚的可能性，但它还是一种普遍采取的方法。特别是在连接不稳定的网络中，再加以适当的限制条件下，异步复制方法在性能上优于同步复制方法。

2. 根据参与复制的节点间的关系分类

1）主从复制

主从复制也称单向复制，参与数据库的角色是固定不变的。主从复制只允许从主数据库复制数据到从数据库中，更新数据的操作只能在主节点进行，从节点上的副本是只读的，如果想对从节点的副本进行修改必须先修改主节点上的主本，然后再同步到从节点的副本上，这样就能从根本上预防复制冲突的发生。

2）多主体复制

多主体复制（对等复制）允许多个站点对等管理各组复制数据库对象。多主体复制环境中的每个站点都是主体站点，各个站点都与其他主体站点进行通信。多主体复制方案允许所有主节点对主表都有更新操作的权利。应用程序可以更新多主体配置中任何站点上的任何复制表。作为主体站点在多主体环境中运作的数据库服务器自动汇集所有表的副本的数据,并确保全局事务处理的一致性和数据的完整性。在多主体复制中,有同步复制和异步复制两种基本模式,异步复制是执行多主体复制时最常用的方法。使用异步复制时,表的更新将存储在更改发生的主体站点上的延迟事务处理队列中。这些更改称为延迟事务处理。这些延迟事务处理定期推入(或传播至)其他参与主体站点。可以控制链路调度时间间隔长短。使用异步复制意味着可能发生数据冲突,因为同一行的值在两个不同的主体站点上可能几乎同时更新。不过,可以利用数据统一管理预先避免发生冲突。如果冲突发生,需要有若干解决机制解决冲突。有关未解决的冲突信息将会存储在错误日志中。同步复制是保持数据库完全一致的方法。一旦有一个主体站点数据发生改变,立刻传播至其他主体站点,很少发生数据冲突,很好地保证了数据的实时性。同步复制的主要缺陷在于它需要快速、可靠的局域网才能很好地工作。多主体复制结构如图 6-1 所示。

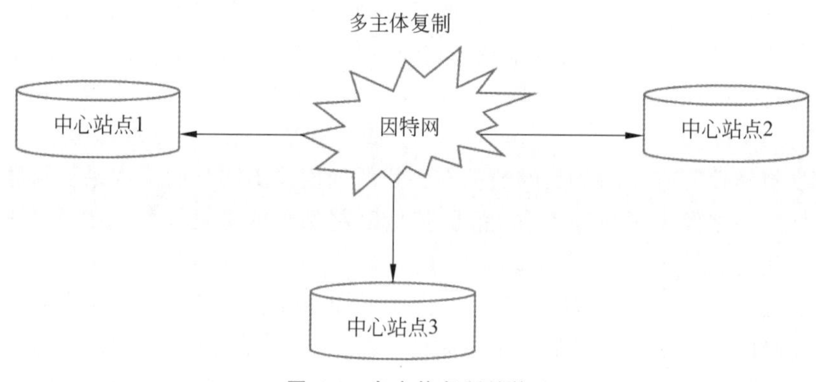

图 6-1 多主体复制结构

3. 实体化视图复制

实体化视图是在一瞬间截取的目标主体的完整或部分副本。实体化视图复制是一种比较简单但是效率较高的复制方案,实体化视图复制结构如图 6-2 所示。实体化视图的优点体现在两个方面:一是因为用户可以查询本地实体化视图,可降低响应时间并提高可用性;二是通过只复制目标主体数据集的所选子集使用户只看到其有权访问的信息,可提高数据的安全性。实体化视图可以是只读的、可更新的或可写的。创建实体化视图复制的流程如图 6-3 所示。

1) 实体化视图基本配置

在基本配置中,实体化视图可以提供对源自主体站点的表数据的只读访问。应用程序可以从只读实体化视图中查询数据,无论网络是否可用都不必通过网络访问主体。但是,在有必要进行更新时,系统中的应用程序必须访问主体站点上的数据。只读实体化视图的主体不必属于复制组。只读实体化视图优点为:排除因为无法更新而产生冲突的可能性;支持复杂的实体化视图。

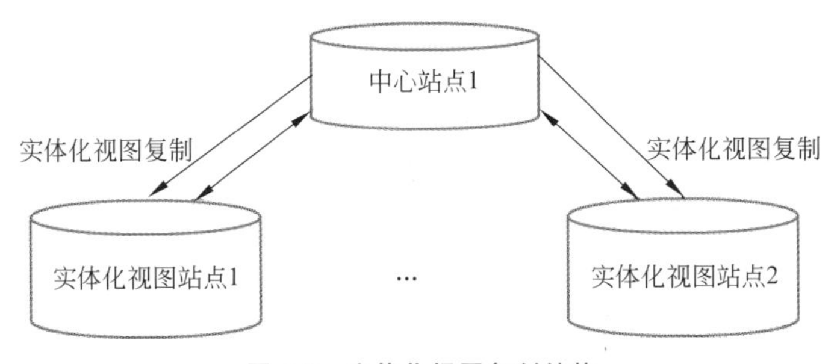

图 6-2　实体化视图复制结构

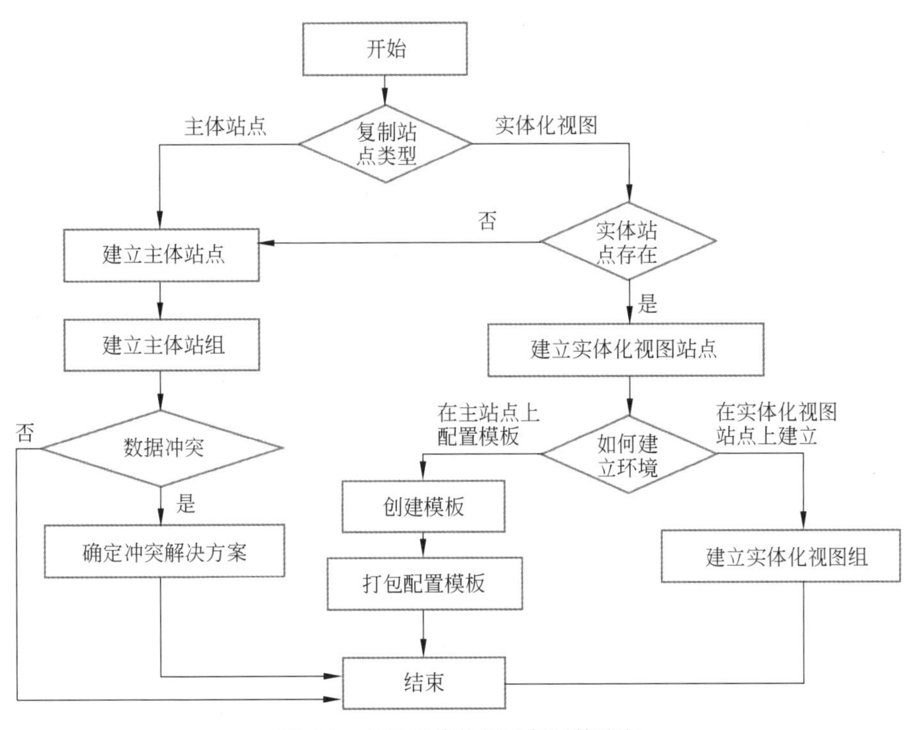

图 6-3　创建实体化视图复制的流程

2）可更新实体化视图

用户可以对可更新实体化视图执行相应的操作来插入、更新和删除目标主体站点的行。可更新实体化视图可能只包括目标主体站点中的数据子集。可更新实体化视图不能超出在主体站点上设置的范围。事实上，可更新实体化视图必须是基于主体站点上主体组的实体化视图组的一部分。可更新实体化视图具有以下属性：虽然可以在子查询中引用多个表，但可更新实体化视图始终基于单个表。可更新实体化视图可以以增量的方式（快速）刷新。数据库服务器将对可更新实体化视图所进行的更改传播到实体化视图的远程主体站点。对该主体站点的更新接着传播到所有其他主体站点。可更新实体化视图具有以下优点：即使已断开和主体站点的连接，也允许用户查询和更新本地已复制的数据集；比多主体复制需要更少的资源，但仍然支持数据更新。

3）可写实体化视图

用户在创建期间可以创建实体化视图,但不能将该实体化视图添加到实体化视图组。在这种情况下,可以对这样的实体化视图执行数据操纵语言(DML)对数据进行更改,但这些更改无法推回到主体,而且刷新该实体化视图后,这些更改会丢失。此类视图称作可写实体化视图。

实体化视图复制的优点为：数据之间不会形成更新冲突,可以保证数据的完整性和数据的永久一致性。

实体化视图复制的缺点：适合于节点较少的应用,若集群节点比较多,那么很容易在主节点处形成瓶颈;各备份节点的读访问是独立的,但是它的写访问依赖于主节点。

6.3 数据复制的参考模型

目前在分布式数据库系统中广泛使用的是“出版(发行)和订购”(publish and subscribe)模型,尽管该模型最早是在 Microsoft SQL Server 中使用的,也只有 Microsoft SQL Server 数据库系统的参考手册中明确进行了阐述,实际上各数据库系统的复制实现都使用了该模型或其扩展模型。组成模型的对象包括发布服务器、分发服务器、订阅服务器。使用快照代理程序、分发代理程序、日志读取代理程序、合并代理程序在发布服务器和订阅服务器之间复制和移动数据。“出版(发行)和订购”复制模型有三个主要角色：出版者、预订者和分发者。出版者负责在源数据库建立出版物;预订者负责在目标数据库通过预订来接收数据;分发者则按照“推/拉模型”来控制数据的传播。分布式数据库“出版(发行)和订购”模型如图 6-4 所示。SQL Server 复制结构如图 6-5 所示。

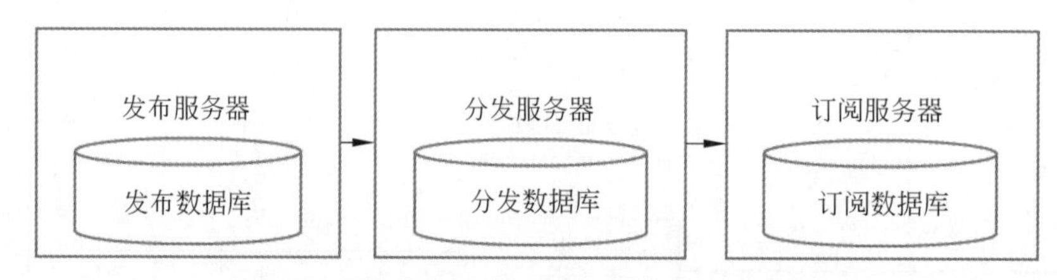

图 6-4 分布式数据库“出版(发行)和订购”模型

出版物是指复制数据的集合体,复制的内容可以是整个表、某些列/行、索引、视图或者过程等。

发布(出版)服务器：负责维护源数据库及出版物的信息,使数据可用于复制,即标识用于复制的数据。

分发(发行)服务器：建立一个或多个发行数据库,用于存储出版物。本地分发服务器和发布服务器可以是一台机器。

订阅服务器：接收复制数据的服务器。指存储复制数据的副本,并且接收、维护已出版数据的服务器。

订阅类型有两种：推订购(push subscribe)和拉订购(pull subscribe)。

推订购指只要出版数据库发生修改,无论订购者是否发出订购请求,出版者就会将所有发生在出版数据库的修改复制给订购者。出版物发布的主动权在出版者一方,适用于

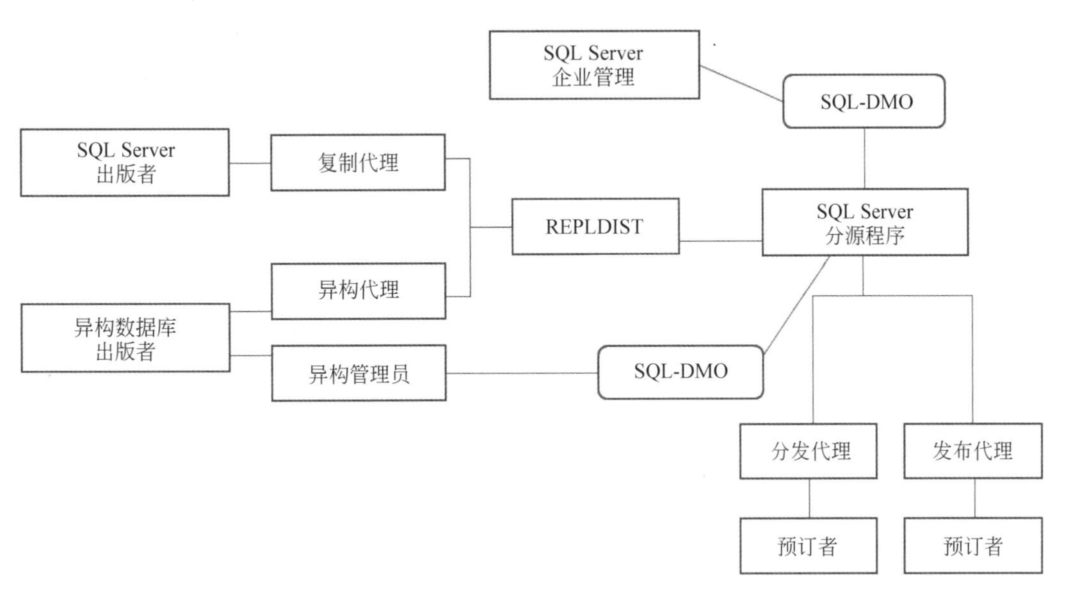

图 6-5　SQL Server 复制结构

对数据同步性要求比较高的场合。

拉订购指订购者每隔一段时间就会向出版者要求复制出版数据库发生的变化。订购的主动权在订购方，适用于由订购者决定同步出版数据库变化的情况。

快照代理用于同步的初始化，该代理可以用于各种复制类型中。快照代理的执行步骤为：首先，根据不同的复制类型，创建不同的脚本文件，这些脚本文件包括表结构定义、表的索引定义等；然后把这些脚本文件存储在分发服务器的快照文件夹中；最后在分发服务器上的分发数据库中，即在 distribution 数据库中，记录同步化的作业。

分发代理负责将保存在分发数据库中的事务或出版物快照传递到订阅者。分发代理是一个实际实现复制目标的代理，是复制过程中的最后一个进程，其执行方向是从分发服务器到订阅服务器。

日志读代理负责把标记为复制的事务从出版服务器的源数据库中的事务日志中复制到分发服务器上的 distribution 数据库中。这些事务日志一直保存在分发数据库中，根据分发的频率或者积累的事务量，由分发代理把这些事务日志复制到相应的订阅服务器的订阅数据库中。

合并代理负责修改复制，是实现双向复制的保障。该代理把从初始化的快照进程发生之后合并那些来自多个站点的数据修改。在推订购模型中，合并代理运行在分发服务器上。在拉订购模型中，合并代理运行在订阅服务器上。

6.4　数据库复制原理

数据复制是指在分布式数据库系统的多个数据库之间复制和维护数据及其支持对象的过程，它是整个分布式计算解决方案的一个重要组成部分。在构成分布式数据库系统的多个数据库中进行复制和维护数据库对象，是在本地捕获更改内容，然后再转发应用到各个远程位置的过程。数据库复制涉及复制环境、复制对象、复制组、复制数据链路、数据刷新、事务复制、实体化视图复制、同步复制、异步复制等概念。复制都是在复制环境中进行的，复制对象就是进行复制的数据库对象，如表、索引、存储过程等。数据初始同步以后，各个复制站点维护本地数据信息，通过预先定义的连接数据库的数据链路定期地同步数据，将发生的更新信息合并或者分发。在复制过程中，信息源是将要复制的数据所在的服务器，信息接收处是接收复制过来数据的服务器或者其他服务器。从数据链路的方向来看，它可以是一个双向的过程，也可以是一个单向的过程，复制时，数据根据调度的数据链路的方向双向或者单向进行。数据库信息何时保持一致，对于同步复制来说是立即执行复制，对于异步复制来说则是取决于定时调度时间或者定时刷新时间。

复制组管理相关联的复制对象，通常要创建并使用复制组来组织支持特定数据库应用程序必需的方案对象。复制组和方案无须相互一致。一个复制组可以包含多个方案中的对象，一个方案可含有多个复制组中的对象。不过，一个复制对象只能是一个复制组的成员。在主定义站点创建复制组后，就相当于发布了出版物。主站点在初始同步后，其本身和其他站点是对等的关系，只是它具有管理的权限，可以删除复制对象，重新定义数据链路调度。当数据链路双向工作时，它是一个对等的复制过程，而且是以推的方式进行复制的；当数据链路单向工作时，只有一个站点的数据更新能够发布，其他站点获得其副本，它是以拉的方式进行复制的。

进行实体化视图复制时，最小的复制单位可以是表的一部分，相当于对表中的数据进行了过滤。过滤数据有 3 种方法，即水平过滤、垂直过滤和水平垂直混合过滤。水平过滤就是包含表的一部分列，是列的子集。这时，复制对象的内容只包含原表的可复制列。垂直过滤就是包含了表的一部分行，是行的子集，复制对象只包含原表的部分行。过滤数据具有实际的意义。例如，在复制过程中，如果允许多个站点可以修改数据，那么为了避免复制冲突，就可以采取过滤数据的方法，使不同的站点复制一个表中的不同部分中的数据。

异步数据复制的基本过程如图 6-6 所示，在数据库管理系统内部设置一个触发器，一旦有复制对象发生更新等事务操作，触发器就产生事务队列并由数据库作业发送事务处理，在复制系统的主站点之间或者可更新快照与其主站点间传播数据的变化。数据库用内部触发器捕获并存储对复制数据的更新信息，内部触发器建立远程过程调用(RPC)在远端复制站点对数据进行和本地相应的操作。由于是异步复制，触发器产生的远程过程调用被存储在事务队列中等待传播。工作队列是存储本地执行 SQL 调用进行的工作、何时工作等诸类信息的表，每个复制站点服务器都有一个本地工作队列。这些传播过程是用工作队列机制和事务发送机制来管理的。

同步复制的机制和异步类似。如图 6-7 所示，在同步复制中数据库管理系统中同样也有一个用于产生 RPC 的触发器进行数据复制到其他站点。不过 RPC 是在修改复制对象的事务的同时就必须保证事务能在所有站点执行，否则事务就会回滚。对复制组中的本地复制对象执行操作时，内部触发器就将更改传播到其他站点。一旦应用程序对本地数据进行改变，内部触发器就发送请求以在远程的主站点产生相应的过程。必须保证所有的分布事务的原子性。

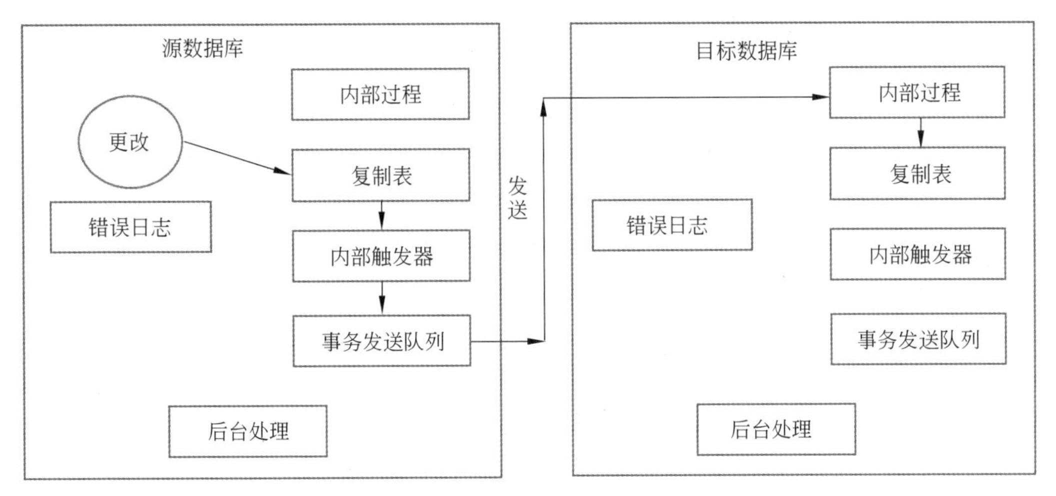

图 6-6 异步数据复制的基本过程

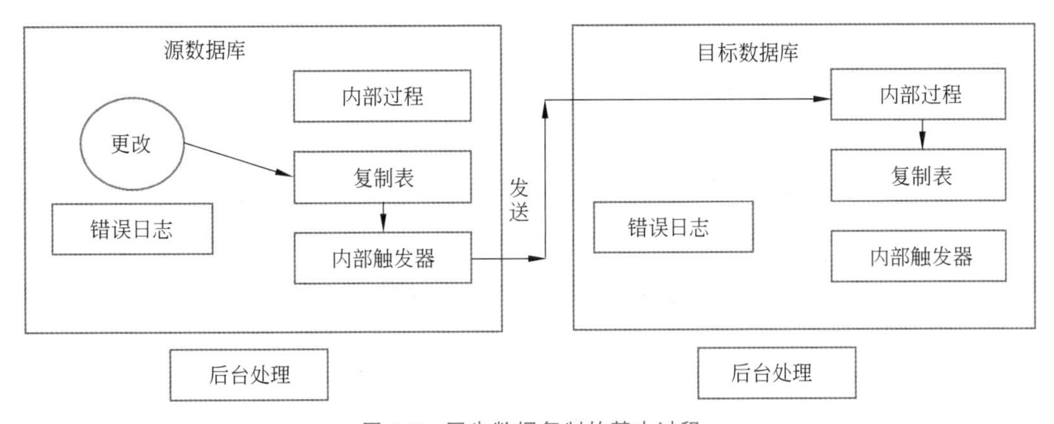

图 6-7 同步数据复制的基本过程

在同步复制中，数据库对复制表修改时首先将本地数据加锁，然后将远程的数据也加锁，直至事务完成，才释放锁，所以，必须防止死锁的发生，为了保证事务的原子性，同步复制对于网络的要求和依赖比较强。

6.5 数据复制的体系结构

数据复制的流程是在源数据库获得复制对象的内容或变化情况，然后把它们从源数据库传送到目标数据库，并修改那里的副本。如果是对等复制，还需要检测副本之间是否有复制冲突并解决它们。整个复制流程可以分为 4 个功能相对独立的处理步骤：

(1) 变化捕获；

(2) 分发；

(3) 同步;

(4) 冲突的检测与解决。

分布式数据库数据复制的体系结构如图 6-8 所示。

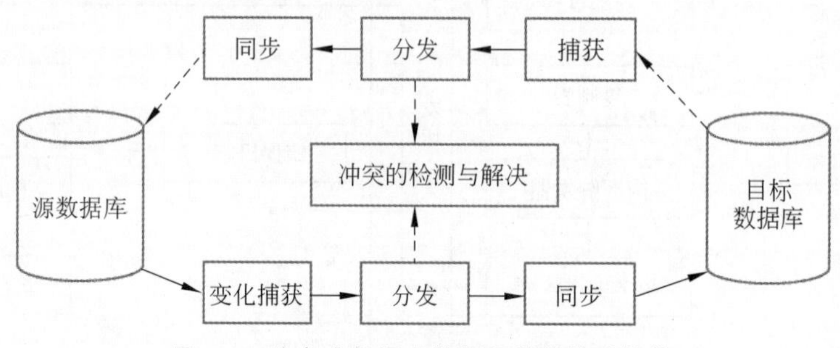

图 6-8 分布式数据库数据复制的体系结构

6.5.1 变化捕获

变化捕获是数据复制的重要环节,它直接决定了数据复制的更新方式和选时方式,对其他环节的影响也比较大。变化捕获不仅要获得复制对象的变化序列,还要在对等复制时提供尽可能详细的控制信息。

目前常用的变化捕获方法有 5 种,它们分别是基于快照法、基于触发器法、基于日志法、基于 API 法、基于时间戳法。

1. 基于快照法

快照(snapshot)是数据库中存储对象在某一时刻的即时映像,通过为复制对象定义一个快照或采用类似方法,可以将它的当前映像作为更新副本的内容。基于快照法不需要依赖特别的机制,也不占用额外的系统资源,管理和操作也非常容易,而且在复制初始化和崩溃恢复时是必不可少的,但它不能用于同步复制和对等复制。基于快照法的捕获如图 6-9 所示。

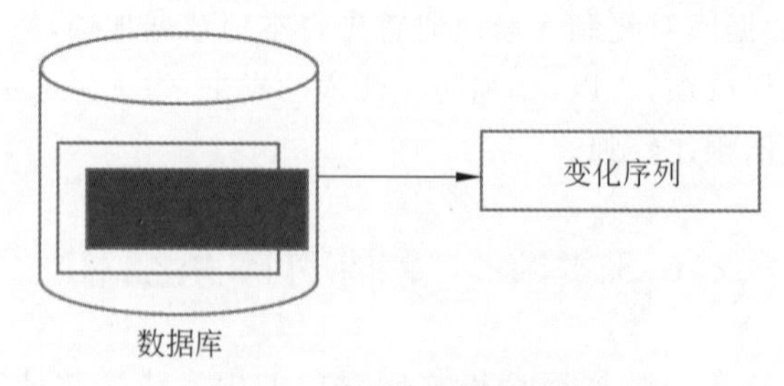

图 6-9 基于快照法的捕获

2. 基于触发器法

基于触发器法是在主数据表中创建相应的触发器,当主数据表数据被进行更新、插入和删除操作并成功提交时,触发器就会被触发,通过相应的提取程序,将当前主数据表的变化写入目的数据表中，以实现数据副本与主数据表在任何时间均保持一致，这种方案可用于同步复制、增量复制，但是这种基于触发器的方法占用的系统资源较多，影响系统的运行效率，并且对通信网络的可靠性和安全性有较高要求，因为一旦存在网络中断，系统就无法正常运行。同时，基于触发器法对比较复杂的复制任务需要非常复杂的配置和实施，一定程度上造成管理的不便，尤其对于对等复制和异构复制较难实现。因此，这种方法不适用于企业级数据复制，较适宜于小型数据库应用。基于触发器法的捕获如图 6-10 所示。

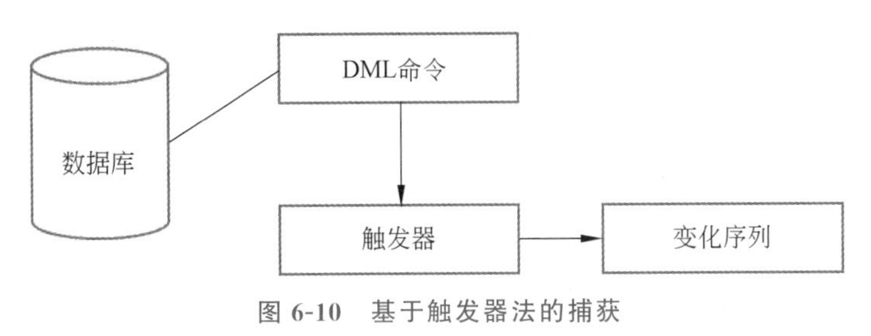

图 6-10　基于触发器法的捕获

3. 基于日志法

数据库事务日志作为维护数据完整性和数据库恢复的重要工具，其中包含了全部成功提交的数据库操作记录信息。基于日志法就是通过分析数据库事务日志来捕获复制对象的变化序列。大多数数据库都有事务日志，利用它不仅方便，也不会占用太多额外的系统资源，该方法对任何类型的复制都适用。利用日志，复制对象的变化序列很容易在其他节点再现。这不仅能提高效率和保证数据的完整性，还能在对等复制时提供详细的控制信息。基于日志法的捕获如图 6-11 所示。

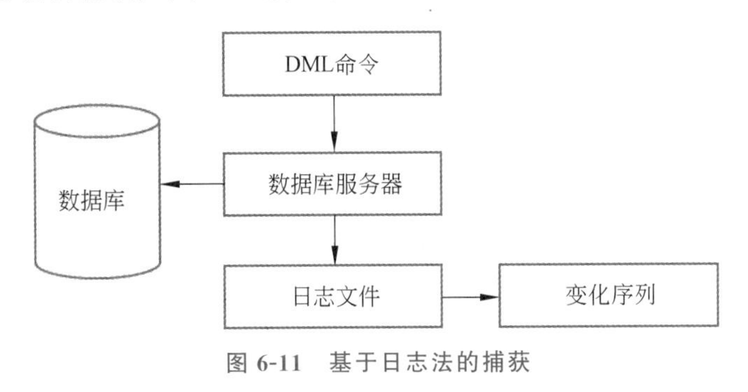

图 6-11　基于日志法的捕获

4. 基于 API 法

一些小型数据库和非关系数据库通常没有触发器和日志机制，另一些数据库则因为某些原因不能使用上述的捕获方法。此时可以在应用程序和数据库之间引入中间件，在 API 上来完成应用程序对数据库修改的同时，记录下复制对象的变化序列，从而达到捕获的目的。这种方法既可以实现异构数据库复制，也减轻了 DBA 的负担，但是对于不经过 API 操作进行的 SQL 语句而产生的变化，API 是无法捕捉到的。另外这种方法可移植性差,同时当复制逻辑复杂时,有可能影响应用程序的运行效率,因而这种方法不适用于企业级数据复制。基于API法的捕获如图6-12所示。

5. 基于时间戳法

基于时间戳法主要根据数据记录的更新时间判断是否更新数据,并据此对数据副本进行相应修改。该方法需要相关应用系统中的每个表中都有一个时间戳字段,以记录每个表的修改时间。这种方法虽然不影响原有应用的运行效率,但却需要对原有系统做较大的调整,而面对捕获那些并非通过应用系统引起的操作数据变化存在困难,虽然可以通过设定触发器记录数据修改时间,但同时也降低了系统运行效率。所以,对数据更改较少的主数据表实现数据复制,基于时间戳法较为合适。基于时间戳法的捕获如图6-13所示。

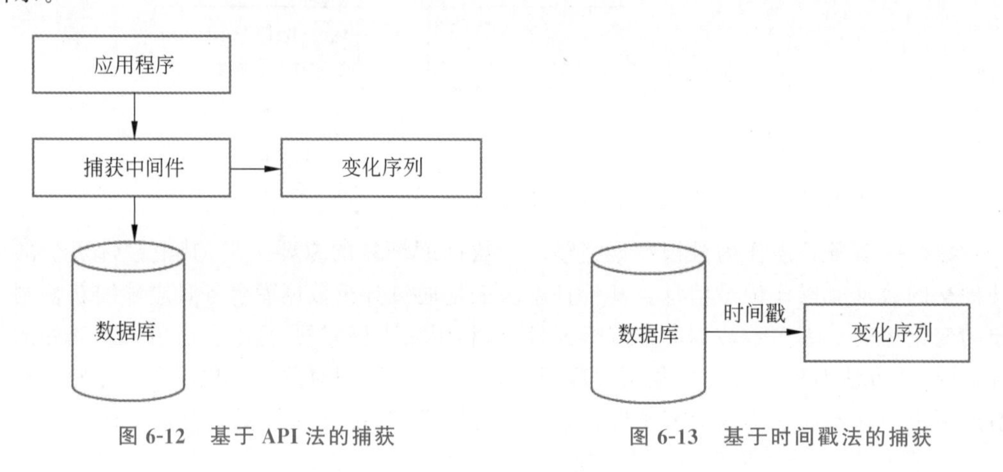

图6-12 基于API法的捕获

图6-13 基于时间戳法的捕获

6.5.2 分发

分发也称传播(propagate),负责节点之间数据的发送和接收。一般情况下,它把副本的更新信息从源节点传输到目标节点,分发器在不同场合还有一些其他作用,例如在同步复制时分发器要承担协调者的任务,在对等复制时如果发现复制冲突,分发器还负责传递控制信息和仲裁结果。

分发由不同的节点承担会产生不同的分发模型,从而影响复制的组织形式和效率。如果由源节点承担分发任务,传播内容表现为由源节点主动地发送给目标节点,这就是"推式(push)"模型;而如果由目标节点承担分发任务,传播内容表现为由目标节点向源节点申请而来,这就是"拉式(pull)"模型。两者相比,"推式"模型的优势在于效率较高,而"拉式"模型在于容易调度。

还有一种"推拉结合"模型:分发任务由第三方节点承担,当节点数目比较少或复制任务比较轻松时,它无论在性能还是在成本上都不合算,但当节点增多而又有大量复制任务,特别是需要把复制任务独立出来时,"推拉结合"模型却是最合适的。"推拉结合"模型如图6-14所示。

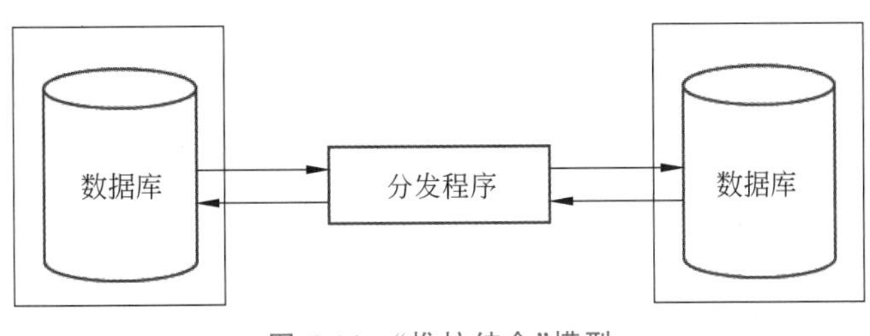

图 6-14　“推拉结合”模型

6.5.3　同步

同步是指根据更新的数据内容和冲突的仲裁结果来修改目标数据库,从而保证副本的一致性。通常情况下,同步紧接着分发环节执行,有时甚至被捆绑在一起,3 种分发模型同样适用于同步。

更新数据内容可以是源节点上复制对象的完全副本、变化序列或净变化。目标数据库按不同方式处理它们时,对主键的要求也不一样。

Create 方式:用更新内容创建一个新表。此时源表和目标表是否有主键,以及主键域是否等价都不是必要条件。

Insert 方式:将更新内容作为新记录插入已存在的表。有两种情况:在已经定义主键时,目标表的主键字段数一定多于源表;而在没有定义主键时目标表包含重复记录的现象就不可避免。

Replace 方式:修改已存在表的相关记录。只有在更新数据内容是完全副本情况下,才可以不必定义主键,否则源表和目标表都必须有主键而且主键域必须等价。

Create 方式和 Insert 方式只能在异步主从式复制场合使用,而 Replace 方式没有这方面的限制。

6.5.4　冲突的检测与解决

异步复制环境中,由于事务的延迟提交会导致系统中复制数据的暂时不一致,甚至有时候会产生一系列的冲突。

数据冲突可分为三大类:唯一性约束冲突、数据删除冲突和数据更新冲突。

1. 唯一性约束冲突

如果不同站点的事务向参加复制的表中插入主键相同的记录,则以后复制数据时将破坏数据完整性约束原则,导致唯一性约束冲突。

唯一性约束冲突的解决策略为:一是尽量减少需要同时更新数据的站点数;二是建立不同取值范围的序列生成器生成主键,避免主键重复的矛盾,或者在每个站点采用相同的全范围的序列生成器,将其与站点的唯一标识结合作为复合主键;三是将每个表(或每一类记录)的添加权限分配给唯一的添加者,这样每次最多只可能有一个添加者添加该表(或该类记录),从而避免了同时添加而导致的唯一性约束冲突。

2. 数据删除冲突

如果复制方在执行数据删除时,主键不存在,复制方将检测到一个删除冲突;如果一个事务试图删除已经被别的用户删除了的或已被别的用户修改的记录时也将出现删除冲突。

数据删除冲突解决策略为:可以采用异步删除的方法解决删除冲突问题,即在应用程序中不采用删除命令,而是标记需要删除的记录,然后系统定期统一执行删除操作来避免删除冲突现象。

3. 数据更新冲突

当不同站点的事务在同一时刻修改同一记录时将导致整个系统中数据相互间不一致,在此后进行数据复制时将出现数据更新冲突。

对数据更新冲突的解决需要制定一定的规则,当出现该类冲突时,运用既定的规则来处理。对于解决更新冲突的规则,常见的有设置时间戳法、预先设置站点优先级法、预先设置用户优先级法等。

设置时间戳法是对每一个站点数据库记录更新操作设置时间戳,当冲突发生时,根据记录的时间戳决定哪个数据是有效数据。这一方法要求各个场地的时间戳必须保持同步。

预先设定站点优先级法是为每一个站点设置相对于某数据的优先级,当发生冲突时,根据站点优先级的高低来决定数据的有效性,相同优先级以操作的时间先后来决定。在同一数据库内,不同的数据所对应的站点优先级可以不同。

预先设定用户优先级法同预先设定站点优先级类似,每一个用户对某数据都有相应的操作优先级,在执行数据库的更新操作时,记录操作者的优先级,当发生冲突时,根据用户优先级来解决数据的冲突问题。在同一个数据库内,同一用户对不同的数据操作优先级可以不同。

6.6 Oracle 的复制技术

6.6.1 Oracle 的高级复制技术

Oracle 中有专门的数据复制构件 Oracle Replication,它是 Oracle Server 的一项集成功能,而不是一个单独的服务器。其本质是调用 Oracle Replication API 来实现。

Oracle 复制使用主节点/快照节点方案。在 Oracle 系统中,具有自主数据表和相应支持对象的数据库服务器称为主数据库(master database),另外一些数据库没有自主数据表,而是通过建立数据库连接和复制组与主数据库建立联系,存放主数据库的部分或全部数据的快照(snapshot),这些存放快照数据的数据库称为快照库(snapshot database)或从数据库(slave database)。通过设置不同的复制组可以将主数据库中的不同表保存在不同的快照库中,也可以将主数据库中的同一个表中的不同数据记录保存在不同的快照库中。主数据库中的表为主表(master table),快照数据库中的表为快照表(snapshot table),设置有主数据库的计算机为主站点(Master site),配置了快照库的计算机为快照站点(snapshot site)或从站点(slave site)。

Oracle提供两种复制方式:基本复制和高级复制。所谓基本复制是指在复制环境中,快照表是只读表,快照表中的数据只能通过刷新操作从主数据库中获得。在快照站点只能对快照表中的数据进行查询而不能进行更新操作。高级复制则允许对快照库中的数据进行查询和更新操作。也就是说,在高级复制环境下,系统中的任意站点都允许对表中的数据进行读和更新操作,在快照站点既可以通过刷新操作从主数据库获取最新数据,也可以对快照库中的数据进行添加、修改和删除操作,并将结果通过刷新操作反映到主数据库中,以保持数据的一致性。基本复制实际上是一种单向复制,高级复制可以实现双向复制,适用的应用范围更广泛。

在高级复制方式中,Oracle在主节点或快照节点上复制数据的改变通过内部的触发器捕获,以实时或延迟远程过程调用(Remote Procedure Call,RPC)的方式把变化实施到远程节点上,如图6-15所示。

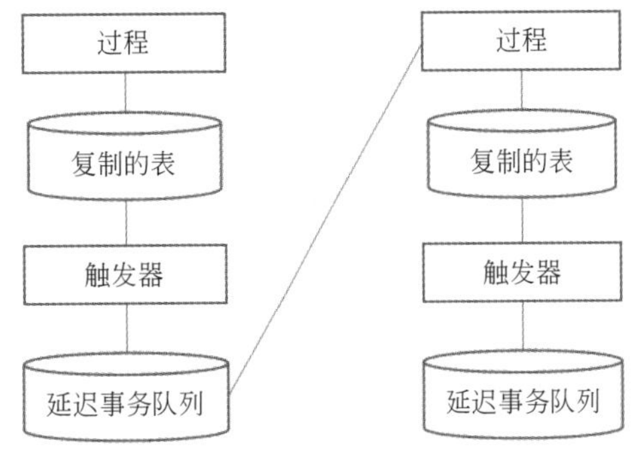

图6-15　Oracle高级复制过程

Oracle系统采用定时刷新的方法来保持快照库和主数据库中数据的一致性和完整性。它提供了两种刷新方法:完全刷新和增量刷新。完全刷新是用主数据库中的数据将快照数据库的数据完全更新一遍;增量刷新则是先鉴别出上次刷新以来变化了的数据,然后基于这些变化了的数据对主数据库或快照库数据进行更新。

Oracle支持异构数据库复制,但是需要特定的透明网关(transparent gateway)的支持。透明网关使用Oracle提供的特定网关程序来设置代理,例如连接SQL Server则必须要有SQL Transparent Gateway for SQL Server。

Oracle提供功能强大的复制方案,支持多种复制方式,其中高级复制方式可以满足双向、异步的复制要求。其缺点在于:虽然支持异构数据库复制,但只能是异构数据库到Oracle数据库的数据复制,并且由于每一种数据库都需要一个特定网关程序,复杂性和成本都很高。Oracle采用定时复制,使用延时队列可以允许复制远端的网络短暂不可用,但是对网络可用性要求还是较高,复制数据量较大。

6.6.2 Oracle的流复制技术

Oracle的流复制技术是一种数据库复制技术。Oracle Streams是提高数据库可用性、构建灾难备份系统以及实现数据库分布的理想技术解决方案。利用数据流(data streams),可实现数据库之间或数据库内部的数据和事件的共享。使用Oracle Streams技术,数据库管理员可定义哪些数据或事件需要被捕捉,并可通过配置参数控制数据流如何把有关信息传递、路由至目的数据库。Oracle Streams能自动捕捉数据库中的DML、

DDL语句以及用户定义的事件,通过传递,最后在目的数据库中应用、执行相关的信息和事件。对于局部的复制技术需求,Oracle的流复制技术较为合适。Oracle Streams可针对特定的数据库对象进行复制,甚至可以选择具体SQL语句。Oracle Streams的复制策略具有较高的灵活性,能实现低带宽分布式环境的数据复制和同步,而且Oracle Streams能在异构环境下实施。若使用的设备存在异构的情况(例如采用不同操作系统),Oracle Streams是一种较理想的解决方案。

Oracle Streams使信息共享化。每一条共享的信息在Oracle Streams中都被称为一条消息。Oracle Streams能在同一个数据库内部或者不同数据库之间传递消息,并且能根据路由配置将指定的消息传递到指定的目的地。它在捕获消息、管理消息,以及在不同数据库或应用程序之间共享消息等方面提供了比传统解决方案更为强大的功能和扩展性,并且提供了分布式企业级应用、数据仓库、高有效性解决方案等功能。

Oracle Streams的原理是通过日志读取技术,从Oracle的日志中解析出数据变化,然后传递到目标数据库并应用,从而将源数据库的数据复制到目标数据库。复制可以是双向的,也可以是单向的。整个复制过程可以分成三个步骤:捕获(capture)、传播(propagation)和应用(apply),利用高级队列(advanced queue)来将这三个步骤的数据串起来,通过定义不同的规则(rule)来控制需要复制的数据。复制可以基于全库、基于表空间、基于用户或者基于表,提供了相当大的灵活性。

6.7 Sybase的复制技术

Sybase的复制方案是基于日志的,它的系列服务器产品中包含了专用于复制的复制服务器。Sybase复制服务器(Sybase replication server)作为Sybase公司的数据迁移和互联产品提供数据复制的解决方案。Sybase复制服务器系统的工作原理如图6-16所示。

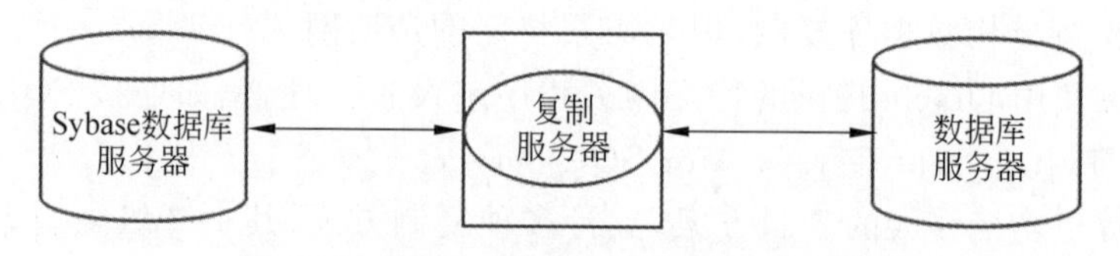

图6-16 Sybase复制服务器系统工作原理

Sybase复制服务对于变化数据的捕获没有使用数据库触发器及规则,而是由单独的一个称为日志传输管理(Log Transfer Manager,LTM)的进程来实现。Sybase复制的关键成分是日志传输管理器(Log Transfer Manager,LTM),它是一个在源节点检测数据库日志的进程或线程,一旦LTM发现源数据发生变化,就立即通知本地的复制服务器,将变化序列尽快地分发给远程节点,那里的复制服务器接收到以后,同步目标数据而完成复制过程,如图6-17所示。当从Sybase数据库复制数据“到”非Sybase数据库时,只需在目标节点运行复制服务器就可以解决问题;而从非Sybase数据库复制数据“到”Sybase数据库时,还需要为非Sybase数据库再提供相应的LTM。图6-17中的数据服务器可以是Sybase SQL Server服务器,也可以是其他数据库服务器。

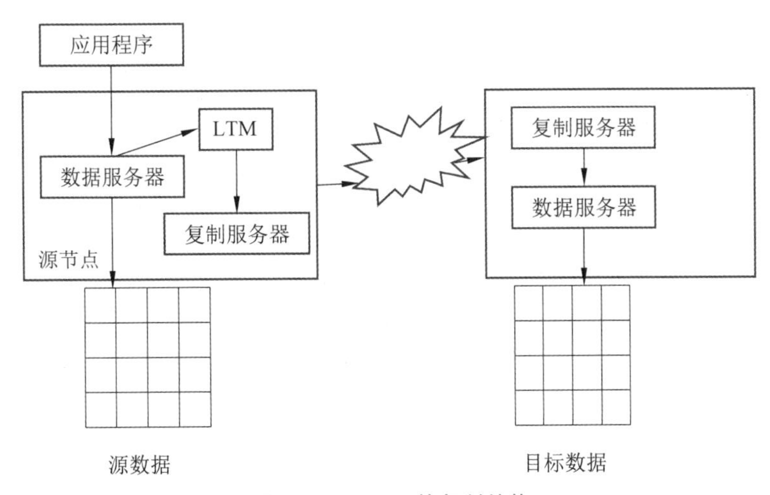

图 6-17 Sybase 的复制结构

复制服务器采用一种称为“发行-订阅”的机制来通过网络复制数据。用户“发行”主数据库中可用的数据,其他用户“订阅”发送到复制数据库的数据。利用这种方式,用户可以复制数据的更新操作,还可以复制存储过程。数据的“发行”和“订阅”指令由复制服务器控制发出。用户在包含发行数据的主节点复制服务器上创建一个复制定义,该复制定义指明复制哪些信息,用户在从节点复制服务器上创建一个订阅,准备接收复制消息。

Sybase 复制服务器提供复制定义语言(RCL),可以定制复制功能、监控和维护复制系统。例如,可以申请复制一个表的子数据集、部分数据行或部分数据列的数据,该特点极大地降低了复制的额外开销。

复制服务器支持异构数据库双向复制,但是需要通过转换器,如 Sybase Enterprise Connect 提供的针对其他数据源的透明网关,让复制服务器连接到第三方数据源,使复制服务器认为复制节点就是 Sybase,从复制服务器到目标数据源之间传送数据不需做任何形式变化。

在 Sybase 系统中,对于网络带宽较小、不能保持常连接的情况,可以采用 Sybase SQL Remote 进行数据的复制。SQL Remote 是基于消息的数据复制产品,消息类型包括 file、ftp、email 等形式。SQL Remote 对于变化的捕捉与 Replication Server 相同,而进行数据复制是基于消息的,即在进行数据复制的各个节点之间,需要构造消息系统,借助消息系统(file、ftp、email 等)来传递数据库事务。消息系统的建立是相当简单的,只需要采用操作系统提供的功能,配置 Microsoft 文件服务、配置 FTP 服务(FTP Server)或各种邮件服务(如 Exchange Server 等),然后建立消息地址,如文件目录或邮件地址等。

Sybase 复制方案的优点如下。

(1) 由于只需要构造 LTM,因此实现起来比较容易。

(2) 支持 Open Server/Open Client,它具有良好的开放性。加上 Sybase 又提供 RCL(复制命令语言),因此 LTM 方案的适用范围广而且易于移植。

Sybase 复制方案的主要缺点如下。

(1) 需要单独安装复制服务器,如果源数据与复制数据在不同的局域网上,复制节点数据库也需要一个复制服务器,增加了成本。

(2) Sybase SQL Remote 适用于慢速网络环境。但是需要两端数据库服务器都安装 SQL Remote。SQL Remote 借助消息系统传递,要求使用者会应用 file、ftp、email 等消息系统。

6.8 IBM 数据库复制技术

IBM 公司的数据库家族支持非关系数据库复制,数据库复制方式是基于日志的,复制有三个主要成分:CD(Change Data)表、捕捉程序和实施程序。CD 表中存放着复制源和复制目标的内容,其中有一类称为 CCD(Consistent CD)表,用于异构复制场合;捕捉程序从数据库日志中获取复制源变化信息并存入 CD 表;实施程序则从 CD 表读取内容并根据它们来修改目标数据库,如图 6-18 所示。

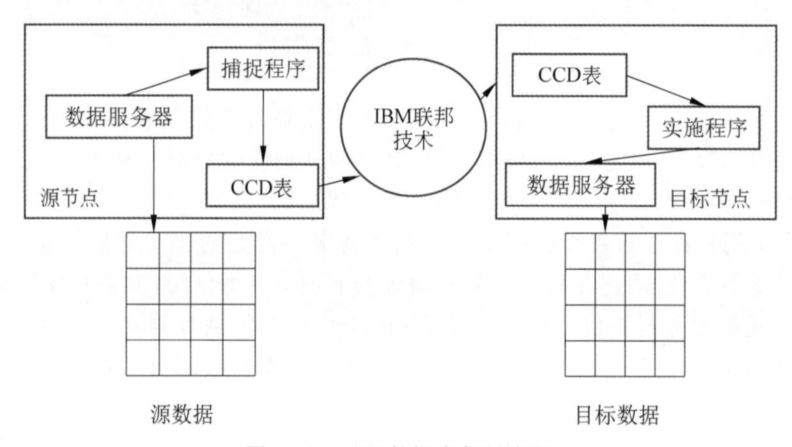

图 6-18 IBM 数据库复制流程

IBM 公司的 CCD 表方案具有以下优点:

(1) IBM 公司的数据库家族庞大,并且 IBM 公司开发了一系列的辅助工具,因此它的支持面很广;

(2) 由于提供的复制数据字典非常完善,CCD 表方案的数据库模式转换功能优于其他数据库厂商的方案。

CCD 表方案的缺点:

(1) CCD 表要占用较多的系统资源,如存储空间、进程等;

(2) 需要安装各种数据库的客户端,通过客户端连接其他类型的数据库。

6.9 SQL Server 复制技术

6.9.1 复制类型

SQL Server 的复制方案称为"出版(发行)和订购"方案,其中有三个主要角色:出版者、预订者和分发者。出版者负责在源数据库建立出版物;预订者负责在目标数据库通过预订来接收数据；分发者则按照“推/拉模型”来控制数据的传播。SQL Server 提供了三种复制类型来满足不同环境中的应用需要，具体描述如下。

1. 快照复制

快照复制将完整的数据副本发送给订阅人，这类复制最适合被复制的数据相对静态，并且不要求使用最近更新的值的情况。该操作由快照代理和分发代理实现。

快照复制过程大约可以分两步：第一步，快照进程阅读出版数据库的内容，并且在分发工作文件夹中创建结构和数据文件。在快照复制中，分发数据只是跟踪复制的状态，而不存储复制的数据。第二步，分发进程使用分发工作夹中的文件在订阅服务器上创建相应的表、阅读数据和创建索引。每一种新的快照内容，替代订阅数据库中以前复制过来的内容。在快照复制类型中，对于推订购订阅模式，分发代理运行在分发服务器上，占用分发服务器的资源；对于拉订购订阅模式，分发代理运行在订阅服务器上，占用订阅服务器的资源。

2. 事务复制

事务复制就是把出版服务器上的事务作为增加的变化分发到订阅服务器中。事实上，事务复制就是只把改变的内容复制过去，而快照复制则不论数据是否变化，都要把标记为复制的数据全部复制过去。在这些复制类型中，事务复制是一种常用的复制类型，因为它可以最大程度地降低事务一致性的延迟。当然，事务复制不是一种可以完全独立的复制类型，而是建立在快照复制基础上的一种复制。也就是说，在采用事务复制类型时，必须进行一次快照复制，以便同步出版服务器和订阅服务器。一般地，当要复制的数据量比较大时，并且网络传输费用比较高时，应该考虑选择事务复制，因为与快照复制相比较，这样可以加快复制速度、降低复制费用。事务复制的进程步骤如下。

(1) 使用快照复制，初始化出版服务器和订阅服务器。

(2) 执行事务复制，日志读代理阅读出版数据库的事务日志，如果有变化的数据，那么将这些事务日志数据临时存储在分发数据库中；

(3) 分发代理负责把在分发数据库中的数据应用到多个订阅服务器中。

在事务复制中，与快照复制类似，对于推订购订阅模式，分发代理运行在分发服务器上，占用分发服务器的资源。对于拉订购订阅模式，分发代理运行在订阅服务器上，占用订阅服务器的资源。但是，在事务复制中，要复制的表必须有主键，无主键的表是不能复制的。

3. 合并复制

合并复制允许用户修改订阅服务器中的订阅数据，它能够自动监视订阅数据库中的数据变化并定期将这些变化进行合并，然后再把合并后的结果提交给所有订阅者，如果在合并过程中发现不同用户对数据所做的修改存在冲突时，合并代理程序将根据建立订阅时为订阅者所设置的优先级裁决哪个用户的修改有效。

6.9.2 复制代理

SQL Server 复制部件采用模块化设计,各种复制操作通过不同的复制代理实现。SQL Server 中的复制代理包括快照代理、日志阅读代理、分发代理、合并代理等。具体描述如下。

1. 快照代理

快照代理运行在 SQL Server 代理服务环境下。其功能是为复制准备表结构、初始化出版表和存储过程的数据文件、将出版物快照存储到分发服务器的分发数据库中,并记录分发数据库的同步状态信息。每个出版物在分发服务器上均运行着自己的快照代理,并通过快照代理与出版服务器连接。

2. 日志阅读代理

日志阅读代理将用于复制的事务从出版服务器的事务日志中复制到分发数据库。每一个使用事务复制出版的数据库在分发服务器上均运行着自己的日志阅读代理,并通过该代理与出版服务器连接。

3. 分发代理

分发代理将保存在分发数据库中的事务或出版物快照传递到订阅者。分发代理运行在 SQL Server 代理服务环境下,可以直接使用 SQL Server 企业管理器进行管理。对于快照复制和事务复制,如果在配置推订购订阅时采用立即同步(所谓同步是指维护出版服务器上的出版物和订阅服务器上的复制数据之间具有相同的表结构和数据)方式,那么每个出版物在分发服务器上启动各自的分发代理,并由它实现与订阅者间的连接。如果将推订购订阅配置为非立即同步方式,那么所有的快照或事务出版物在分发服务器上共享一个分发代理,并由它实现与订阅者间的连接。快照和事务出版物拉订购订阅的分发代理则运行在订阅服务器上,而不是在分发服务器上。

4. 合并代理

每个合并出版物均有各自的合并代理,在创建出版物的初始快照后,由合并代理在出版服务器和订阅服务器之间传递出版物内容的变化,并对二者中的出版物做相应修改。合并出版物推订购订阅的合并代理运行在出版服务器上,而其他订阅的合并代理则运行在订阅服务器上。快照复制和事务复制没有合并代理。

6.10 MySQL 复制技术

MySQL 是一种轻量级数据库平台,具有简单、高效、可移植性好等优点,近几年应用越来越普遍。MySQL 从 3.23.15 版本以后提供数据库复制功能。MySQL 的复制功能实现从主(master)数据库到从(slave 1)数据库的复制。MySQL 的复制是基于日志方式,主服务器记录数据库的所有变化到一个二进制更新日志中，从服务器通过读取这个二进制更新日志来更新自己的数据库，从而达到主从服务器数据库的复制功能。MySQL主从复制机制主要是主服务器根据操作变更生成二进制日志事件，保存在二进制日志文件中，二进制日志事件通过I/O线程传递到从服务器上，并通过从服务器的SQL线程在从服务器上执行，从而实现数据的复制。MySQL的复制模型如图6-19所示。

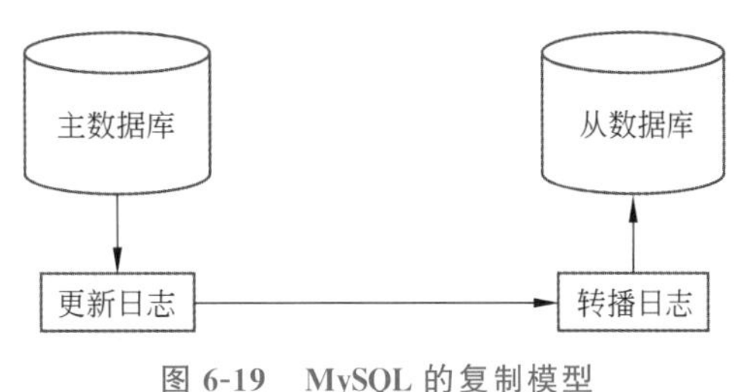

图6-19　MySQL的复制模型

MySQL主从复制实际上是一个异步复制的过程，在整个复制过程中主要由主服务器上的I/O线程以及从服务器上的I/O线程和SQL线程三个核心线程来完成复制操作，MySQL主从复制的主要流程如下。

(1) 从服务器的I/O线程成功连接主服务器，请求二进制日志文件指定位置之后的日志内容。

(2) 主服务器接收到从服务器的I/O线程请求后，主服务器的I/O线程根据请求信息读取指定位置之后的二进制日志内容返回给从服务器的I/O线程，除了日志外，主服务器还将返回日志所属的二进制日志文件名称和在二进制日志文件中的所处位置传递给从服务器。

(3) 从服务器的I/O线程收到主服务器发送的日志信息后，将日志信息依次写入从服务器的转播日志文件的最末端，同时将获取的信息所属的二进制日志文件名称和在二进制日志文件中的位置记录到master-info文件中。

(4) 从服务器的SQL线程一旦发现转播日志文件有更新，会马上解析转播日志文件中的新内容，解析成主服务器上执行的具体SQL语句，并执行这些SQL语句。

MySQL复制方法的优点是简单、效率高、复制开销小。缺点是复制粒度粗，只能实现数据库级复制。

习　题　6

1. 复制方式有哪几种形式？
2. 复制的选时方式有哪几种？
3. 简述同步复制和异步复制的区别。
4. 简述复制流程的处理步骤。
5. 简述复制捕获的常用方法。
6. 简述Oracle的流复制技术。
7. SQL Server复制有哪几种代理程序？
8. 简述IBM公司的数据库复制方案。

第7章 分布式事务管理

事务处理是所有大中型数据库产品的一个关键问题，各个数据库厂商都在这个方面花费了很大精力，不同的事务处理方式会导致数据库性能和功能上的巨大差异。事务处理也是数据库管理员与数据库应用程序开发人员必须深刻理解的一个问题，对这个问题的疏忽可能会导致应用程序逻辑错误以及效率低下。本章介绍分布式事务的概念、特性和采用的协议。

7.1 事务的概念与特性

7.1.1 数据库事务的概念

转账是生活中常见的操作，例如从 A 账户转账 100 元到 B 账户。站在用户角度而言，这是一个逻辑上的单一操作，然而在数据库系统中，至少会分为两个步骤来完成：一是将 A 账户的金额减少 100 元；二是将 B 账户的金额增加 100 元。转账的数据库操作如图 7-1 所示。

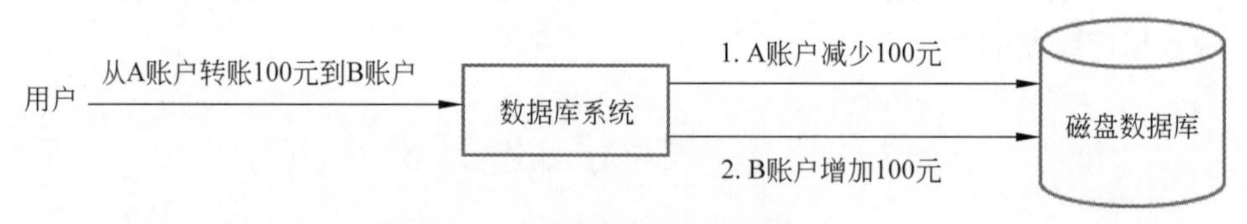

图 7-1 转账的数据库操作图

在这个过程当中可能会出现如下问题。

(1) 转账操作的第一步执行成功，A 账户上的钱减少了 100 元，可是第二步执行失败或者未执行便发生系统崩溃，致使 B 账户并未相应增加 100 元。

(2) 转账操作刚完成就发生系统崩溃，系统数据库数据还未刷新，系统重启恢复时丢失了崩溃前的转账记录。

(3) 同时有另外一个用户转账给 B 账户，因为同时对 B 账户进行操作致使 B 账户金额出现异常。

针对以上问题，显然转账的两个步骤操作要么全都发生，要么由于出错(可能账号 A 已透支)而全不发生，保证这一点非常重要。这样就引出了事务的概念,事务(transaction)是构成单一逻辑工作单元的操作集合。

定义 7.1:数据库事务是访问并可能操作各种数据项的一个数据库操作序列,这些操作要么全部执行,要么全部不执行,是一个不可分割的工作单位。事务由事务开始与事务结束之间执行的全部数据库操作组成。

事务是数据库环境中的一个逻辑工作单元,相当于操作系统环境中的"进程"概念。一个事务由应用程序中的一组操作序列组成,在程序中,事务以 BEGIN TRANSACTION 语句开始,以 COMMIT 语句或 Abort 语句结束。COMMIT 语句表示事务执行成功结束(提交),此时告诉系统,数据库要达到一个新的正确状态,该事务对数据库的所有更新都已交付实施(写入磁盘)。Abort 语句表示事务执行不成功结束(应该"回滚"),此时告诉系统,已发生错误,数据库可能处在不正确的状态,该事务对数据库的所有更新必须被撤销,数据库应恢复该事务到初始状态。

典型的数据库事务如下:

```
BEGIN TRANSACTION              //事务开始
SQL1
SQL2
COMMIT/Abort                   //事务提交或回滚
```

对于上面的转账例子,可以将转账相关的全部操作形成一个事务,转账事务 T 如下:

```
BEGIN TRANSACTION
A 账户减少 100 元
B 账户增加 100 元
COMMIT
```

关于事务定义的几点说明。

(1) 数据库事务能够包含一个或多个数据库操作,但这些操作构成一个逻辑上的总体。

(2) 构成逻辑总体的这些数据库操作,要么所有执行成功,要么所有不执行。

(3) 构成事务的全部操作,要么全都对数据库产生影响,要么全都不产生影响,即无论事务是否执行成功,数据库总能保持一致性状态。

(4) 以上即使在数据库出现故障以及并发事务存在的状况下依然成立。

7.1.2　事务的基本特性

事务的基本特性

事务是作为单个逻辑工作单元执行的一系列操作。一个逻辑工作单元必须有 4 个属性,称为 ACID 属性(原子性、一致性、隔离性和持久性),符合这 4 个属性的逻辑工作单元就可以称为一个事务。

(1) 原子性(atomicity)。事务要被完全地无二义性地做完或撤销。在任何操作出现错误的情况下,构成事务的所有操作的结果必须被撤销,数据应被回滚到以前的状态。事务必须是原子工作单元,对于其数据修改,要么全都执行,要么全都不执行。

(2) 一致性(consistency)。一致性是指事务必须使数据库从一个一致性状态变换到另一个一致性状态,也就是说,一个事务执行之前和执行之后都必须处于一致性状态。

(3) 隔离性(isolation)。一个没执行完的事务不能在其提交之前把自己的中间结果提供给其他的事务使用。因为未提交事务的结果不是最终结果,它有可能在以后的执行中被迫取消,如果其他的事务用到了它的中间结果,那么该事务也要撤销。

(4) 持久性(durability)。当一个事务正常结束后,即提交后,其操作的结果将永久化,而与提交后发生的故障无关。即使发生了故障,系统应能够保证将事务的操作结果恢复过来。这种机制称为数据库系统的恢复。

例 7.1 对于上述的银行转账事务 T,需要完成从银行账户 A 转 100 元到银行账户 B,具体操作如下:

```
T: Read(A);
A: =A-100;
Write(A);
Read(B);
B: =B+100;
Write(B);
```

(1) 一致性。在事务 T 执行结束后,要求数据库中 A 的值减少 100,B 的值增加 100,也就是 A 与 B 的和不变,此时称数据库处于一致性状态。如果 A 的值减少 100,而 B 的值未变,那么称数据库处于不一致性状态。事务的执行结果应保证数据库仍然处于一致性状态。

(2) 原子性。从事务的一致性可以看出,事务中所有操作应作为一个整体不可分割。要么全做,要么全不做。假设由于电源故障、硬件故障或软件出错等,造成事务 T 执行的结果只修改了 A 值而未修改 B 值,那么就违反了事务的原子性。

事务的原子性保证了事务的一致性,但是在事务 T 执行过程中,例如,某时刻数据库中 A 的值已减少 100,而 B 的值尚未增加,显然这是一个不一致性状态,但是这个不一致性状态将很快由于 B 值增加 100 而又变成一致性状态。事务执行中出现的暂时不一致性状态是不能让用户知道的,用户也不用为此担忧。

(3) 持久性。一旦事务成功地执行完成,并且告知用户转账已经发生,系统就必须保证以后任何故障都不会再引起与这次转账相关的数据丢失。持久性保证一旦事务成功完成,该事务对数据库施加的所有更新都是永久的。也就是说,虽然计算机系统的故障会导致内存的数据丢失,但已写入磁盘的数据绝不会丢失。DBMS 的事务管理子系统和恢复管理子系统的密切配合,保证了事务持久性的实现。

(4) 隔离性。多个事务并发执行时,相互之间应该互不干扰。例如事务 T 在 A 的值减少 100 后,系统暂时处于不一致性状态,此时若第二个事务插进来计算 A 与 B 之和,则得到错误的数据,甚至于第三个事务插进来修改 A、B 的值,势必造成数据库中数据有错。

DBMS 的并发控制子系统应尽可能提高事务的并发程度，而又不让错误发生。

7.1.3　事务与数据库的一致性状态

事务反映现实世界中需要以完整的单位提交的一项工作，事务是一个逻辑工作单元，它必须完整地执行，或者全都不执行(使数据库保持不变)。例如银行的转账业务，从账户甲中提取 100 元存入账户乙，这两个操作必须完整地被执行，或者全不执行，不允许有中间状态存在。换句话说，像银行转账这类业务是不允许只完成一部分的，只从账户甲中提取 100 元，或者只向账户乙中存入 100 元，都是错误的。

数据库的一致性状态是指所有数据都满足数据完整性约束条件的状态，事务处理是保证数据库一致性状态的重要方法。最常见的事务处理是由两次或多次数据库操作构成的。一次数据库操作相当于事务处理中的一条 SQL 语句。图 7-2 说明了银行转账事务，图中设账户甲的余额是 A，账户乙的余额是 B。假设账户甲的余额是 10 000 元，账户乙的余额是 1000 元，现在从账户甲中提取 1000 元，存入账户乙，根据银行转账业务规则，必须将账户甲的余额减去 1000 元，再将账户乙的余额加上 1000 元，这个事务使数据库从一个一致性状态(账户甲的余额是 10 000 元，账户乙的余额是 1000 元)达到另一个一致性状态(账户甲的余额是 9000 元，账户乙的余额是 2000 元)。

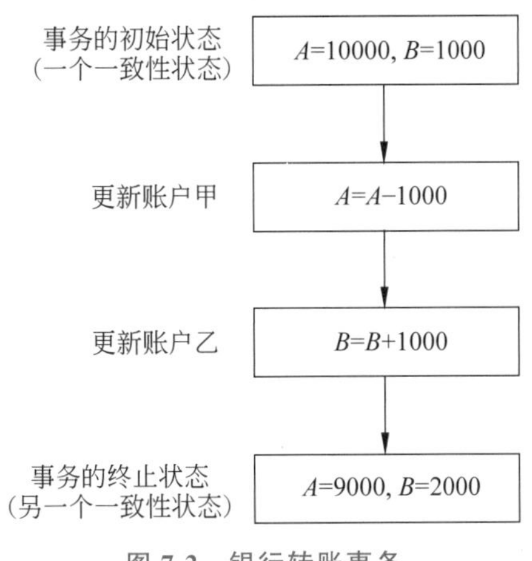

图 7-2　银行转账事务

为了保证数据库的一致性状态，DBMS 必须控制和保证事务的执行能够符合数据库的完整性约束条件，事务管理的任务就是负责当若干个事务并发执行和事务执行发生错误时，使数据库仍保持一致性状态。数据库在事务的执行过程中常常处于非一致性状态，重要的是数据库应在事务提交之后处于一致性状态，或者撤销之后处于一致性状态，如图 7-3 所示。例如，在银行转账事务中，首先更新账户甲，然后更新账户乙，事务管理使得这两个操作必须全部执行，或者全都不执行。在这个事务发生的过程中，DBMS 必须保证数据库从一个一致性状态达到另一个一致性状态。

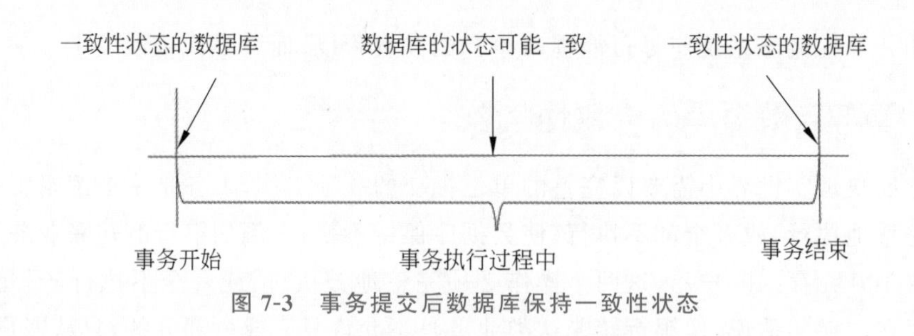

图 7-3 事务提交后数据库保持一致性状态

7.2 事务的类型

在不同的数据库系统中事务的实现是不同的,这是因为事务有着不同的模型。按照事务实现方式和结构的不同,事务可以分为以下 6 类。

1. 平板事务(flat transaction)

平板事务块中的所有 SQL 语句,构成一个逻辑单元,要么都成功,要么因之一失败都回滚。PostgreSQL 的事务管理如果不考虑保存点(savepoint)机制,可以认为就是一个平板类型的事务,事务块内的一个 SQL 失败,导致整个事务必须回滚,之前执行成功的操作也必须回滚。

2. 带有保存点的平板事务(flat transaction with savepoint)

在平板事务的基础上,实现了保存点技术,这样使得一个事务块,可以划分出不同的层次,每个层次之间为一个逻辑单元,后面失败的 SQL 不影响之前保存点前发生的操作,即回滚发生在局部。PostgreSQL、Informix 在平板事务的基础上,支持了保存点技术。

3. 链式事务(chained transaction)

与平板事务不同的是,链式事务在提交一个事务后,释放一些资源(如锁等资源),但是,一些上下文环境如事务的载体(存放事务信息的结构体或类等对象)不被释放,会留给下一个事务使用。用户感觉自己的处理单元与之前的事务似乎没有 COMMIT 命令执行的明显分割。如 InnoDB 的事务模型,就是链式事务的代表。

4. 嵌套事务(nested transaction)

嵌套事务如同一棵树,树有子叉,每个子叉可以是嵌套的子事务也可以是平板的子事务。但叶子节点的事务是平板事务。根节点事务提交,整个事务的数据修改才生效,否则只是事务内局部有效。

5. 分布式事务(distributed transaction)

在分布式环境下的平板事务或以上其他类型的事务。

6. 多层次事务(multi-Level transaction)

多层次事务也如同一棵树,树根是事务的总节点,下层是对象操作作为子事务存在,对象操作还可以带有子对象操作节点,或带有一个或多个的叶子节点。这样的事务模型可以有自己独特的并发控制处理技术,现实中有工程实现的不多见,而且与之前的事务分类角度不同。

7.3 分布式数据库事务

分布式数据库是物理上分布而逻辑上集中的共享数据的集合。分布式数据库是一系列在计算机网络上分布的逻辑上互相关联的数据库的集合。因此,分布式数据库事务与集中式数据库事务相比有相同点又有不同之处。

7.3.1 分布式数据库事务的概念

分布式事务(又称全局事务)是一个应用的有序操作集,是用户对数据库存取操作序列执行的最小单元,它使数据库从一个一致性状态改变到另一个一致性状态。在分布式数据库系统中,任何一个应用的请求最终将转化成对数据库的存取操作序列,所以从外部特性看,分布式事务与集中式事务一样,也是一个或一段应用的操作序列,只是它的执行方式和集中式事务的执行方式不同而已。集中式事务只在一台计算机上执行,而分布式事务则在分布式系统中的多台计算机上执行。因此,分布式事务的 ACID 属性具有分布的特性。分布式事务的 ACID 属性如下。

(1) 原子性(atomicity):分布式事务的原子性是指事务执行时的不可分割性,要么它所包含的引起分布式数据库改变的操作全部都成功执行,要么都不执行。它的原子性保证了分布式数据库的状态总是从一个一致性状态变换到另一个一致性状态,而不会出现不一致性状态。

(2) 一致性(consistency):分布式事务的一致性就是指事务的正确性,即一个分布式事务使分布式数据库从一个一致性状态变换到另一个一致性状态。分布式事务执行完成后,必须以正确的状态退出系统。而如果事务不能以一个正常的结束状态退出,那么就必须把分布式数据库退回到该事物执行前的初始状态。

(3) 隔离性(isolation):分布式事务的隔离性是指一个正在执行的事务在其提交之前,不允许把它所占用的资源提供给其他事务使用。也就是说,事务的执行与其他事务相隔离,事务的执行不会受到其他并发事务的影响。

(4) 持久性(durability):是指一旦一个事务被提交了,则无论系统发生任何故障,都不会丢失该事务的执行结果,即已提交事务对数据库的改变在数据库中是持续存在的,这些改变不会因为故障而发生丢失。

7.3.2 分布式数据库事务的特点

在分布式数据库系统中,事务的执行被分为若干操作序列,每个序列都称为一个子事务,子事务都是以局部站点为基础的。当且仅当所有局部站点上的子事务都被正确地调度、执行,并正常结束、提交后,分布式事务才算成功执行。通常会选择一个站点作为所有事务的协调者,负责将任务分配到各个局部站点上。同时对于广大用户来说,任务的分配又是透明的。其他所有参与事务执行的站点都被称为参与者站点。事务的协调者和参与者按照一定的协议进行调度执行,从而保证了数据库的一致性。因此,可以得出,分布式事务所具有的特点如下。

1. 协调性

分布式事务在执行时被分成许多个子事务。为了保证事务执行的原子性和数据库的一致性,各个子事务要么全部提交,要么全都撤销。因此在事务执行时,必须指定至少一个局部站点作为协调者来协调各个子事务的执行,并决定事务执行的结果(提交或撤销),从而保证分布式事务的 ACID 特性。

2. 通信性

在分布式事务中,除了要保证子事务正确执行提交,还需要与其他的子事务进行通信。协调者需协调其他站点的执行,而参与者需等待协调者的命令,以正确执行事务。因此,分布式事务与集中式事务相比,无论是其组成,还是其执行方式都要复杂得多。

3. 通信消息的控制

在分布式数据库系统中,除了要控制数据,还要加强对通信消息的控制,再加上分布式数据库系统的特点,分布式事务不仅会有数据操作,而且各个局部站点间(主要是协调者和参与者间的通信)还需要通过网络来相互通信,这样网络上就产生大量通信消息。因此,如何减少通信消息的个数也是分布式数据库管理的一个重要目标。

7.3.3 分布式事务的生命期

分布式事务的生命期被分为两个阶段:执行阶段和提交阶段。在执行阶段,分布式事务的各个子事务在分布式系统的各个站点上被执行;在提交阶段,各个子事务提交自己的执行结果。当某站点的事务管理器在收到某一分布式事务的执行请求后,为其创建协调者进程来负责事务的执行和提交,这样一个分布式事务就开始诞生了。首先进入事务生命的执行阶段:协调者发送 START WORK 消息给涉及被访问数据的各节点的事务管理器,消息包含需要节点完成的工作。各节点事务管理器将创建参与者进程并传给它消息内容,此时参与者在本地节点上进行局部数据库访问,其中包括冲突检测,进入准备队列等待调度,使用 CPU 并访问数据等一系列的操作。完成一定的数据处理过程后,参与者发送 WORK DONE 消息给协调者。当协调者收到各个参与者的 WORK DONE 消息之后,将发起事务生命期的第二阶段,这意味着此时执行阶段结束,提交阶段开始。协调者需要执行提交协议来获得各个子事务的执行情况,然后视情况决定全局事务的下一步(提交或夭折)。当协调者在日志中记录下 End 时,提交阶段完成,事务生命期结束。子事务访问局部数据库时,很有可能和其他事务的子事务发生数据访问冲突,即可能争夺同一数据项的访问权。应该采取什么样的策略才能让各子事务顺利进行下去，而不违反串行性规则和数据库的一致性，这就是事务并发控制机制的内容。当事务开始执行提交协议时，就进入了提交阶段。也可以说，提交处理协议运行在事务的提交阶段，而并发控制协议运行在事务的整个生命期间。因为为了保证事务的隔离性，事务在全局提交后才能释放其占有的资源。期间一直需要并发控制机制管理好资源的访问权，协调好事务之间的访问次序，以及回收被释放资源再分配给其他等待中的事务。

7.3.4 分布式事务管理的目标

事务管理所追求的理想目标是较高执行效率、较高可靠性和较高并行性。但在实际应用中，这三大理想目标往往是不能兼得的，因为它们之间即密切相关又相互矛盾。可靠性措施会使效率降低，而事务运行效率不仅取决于所采用的策略，还与以下因素有关。

(1) CPU 和主存利用率：在大型系统中并发地执行几十或几百个应用，可能会在主存或 CPU 时间上出现瓶颈问题。如果操作系统不得不为每个处于活动状态的事务创建一个进程，那么这些进程中的绝大多数都要调进、调出主存。为了减小这种开销，事务管理程序应利用数据库应用的特点而采用一些专门的技术，而不是把它们看作是由通用操作系统来处理的通用化的进程。

(2) 控制报文(不含任何应用数据仅含控制信息的报文)：报文的费用不仅包括它的传输费用，而且也包括 CPU 为了发送报文所执行的大量指令。因此，在分布式数据库中，站点之间交换控制报文的数目是影响效率的重要因素之一。

(3) 响应时间：为了获得可接受的响应速度，事务执行时需要考查每一个子事务的响应时间。事务响应时间越短，事务运行的效率也就越高。

(4) 可用性：在分布式环境中绝不允许因系统中的某一站点的故障而使整个系统都停下来，必须保证那些没有发生站点故障的事务能够继续正常地运行。

基于上述影响因素可知，分布式事务管理的目标主要体现在以下 3 个方面。

(1) 维护分布式事务的原子性、一致性、持久性和隔离性。

(2) 获得最小的主存和 CPU 开销，降低控制报文的传输个数和加快分布式事务的响应速度。

(3) 获得最大限度的系统可靠性和可用性。

7.4 局部事务管理器与分布式事务管理器

在分布式数据库系统中，事务有若干个不同场地的子事务组成，因而事务管理的功能分成两个层次，由局部事务管理器与分布式事务管理器组成。

1. 局部事务管理器与分布式事务管理器分布

在每个站点上，有类似于集中式数据库系统中的局部事务管理器(Local Transaction Manager，LTM)进行局部事务的管理，负责本站点事务的执行，这里的事务既可以是只在该站点上执行的局部事务,也可以是全局事务的一部分(即子事务),完成对本站点数据库数据的访问;而对分布式数据库整个分布式事务,由驻留在各个站点上的分布式事务管理器(Distributed Transaction Manager,DTM)共同协作,实现对分布式事务的协调和管理。因为各场地上的分布式事务管理器之间可以相互通信且目标一致,所以在逻辑上可以将这些分布式事务管理器看作一个整体。局部事务管理器与分布式事务管理器在场地上的物理分布和逻辑分布如图 7-4 所示。

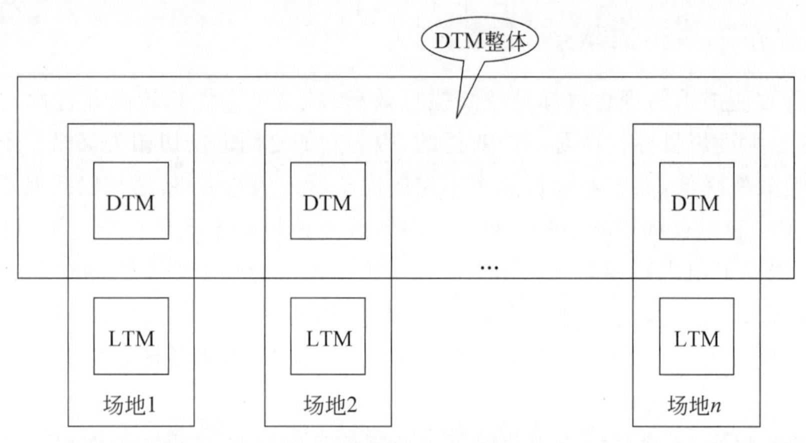

图 7-4 局部事务管理器与分布式事务管理器在场地上的物理分布和逻辑分布

2. 局部事务管理器

局部事务管理器的结构和功能在许多方面与集中式系统类似,主要包括:

(1) 保证本地事务的 ACID 特性;

(2) 维护一个用于恢复的日志,代替 DTM 把用于分布式事务执行和恢复的信息记入日志;

(3) 参与适当的并发控制模式,以协调在该站点上执行的事务的并发执行。接收并听从本站点上 DTM 代理发来的 LOG 原语,记入日志并执行。LOG 原语包括 local begin transaction、local commit 和 local abort 原语。

局部事务管理器的特点:

(1) 局部事务管理器将各个场地上的子事务作为操作对象;

(2) 局部事务管理器的操作范围局限在某个场地内;

(3) 局部事务管理器保证本地事务的 ACID 特性;

(4) 局部事务管理器执行的方式是接收命令、发送应答。

3. 分布式事务管理器

分布式事务管理器的功能包括:

(1) 保证分布式事务的 ACID 特性,尤其是保证分布式事务的原子性,使每一站点的子事务都成功执行,或都不执行。使所有站点的子事务的结束遵循同一决定,要么一律提交，要么一律撤销，即确保全部 LTM 采取同样决定并实现。这是通过向各站点发 begin transaction、commit 或 abort、create 原语来实现的。

（2）负责协调由该站点发出的所有分布式事务的执行。包括：启动分布式事务的执行；将分布式事务分解为一些子事务，并将这些子事务分派到恰当的站点上去执行；决定分布式事务的提交或者终止，即决定在该分布式事务中所包含的所有站点上的子事务都撤销或都提交。

（3）支持分布式事务的执行位置透明性，这也是分布式事务管理的最基本要求。分布式事务管理器根据事务内部的逻辑划分为若干子事务，按某种要求分布到相应的站点上执行，最后由源站点提供事务的最终结果。它实现了对网络上各站点的各个子事务的监督与管理，完成对整个分布式事务执行过程的调度和管理，从而保证分布式数据库系统的高效率。

分布式事务管理器的特点：

（1）分布式事务管理器的操作对象是整个分布式事务；

（2）分布式事务管理器的操作范围是该事务所涉及的所用场地；

（3）分布式事务管理器保证分布式事务的 ACID 特性；

（4）分布式事务管理器执行的方式是发送命令、接收应答。

7.5　分布式事务执行控制模型

局部事务管理器与分布式事务管理器是分布式事务管理的重要组成部分，那么如何才能使二者有效地进行协同工作，既保证本地事务的特性，同时也保证全局事务的特性？为此，需要针对分布式事务的执行过程建立控制模型，以实现分布式事务管理器与各个局部事务管理器之间的协作能够有条不紊地进行。分布式事务的执行控制模型包括主从控制模型、三角控制模型和层次控制模型三类。

7.5.1　主从控制模型

在主从控制模型中，由一个分布式事务管理器作为协调者，另外一个或几个局部事务管理器作为参与者。分布式事务管理器通过对局部事务管理器发送消息和接收从它们那里返回的消息，来控制所有需要同步的操作。分布式事务管理器激活每一个局部事务管理器，且指示其做什么。根据这些指示，由局部事务管理器完成各自对本地数据库的访问，并把结果返回到分布式事务管理器。在这种模型中，凡属局部事务管理器之间互相所需要的信息，不能直接传送，必须首先传给分布式事务管理器，然后再从那里传送给相应的局部事务管理器。主从控制模型如图 7-5 所示。

7.5.2　三角控制模型

在三角控制模型中，分布式事务管理器通过对局部事务管理器发送命令和接收从它们那里返回的应答，来控制所有需要同步的操作。局部事务管理器根据分布式事务管理器的指示完成各自对本地数据库的访问，并把结果返回到分布式事务管理器。与主从控

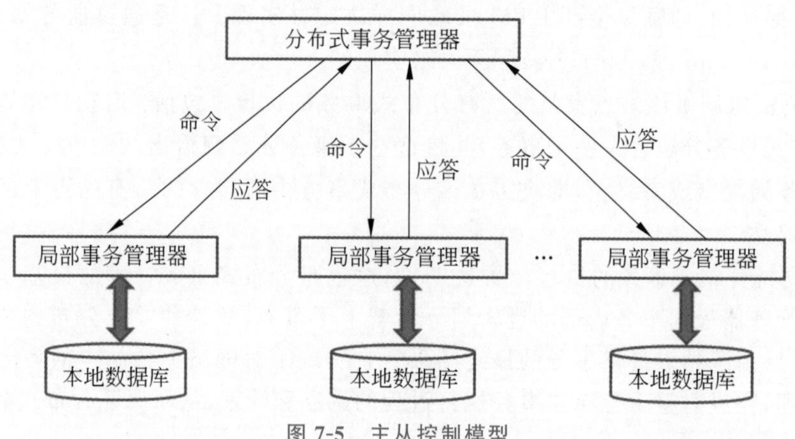

图 7-5 主从控制模型

制模型不同的是局部事务管理器之间可以互通数据,而不需要通过分布式事务管理器作为中介。相对于主从控制模型来说,三角控制模型减少了通信代价,但同时也使分布式事务管理器与局部事务管理器之间的协作控制变得比主从控制模型复杂。三角控制模型如图 7-6 所示。

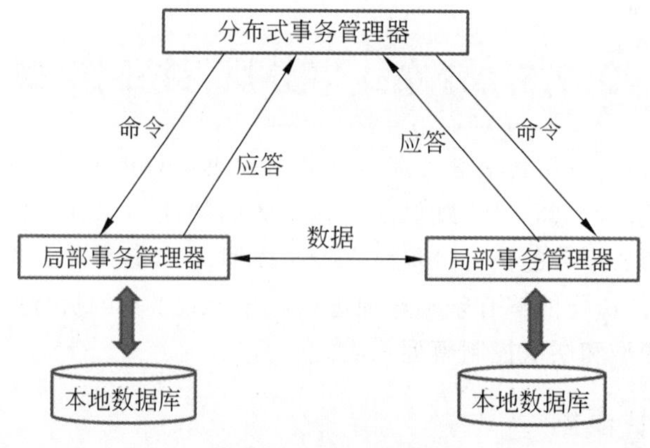

图 7-6 三角控制模型

7.5.3 层次控制模型

在层次控制模型中,分布式事务管理器对局部事务管理器发送命令和接收从它们那里返回的应答。每个局部事务管理器本身可以具有双重角色,除了根据分布式事务管理器的指示完成对本地子事务管理外,局部事务管理器可以将其负责的子事务进一步分解,衍生出一系列下一层的局部事务管理器,兼职成为一个新的分布式事务管理器,每个分解部分由下一层的局部事务管理器负责执行。这时局部事务管理器自身成为一个分布式事务管理器,由其控制下一层各个局部事务管理器的执行,向它们发送命令和接收应答。分布式事务执行的层次控制模型允许进行扩充设计,其层数可以随着任务量的增大而增加。分布式事务执行的层次控制模型的控制实现变得更加复杂。层次控制模型如图 7-7 所示。

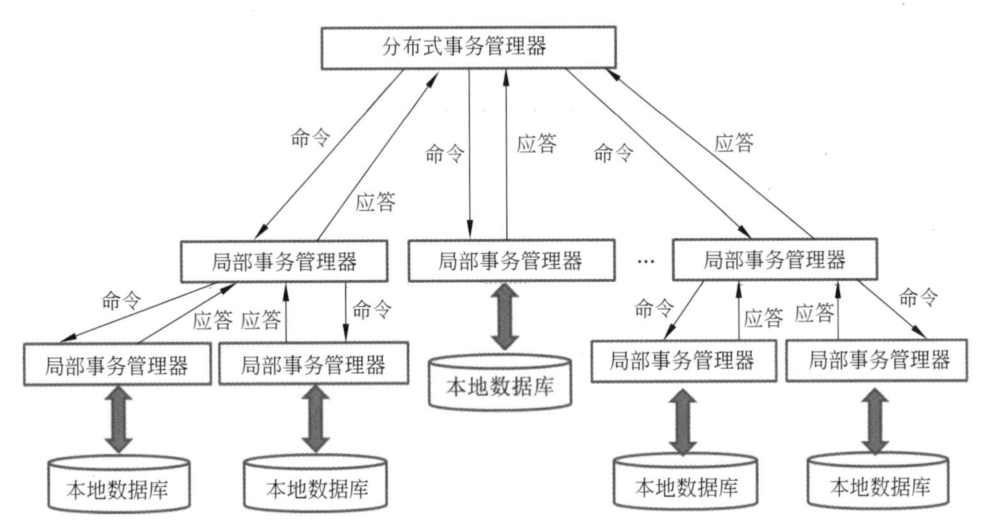

图 7-7　层次控制模型

7.6　分布式事务的两阶段提交协议（2PC 协议）

在分布式数据库系统中，有两种事务，即涉及多个站点数据操作的全局事务和只涉及一个站点操作的局部事务（子事务）。所以在分布式数据库系统中，把一个全局事务可看成是由不同站点上的若干局部事务组成。分布式事务的正确提交要求它的全部子事务提交。为实现分布式事务的提交，普遍采用两阶段提交协议。

7.6.1　协议参与者

一个分布式事务在执行时将分解为多个节点上的子事务，为完成各个节点的子事务，全局事务必须为每一个子事务在相应的节点上创建一个代理进程，也称局部进程或子进程，同时，为协调各子事务的操作，全局事务还要启动一个协调者进程，来控制和协调各代理进程间的操作。在两阶段提交协议中，包括两类参与者：一类为协调者（coordinator），通常一个系统中只有一个；另一类为事务参与者（participants、cohorts 或 workers），一般包含多个。为进一步理解两阶段提交协议，下面首先给出协调者和参与者的定义。

（1）协调者：在事务的各个代理中指定一个特殊代理（也称根代理），负责决定所有子事务的提交或废弃。

（2）参与者：除协调者之外的其他代理（也称子代理），负责各个子事务的提交或废弃。协调者和参与者是两阶段提交协议所涉及的两类重要角色，在分布式事务的执行过程中分别承担着不同的任务。协调者是协调进程的执行方，掌握全局事务提交或废弃的决定权。参与者是代理进程的执行方，负责在其本地数据库执行数据存取，并向协调者提出子事务提交或废弃的意向。

一般来说，一个节点唯一地对应一个子事务，协调者与参与者在不同的节点上执行，特殊情况下，若协调者与参与者在一个节点上，则协调者与参与者的通信可以在本地进行,而不需要借助于网络完成。为了不失一般性,在这种情况下仍逻辑地认为协调者与参与者处于不同的节点上来进行处理。

要想在全局上实现事务的正确运行,系统需要在协调者和参与者之间传输大量的操作命令及应答等信息,协调者和参与者之间的关系如图7-8所示。协调者和每个参与者均拥有一个本地日志文件,用来记录各自的执行过程,无论是协调者还是参与者,他们在进行操作前都必须将该操作记录到相应的日志文件中,以进行事务故障恢复和系统故障恢复。一方面,协调者可以向参与者发送命令,使各个参与者在协调者的领导下以统一的形式执行命令;另一方面,各个参与者可以将自身的执行状态以应答的形式反馈给协调者,由协调者收集并分析这些应答以决定下一步的操作。

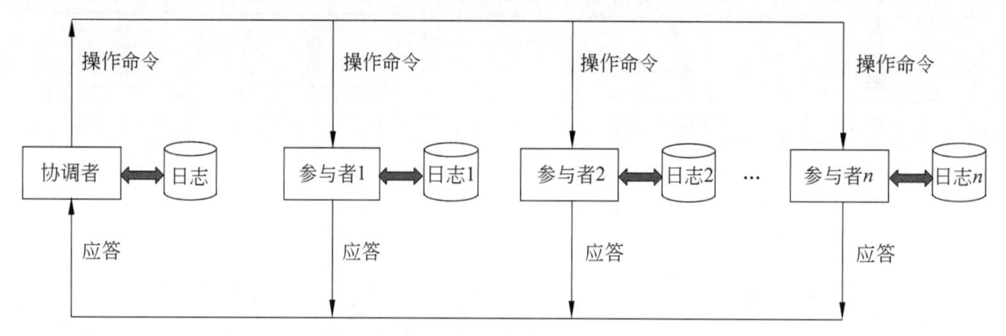

图7-8 协调者和参与者之间的关系

两阶段提交协议算法

7.6.2 两阶段提交协议算法

两阶段提交协议的目标在于在分布式系统中保证数据的一致性,许多分布式系统采用该协议提供对分布式事务的支持。该协议将一个分布式的事务过程拆分成两个阶段:投票表决阶段和执行阶段。

1. 投票表决阶段

该阶段的主要目的在于打探各个参与者是否能够正常提交事务,以决定是整体提交事务还是废弃事务,具体步骤如下。

(1) 由协调者首先在其日志中写入一条Begin_commit记录,然后给所有的参与者发送Prepare(预提交)命令,并进入等待状态。

(2) 参与者收到Prepare命令后,它就检查本站点是否具备提交本地事务的能力,如果能够提交,参与者就在本地的日志中写入一条Ready记录,并向协调者发送Ready(赞成提交)应答,接着就进入就绪状态。

(3) 参与者收到Prepare命令后,如果不能够提交,参与者就向本地日志中写入一条Abort记录,以标示该子事务进入废弃状态,并向协调者发送一条Abort(赞成废弃)的应答。

2. 执行阶段

在第一阶段协调者的询问之后,各个参与者会回复自己事务的执行情况,这时候存在两种可能:

(1) 所有的参与者回复 Ready(赞成提交)；

(2) 一个或多个参与者回复 Abort(赞成废弃)。

对于第一种情况，协调者将向所有的参与者发出提交事务的命令，具体步骤如下。

(1) 协调者在其日志中写入一条 commit 命令，向各个参与者发送 commit(提交)命令，请求提交事务。

(2) 参与者收到事务提交命令之后，在其日志中写入一条 commit 记录，执行 commit(提交)操作，然后释放占有的资源。

(3) 参与者向协调者返回事务 commit(提交)结果信息。

(4) 协调者收到所有参与者的返回信息后，在其日志文件中写入 End_transaction 记录。全局事务终止。

对于这种情况协调者收到的参与者回复全是 Ready(赞成提交)，并通知了参与者提交事务，参与者提交了事务并回复了协调者应答信息，事务的协调者执行流程和参与者执行流程如图 7-9 所示。

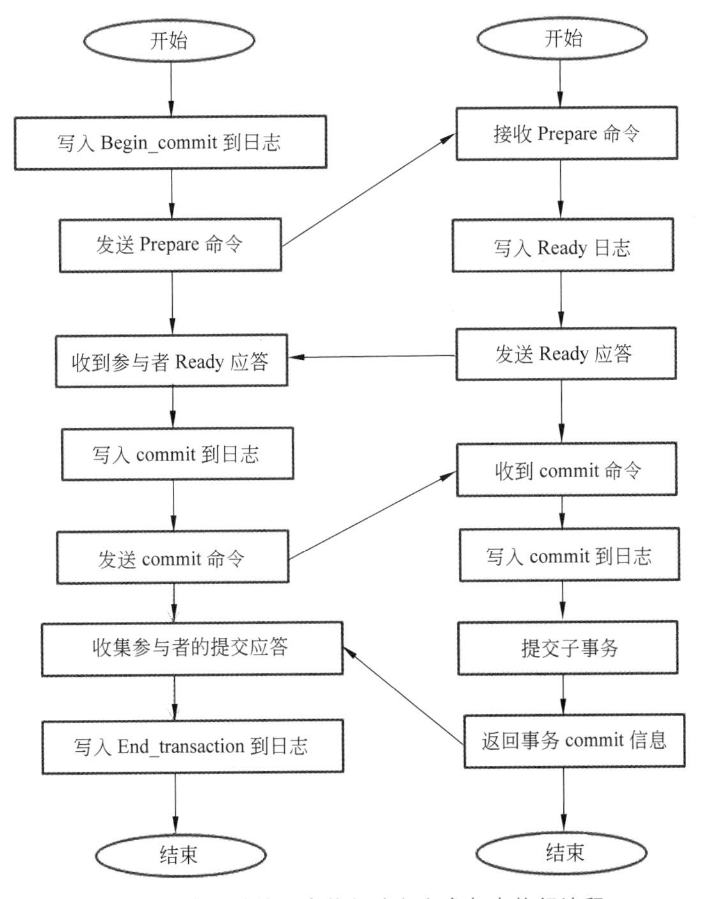

图 7-9　事务的协调者执行流程和参与者执行流程

对于第二种情况，协调者均认为参与者无法正常成功执行事务，为了整个集群数据的一致性，所以要向各个参与者发送事务回滚通知，具体步骤如下。

(1) 协调者在其日志中写入一条 Abort 记录,向各个参与者发送事务 Abort(废弃)命令,请求回滚事务。

(2) 参与者收到事务 Abort(废弃)命令之后,如果参与者收到 Prepare(预提交)命令后向协调者发送的是 Ready 应答,则在其日志中写入一条 Abort 记录,执行回滚操作,然后释放占有的资源;如果参与者收到 Prepare(预提交)命令后向协调者发送的是 Abort 应答,则直接执行回滚操作,然后释放占有的资源。

(3) 参与者向协调者返回事务 Abort(废弃)结果信息。

(4) 协调者收到所有参与者的返回信息后,在其日志文件中写入 End_transaction 记录。全局事务终止。

对于这种情况协调者收到了一个及以上参与者回复了 Abort,于是通知各个参与者废弃事务,参与者回滚了事务并回复了协调者应答信息,事务的协调者执行流程和参与者执行流程如图 7-10 所示。

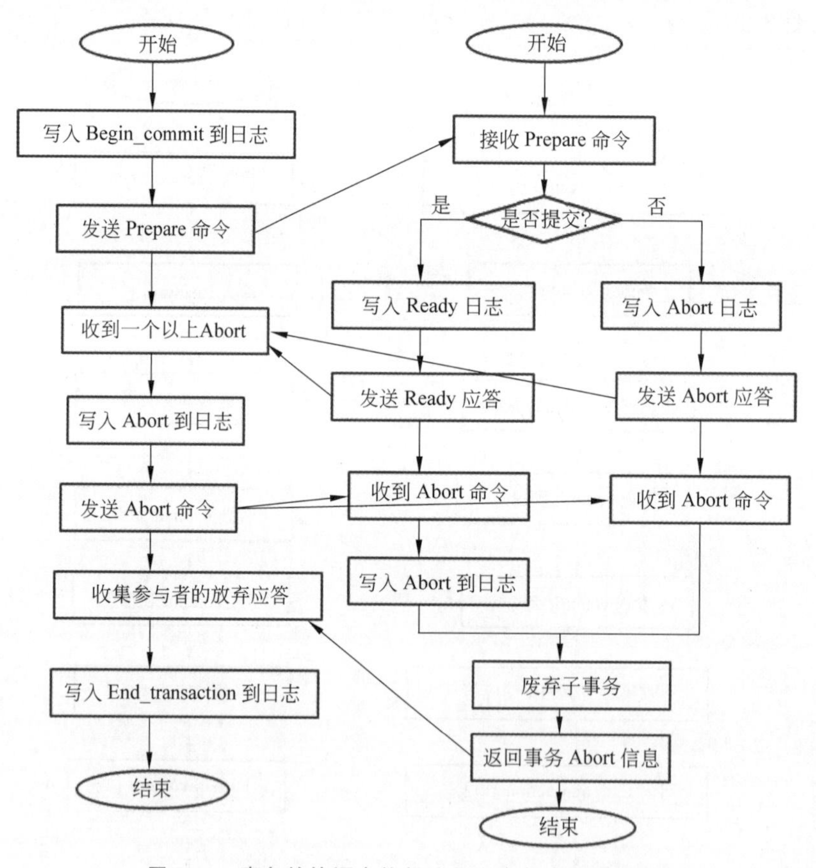

图 7-10 事务的协调者执行流程和参与者执行流程

7.6.3 两阶段提交协议的优缺点

两阶段提交协议由协调者和参与者共同完成分布式数据库事务的提交,优点是能够保证数据库的一致性,但也存在阻塞等问题,主要缺点包括以下 3 个方面。

（1）同步阻塞问题：执行过程中，所有参与节点都是事务阻塞型的。当参与者占有公共资源时，其他节点访问公共资源不得不处于阻塞状态。

（2）单点故障：由于协调者的重要性，一旦协调者发生故障。参与者会一直阻塞下去。尤其在第二阶段，协调者发生故障，那么所有的参与者还都处于锁定事务资源的状态中，而无法继续完成事务操作。

（3）数据不一致：在两阶段提交协议的第二阶段中，当协调者向参与者发送 commit 请求之后，发生了局部网络异常或者在发送 commit 请求过程中协调者发生了故障，这会导致只有一部分参与者接收到了 commit 请求。而在这部分参与者接到 commit 请求之后就会执行 commit 操作。但是其他部分未接到 commit 请求的参与者则无法执行事务提交。于是整个分布式系统便出现了数据不一致性的现象。当然这种现象可以通过数据库恢复机制解决。

7.6.4 两阶段提交协议的实现方法

两阶段提交协议是实现分布式事务正确提交而经常采用的协议，按照各参与者之间的通信结构，可以将两阶段提交协议的实现方法分为集中式、线性式、分布式和分层式等4种方法。

1. 集中式方法

传统的两阶段提交协议一般采用集中式的通信结构，如图7-11所示。在这种通信结构中，通信通常仅发生在协调者和参与者之间，而参与者之间不进行直接通信。采用集中式通信结构的两阶段提交协议称为集中式两阶段提交协议，在集中式两阶段提交协议中协调者也是分布式事务的始发站点。集中式两阶段提交协议实现简单，且适合没有广播能力的网络采用。但其存在协调者负担过重、可靠性较差以及事务处理并行性较差和易于产生阻塞现象等缺点。在这种通信结构中，协调者往往成为系统的瓶颈，它要与每一个参与者直接进行通信，处理信息量大，响应时间又长，并且一旦协调者发生故障，所有参与者都要陷于阻塞状态。

2. 线性式方法

线性式通信结构如图7-12所示。在该通信结构中，参与者按照顺序进行通信。采用线性通信结构的两阶段提交协议称为线性两阶段提交协议（也称为嵌套两阶段提交协议）。为了通信，系统中的站点之间要进行排序。假设参与事务执行的站点之间的顺序是1到 N，协调者就是序列中的第一个。在第一阶段使用了向前通信方式，即从协调者到 N；在第二阶段使用了向后通信方式，即从 N 到协调者。线性提交协议按以下方式操作：协调者向参与者2发送“准备提交”消息，如果参与者2没有准备好提交该事务，它就向参与者3发送“建议撤销”消息。这样事务就被撤销了（单方面撤销）。如果参与者2同意提交该事务，它就向参与者3发送“建议提交”消息，并进入就绪状态。该过程一直持续到“建议提交”消息发送到参与者 N，此时第一阶段结束。如果 N 同意提交，它就给 $N-1$ 发送“全局提交”消息；否则，发送“全局撤销”消息。参与者从而进入“提交”或“撤销”状

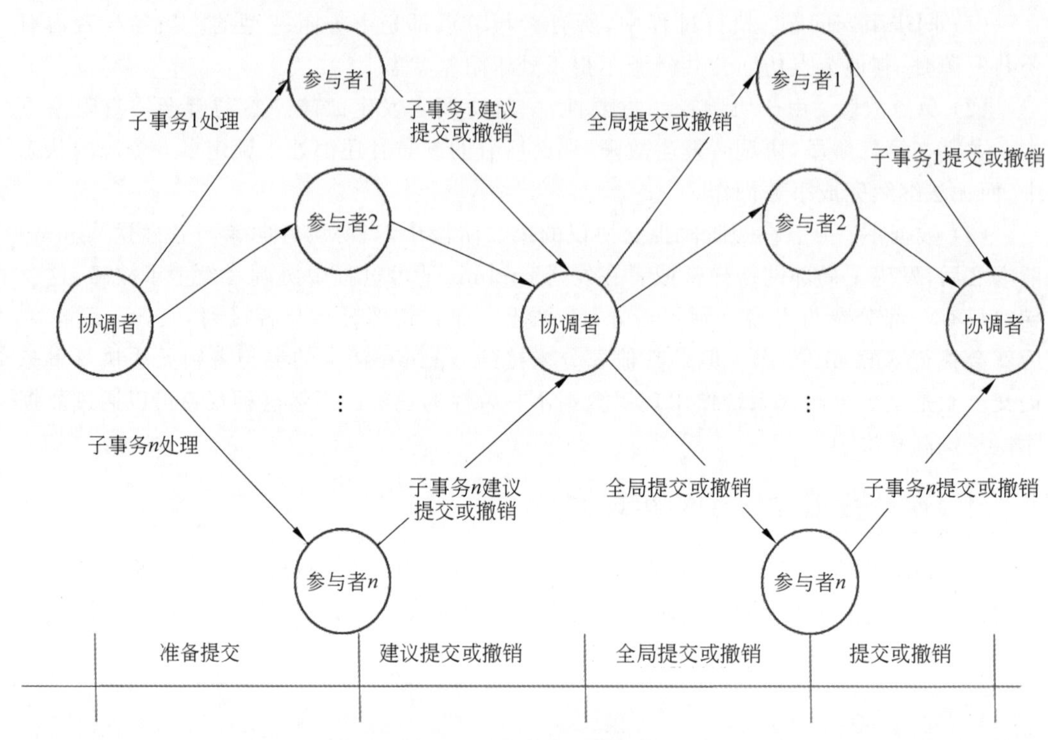

图 7-11　集中式通信结构

态,并把消息传回到协调者。线性两阶段提交协议可以省略一些协议的中间状态(不需要使用“回答”报文),但由于其事务处理流程是串行进行的,并行性较差,因而,它增加了响应时间,当子事务较多时协议的执行效率会受到较大影响。不过它比较适合没有广播能力的网络。

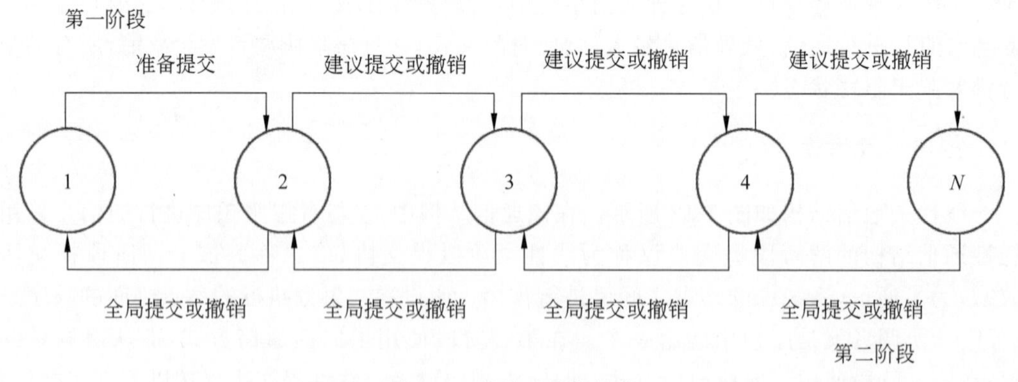

图 7-12　线性式通信结构

3. 分布式方法

分布式方法通信结构如图 7-13 所示。采用分布式通信结构的两阶段提交协议称为分布式两阶段提交协议。这种通信结构允许所有参与者在协议执行的第一阶段相互进行通信,因而可以做出分布式事务是否提交或撤销的决定,所以它不需要第二阶段。操作如下:协调者向所有参与者发送“准备提交”消息,每个参与者向所有余下的参与者(和协调者)发送自己的决定,即“建议提交”或“建议撤销”消息。每个参与者等待从所有其他的参与者发回的消息,然后根据收到的是 Ready 还是 Abort 做出自己的决定。分布式两阶段提交协议的可靠性和响应效率最高,但通信结构复杂度、控制报文的传输量在各种通信结构中最高,所以这种通信代价巨大的通信结构在实际应用中很少采用。

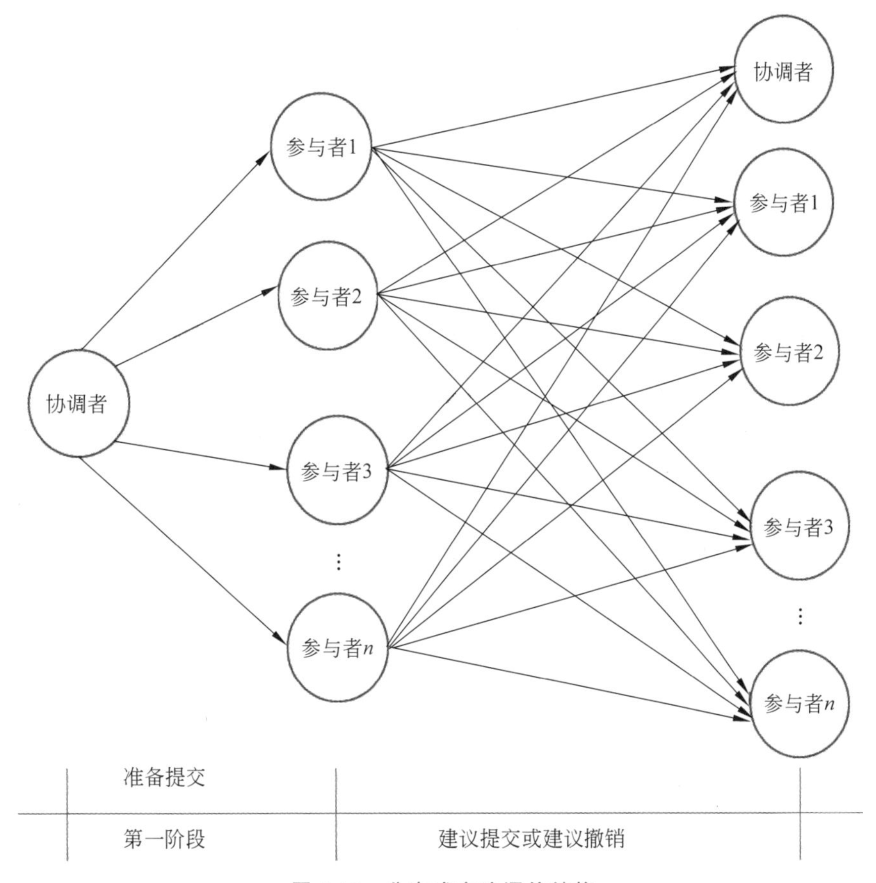

图 7-13　分布式方法通信结构

4. 分层式方法

分层式方法通信结构(也称树状通信结构)如图 7-14 所示。采用分层式通信结构的两阶段提交协议称为分层式两阶段提交协议(也称树状协议)。在分层式通信结构中,协调者被称为树的根,参与者构成树的中间节点或叶节点。在这种通信结构中协调者和参与者的通信不是以直接广播的方式进行,而是使消息在树状结构中上下传播的。整个分层式结构中上层节点可以向下层节点发送消息或收集响应消息。中间节点在收集了其下层节点的响应消息后发送给其上层节点直至根节点。根节点在收集到所有参与者的响应消息后做出决定,并将决定报文发送给其下一层节点,这样层层转发直至事务最后结束。

把分层式通信结构和集中式通信结构加以比较可以发现，集中式通信结构实际上是分层式通信结构的一种特殊情况。但分层式通信结构和集中式通信结构也存在不同之处，在分层式通信结构中，信息的交换除了可以在整个树状结构中逐层上下传播以外，还允许一个站点向其他站点广播发送信息。由上述分析可见，分层式通信结构减轻了协调者的负担且与其他通信方式相比在故障恢复方面具有一定的优势，但仍无法降低阻塞现象产生的概率。

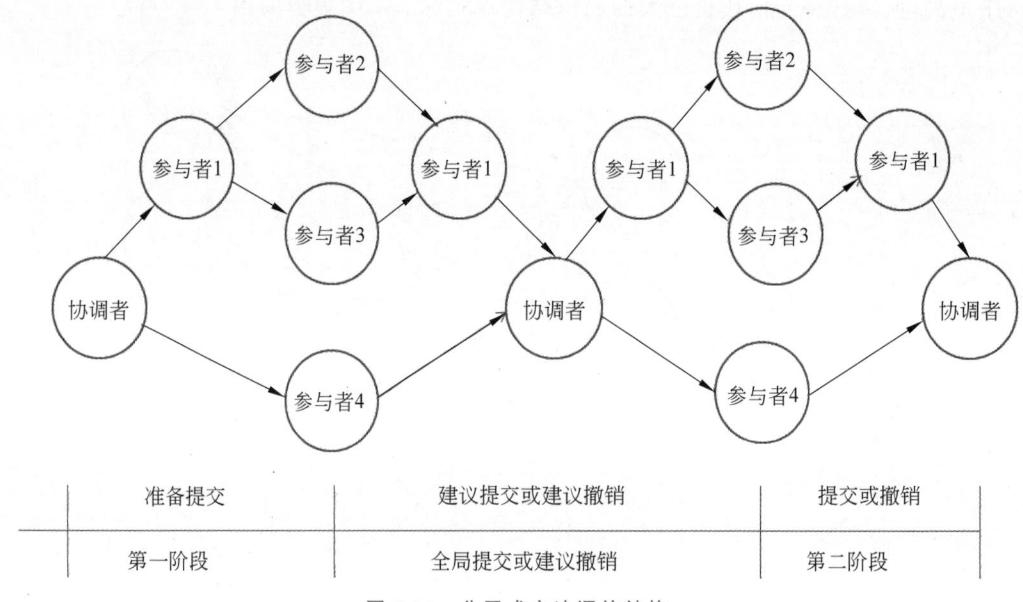

图 7-14 分层式方法通信结构

7.7 三阶段提交协议（3PC 协议）

在两阶段提交协议中，若参与者收到了协调者发送的“提交”命令时，说明其他所有参与者均已向协调者发送了“准备提交”的应答，则参与者可以提交其子事务。但是，如果在两阶段提交协议执行过程中出现协调者故障或网络故障，使得参与者不能及时收到协调者发送的提交命令时，那么参与者将处于等待状态，直到获得所需要的信息后才可以做出决定。在故障恢复前，参与者的行为始终停留不前，子事务所占用的系统资源也不能被释放，这时称事务进入了阻塞状态。若参与者一直收不到协调者的命令，则事务将始终处于阻塞状态而挂在相应的场地上，所占用的系统资源也不能被其他事务利用。由此可见，这种事务阻塞降低了系统的可靠性和可用性。为此，一种改进的分布式提交协议即三阶段提交协议被提出，它在一定程度上减少了事务阻塞的发生，提高了系统的可靠性和可用性。

7.7.1 三阶段提交协议算法

三阶段提交协议中，在投票阶段和执行阶段之间增加一个“准备提交”阶段。三阶段提交的三个阶段分别为投票表决阶段、准备提交阶段、执行阶段。

第一阶段：投票表决阶段。

该阶段协调者会询问各个参与者是否能够正常提交事务，参与者根据子事务情况回复一个应答，具体步骤如下。

(1) 由协调者首先在它的日志中写入一条 Begin_commit 记录，然后给所有的参与者发送 Prepare(预提交)命令，并进入等待状态。

(2) 参与者收到 Prepare 消息后，就检查本站点是否具备提交本地事务的能力，如果能够提交，参与者就在本地的日志中写入一条 Ready 记录，并向协调者发送 Ready (赞成提交)应答，接着就进入“赞成提交”状态。

(3) 参与者收到 Prepare 消息后，如果不能够提交，参与者就向本地日志中写入一条 Abort 记录，以标示该子事务进入废弃状态，并向协调者发送一条 Abort(赞成废弃)应答。

第二阶段：准备提交阶段。

本阶段协调者会根据第一阶段的询问结果采取相应操作，询问结果主要有两种。

(1) 所有的参与者都返回 Ready(赞成提交)消息。

(2) 一个或多个参与者返回 Abort(赞成废弃)应答。

针对第一种情况，协调者会向所有参与者发送 Prepare-to-Commit 命令，具体步骤如下。

(1) 协调者在其日志中写入一条 Prepare-to-Commit 记录，向各个参与者发送 Prepare-to-Commit(准备提交)命令，进入等待状态。

(2) 参与者收到事务 Prepare-to-Commit(准备提交)通知之后，在其日志中写入一条 Ready-to-Commit 记录，并向协调者发送 Ready-to-Commit(准备就绪)消息，进入“准备就绪”状态。

(3) 进入第三阶段。

针对第二种情况，协调者认为事务无法正常执行，于是向各个参与者发出 Abort 命令，具体步骤如下。

(1) 协调者在其日志中写入一条 Abort 记录，向各个参与者发送事务 Abort(废弃)命令，请求回滚事务。

(2) 参与者收到事务 Abort(废弃)命令之后，如果参与者收到 Prepare(预提交)命令后向协调者发送的是 Ready 应答，则在其日志中写入一条 Abort 记录，执行回滚操作，然后释放占用的资源；如果参与者收到 Prepare(预提交)命令后向协调者发送的是 Abort 应答，则直接执行回滚操作，然后释放占用的资源。

(3) 参与者向协调者返回事务 Abort(废弃)结果信息。

(4) 协调者收到所有参与者的返回信息后，在其日志文件中写入 End_transaction 记录。全局事务终止。

在这种情况中，协调者和参与者的信息通信如图 7-15 所示，协调者和参与者的执行流程与两段提交协议完全一样。

第三阶段：执行阶段。

本阶段协调者收到所有参与者发送 Ready-to-Commit(准备提交)应答后，向所有的参与者发出提交事务的通知。具体步骤如下。

(1) 协调者在其日志中写入一条 commit 记录，向各个参与者发送 commit(提交)命令，请求提交事务。

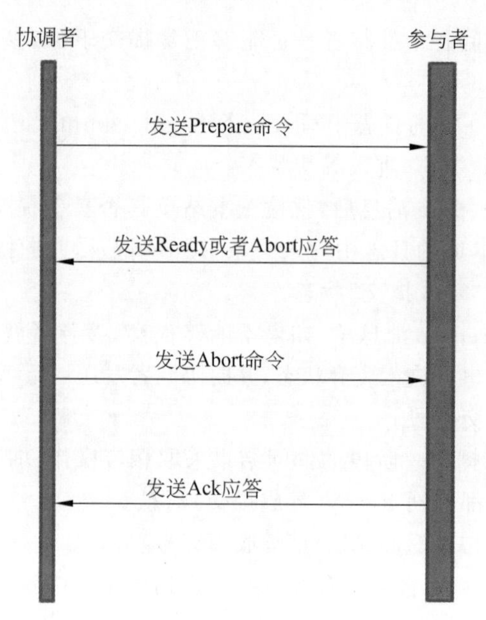

图 7-15 协调者和参与者的信息通信示意图

(2) 参与者收到事务提交命令之后,在其日志中写入一条 commit 记录,执行 commit (提交)操作,然后释放占有的资源。

(3) 参与者向协调者返回事务 commit(提交)结果信息。

(4) 协调者收到所有参与者的返回信息后,在其日志文件中写入 End_transaction 记录。全局事务终止。

只有第二阶段的第一种情况才能进入第三阶段的操作,对于此种情况协调者和参与者信息通信如图 7-16 所示,协调者和参与者的执行流程如图 7-17 所示。

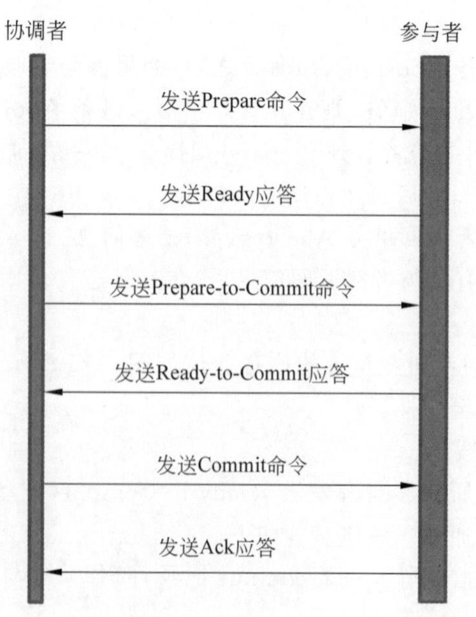

图 7-16 三阶段提交协议协调者和参与者信息通信

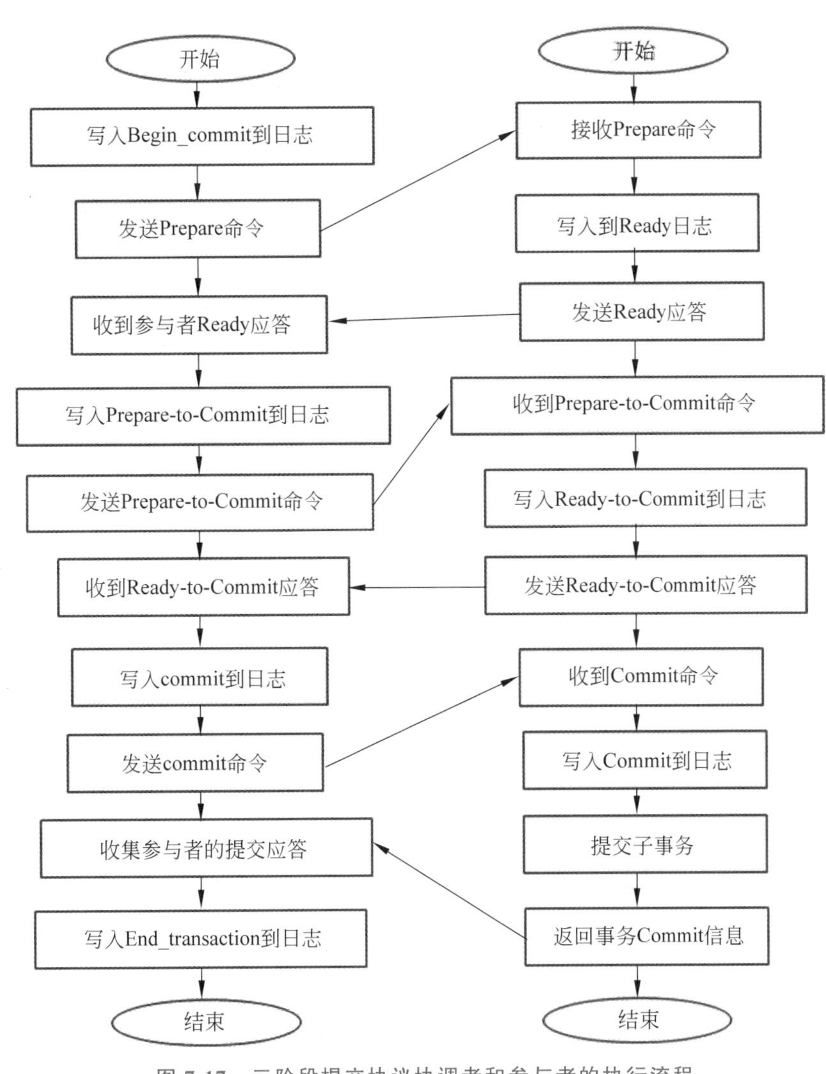

图 7-17　三阶段提交协议协调者和参与者的执行流程

7.7.2　三阶段提交协议的特点

三阶段提交协议由投票表决阶段、准备提交阶段和执行阶段构成，其特点主要包括参与者状态不相容性和利用恢复处理解决阻塞等。

1. 参与者状态不相容性

三阶段提交协议参与者有 5 个状态，分别为“初始”“赞成提交”“准备就绪”“提交”“废弃”状态。当参与者发送完“赞成提交”应答后，即由“初始”状态转换为“赞成提交”状态；当参与者发送完“准备就绪”应答后，即处于“准备就绪”状态；当参与者收到提交命令后，即处于“提交”状态；当参与者收到废弃命令后，即处于“废弃”状态。从三阶段提交协议执行流程可以看出，在参与者的 5 个状态中，有些状态是不相容的。不相容的状态对包括

“初始”状态与“准备就绪”状态、“初始”状态与“提交”状态、“赞成提交”状态与“提交”状态、“提交”状态与“废弃”状态、“准备就绪”状态与“废弃”状态，也就是说，一个参与者在其他任何一个参与者处于“赞成提交”状态时，不可能进入提交状态；一个参与者在另一个参与者进入“提交”状态或者任何一个参与者已进入“准备就绪”状态时，不可能进入“废弃”状态。三阶段提交协议状态不相容矩阵如图 7-18 所示。

参与者	初　始	赞成提交	准备就绪	提　交	废　弃
初始	相容	相容	不相容	不相容	相容
赞成提交	相容	相容	相容	不相容	相容
准备就绪	不相容	相容	相容	相容	不相容
提交	不相容	不相容	相容	相容	不相容
废弃	相容	相容	不相容	不相容	相容

图 7-18　三阶段提交协议状态不相容矩阵

2. 非阻塞特性

基于状态不相容性，三阶段提交协议参与者可以根据其他参与者的状态进行相应的恢复处理。具体过程是：参与者进入恢复处理后，访问其他参与者的当前状态，若所用的参与者均处于“赞成提交”或“废弃”状态，根据状态的不相容性，说明此时没有任何一个参与者已提交，则该参与者通知所有参与者进行废弃。若存在某个参与者处于“准备就绪”或“提交”状态，则说明当前不可能存在参与者被废弃，因为“准备就绪”或“提交”状态均不相容于“废弃”状态，此时该参与者通知所有参与者提交。为了遵循状态的相容性，在提交时需要注意，若某参与者当前状态为“赞成提交”，则需要先将其转换为“准备就绪”状态，然后再进行提交，进而进入提交状态。

在三阶段提交协议中，当参与者已发送完“赞成提交”的应答后，长时间没有收到协调者再次发来的命令时，该参与者可启动恢复处理；当参与者已发送完“准备就绪”的应答后，长时间没有收到协调者再次发来的命令时，该参与者可启动恢复处理。

由此可以看出，三阶段提交协议的非阻塞特性主要体现在，当协调者与参与者失去联系时，参与者不是就此被动地等待，而是可以积极主动地采取相应的措施，通过了解其他参与者的状态来推断协调者的命令并独立执行，尽量能够使事务继续执行下去。

7.7.3　两阶段提交协议和三阶段提交协议的比较

事务提交协议的评价指标主要有：事务是否是阻断的、报文交换的数量、记录日志的次数、是否能保证事务的原子性。事务的阻断是指由于分布式数据库系统的故障，在某站点上本可以提交或撤销的子事务，就必须等到有故障的事务修复后并取得必要的信息之后才能进行事务的提交或撤销。而故障的恢复又是无法预料的，所以它占用的资源就不能释放，也无法继续执行，这时就称该事务处于阻断状态。非阻断的必要条件为：没有状态同时与提交状态和撤销状态相邻；也没有不可提交的状态与提交状态相邻。因此，两阶段提交协议是阻断的协议。三阶段提交协议在两阶段提交协议的基础上增加准备提交阶段，如果在此时发生故障，已经收到准备提交的参与者可以继续本事务，故障节点在重启后可以提交，所以三阶段提交协议是非阻断的协议。

三阶段提交协议虽然是非阻断的协议，但由于其增加了一个准备提交阶段，而事务提交的效率总是受制于整个系统中最慢的节点或网络段，所以会造成通信量的增加和资源的浪费。两阶段提交协议简单，能保证事务执行的原子性，但易于陷入阻塞状态。

习　题　7

1. 简述事务的特性。
2. 事务分为哪些类型？
3. 说明分布式数据库事务特性与集中式数据库事务特性的异同。
4. 分布式事务执行控制模型有哪几类？
5. 简述两阶段提交协议的实现方式。
6. 三阶段提交协议与两阶段提交协议有何不同？
7. 三阶段提交协议有哪些特点？

第8章 分布式恢复管理

分布式数据库系统可能因为一些不可预测的软件和硬件因素而发生故障。在分布式数据库中必须针对任何可能出现的故障提供相应的恢复措施，自动将数据从故障状态恢复到一个一致性状态，并继续提供正常的数据库服务。本章首先介绍恢复管理机制的基本知识，包括恢复的基本概念、故障类型、恢复模型、数据库日志等；其次简述集中式数据库管理系统的恢复算法；最后讨论分布式数据库系统的故障恢复。

8.1 分布式恢复概述

分布式数据库系统(Distributed DataBase System，DDBS)是数据库系统和计算机网络相结合的产物。通俗地讲，就是物理上分散而逻辑上集中的数据库系统。分布式数据库系统使用计算机网络将地理位置分散而管理和控制又需要不同程度集中的多个逻辑单位连接起来，共同组成一个统一的数据库系统。尽管在分布式数据库中提供了数据完整性、正确性检查机制，但数据不完整、数据错误的可能性依然存在，即使已经杜绝了上述错误的发生，计算机系统硬件的故障也是不可避免的。同时，计算机系统中的软件错误和人为的破坏，也会造成数据的部分甚至全部遭到破坏，使数据库不能正常运行。因此，在分布式数据库中必须提供相应的恢复措施，自动将数据从故障状态恢复到一个一致性状态，并继续提供正常的数据库服务。事务是分布式数据库系统进行恢复处理的基本单元。事务具有 ACID(原子性，Atomicity；一致性，Consistency；隔离性，Isolation；持久性，Durability)特性，其原子性和持久性由恢复管理机制保证，一致性和隔离性由并发控制模块来维护。当系统从故障中恢复以后，恢复管理机制必须保证一个事务的所有执行结果要么全部都永久记录在数据库中，要么全部都不永久记录。

由于数据库的写操作不是一个原子过程，情况就显得复杂了。有可能一个事务已提交，但其有关执行结果还未到达数据库，如果此时发生了故障，执行结果就不能被永久记录在数据库中。当事务执行一个对数据库的写操作时，数据首先写入数据库缓冲区。数据库缓冲区在内存中占据特定的区域，数据经此再回写到磁盘存储器等外存。数据库缓冲区中的数据都是临时性的，只有当一个缓冲区中的数据被回写入了外存储器后，这些数据才能被视为是永久的。数据由数据库缓冲区回写到外存储器的操作可由特定的DBMS命令引发，或者在数据库缓冲区满时，由DBMS自动执行。当一个故障发生在数据写入缓冲区或从缓冲区回写入外存储器时，恢复管理机制必须能确认引起这次写操作的事务此时所处的状态。如果这个事务已经提交，为保证事务的一致性，恢复管理机制对该事务执行一次重做操作，使该事务的执行结果真正写入数据库中。如果事务在故障发生时仍处于活跃状态，为保证事务的原子性，恢复管理机制对该事务执行一次反做操作，消除该事务对数据库的影响。恢复管理机制的基本功能就是在发生故障时，识别哪些事务需要重做操作，而哪些事务需要反做操作，然后去执行这些必需的操作。

目前，分布式数据库系统中故障的恢复技术主要有备份恢复技术和日志恢复技术，经常采用的是这两种恢复技术的结合。备份恢复在集中式数据库系统中常用于介质故障的恢复，在分布式数据库系统中，还用于保持冗余数据的一致。日志恢复是当前数据库恢复系统最常用的一种恢复机制。在集中式数据库系统中，恢复系统通过记录的日志恢复数据库到一个正确的一致性状态。而在分布式数据库系统中，由于数据的物理分布性和逻辑整体性，数据的恢复工作要复杂得多。在分布式数据库系统中，数据冗余分布在多个站点上，逻辑上作为一个统一的系统向用户提供透明服务。当分布式数据库数据出现故障时，站点不但需要根据本地的日志，而且要根据其他站点上的日志记录将数据库恢复到一个一致性状态。在分布式数据库系统中，分布式事务的执行采用两阶段提交协议或三阶段提交协议，当故障发生时，根据两阶段提交或三阶段提交过程中记录的本地站点上的日志文件以及相应的站点上的日志文件进行恢复。

8.2　数据库日志文件

数据库系统事务的完成，不仅仅是操作序列的完成，还必须将事务的执行信息写入日志文件，这样在故障发生时，系统的恢复机制可以根据日志中的信息对数据库进行恢复，保证数据库状态的一致性。因此，数据库日志文件是用来保存事务恢复信息的文件。

8.2.1　日志文件

每一个数据库管理系统都拥有一个日志文件，日志文件中记录了所有事务引发的所有数据库的操作，在分布式数据库环境中，不同站点都拥有各自的日志文件。事务引发的事务开始、数据库读操作、写(插入、删除、修改)、提交事务、终止事务以及用户登录、用户退出等类型的操作都在日志文件中占据一个表项。由于数据库读操作、用户登录、用户退出等这些信息与恢复技术无关，本章中不涉及这些日志信息。

每个日志记录包含以下信息。

(1) 事务标识符。

(2) 日志记录类型，说明该记录记载的是哪种数据库操作。

(3) 数据库操作所涉及的数据体的标识记录，例如地址。

(4) 数据体的前像，即数据体被修改前的值。

(5) 数据体的后像,即数据体被修改后的值。

(6) 日志管理信息,例如指向前一个事务日志记录项的指针。

在事务处理率很高的系统中,每天都会产生大量的日志信息,将所有信息都随时地联机存储是不现实的,事实上也是完全不必要的。因此,将大部分信息放在档案存储器中,将联机存储器视为档案存储器的缓冲。在一些小型故障中,使用联机存储器中的相关日志记录,以保证快速恢复。在一些大型故障中,其恢复需要访问日志文件中很大的一部分,采用档案存储器中的日志记录进行恢复工作。虽然从档案存储器中将日志记录传送到联机存储器需要消耗时间,但大型故障发生较少,日志记录传送消耗的时间是可以接受的。

通常,将日志记录从联机存储器存入档案存储器的过程是:将联机存储的日志部分分为两个独立的直接访问文件,开始时,日志记录都写入第一个文件,当该文件达到一定的负荷度时(例如 95%),日志系统就打开第二个文件。原来记录在第一个文件中的事务,其后续记录依然写入第一个文件中,而新出现的事务的日志记录写入第二个文件,当第一个文件相应的所有事务提交完毕时,系统将第一个文件转送到档案存储器上,然后,将第二个文件视为新的第一个文件,而空了的第一个文件就成为新的第二个文件。

从上述过程中可以看出,在将日志记录写入档案存储器之前,通常先写入日志缓冲区。缓冲区管理机制管理着两类缓冲区:与日志文件进行信息交互的日志缓冲区和与数据库本身进行信息交互的数据库缓冲区,如图 8-1 所示。将日志缓冲区的记录写入档案存储器的方法有两种。

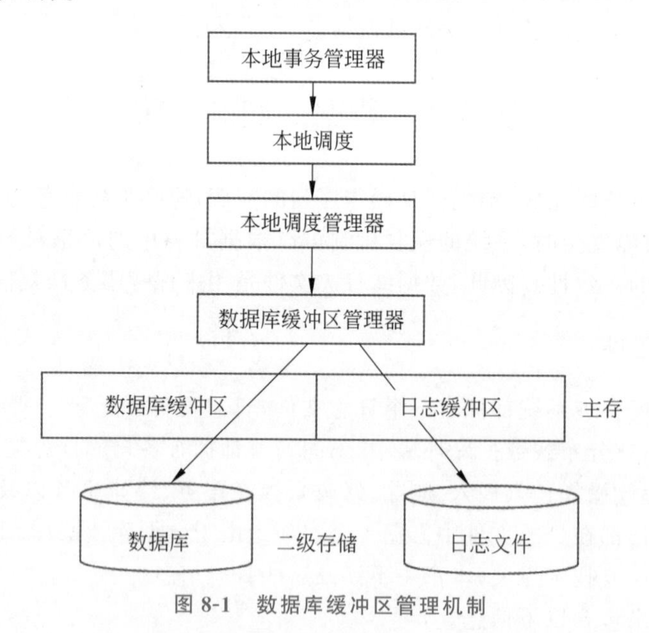

图 8-1 数据库缓冲区管理机制

(1) 同步方式。一个日志记录写入日志之后,同步地将其写入档案存储器。这意味着每一步事务操作都将附加一个延迟,但是在同步方式下,在恢复时总能拿到最新的日志记录。

(2) 异步方式。依靠周期性发生的事件,例如一个事务提交完毕或缓冲区满,来启动将其写入档案存储器。

对日志的操作有一个根本的原则,那就是先写日志协议,日志记录(至少是记录的相当一部分)写入日志文件的操作先于其对应的数据库写操作。如果后者先于前者,而在前者还未完成时发生了故障,那么恢复管理机制就无法对事务进行重做或反做操作。在先写日志协议下,如果恢复管理机制没有发现事务在其日志记录中有事务提交记载,那么就说明这个事务在故障发生时仍然处在活跃状态,因此也就有必要对之进行反做操作。

8.2.2 检查点

恢复管理机制面临的一个问题是:故障发生之后在日志中要回溯多远以识别哪些事务必须重做?哪些事务必须反做?即判别哪些事务在故障发生前已完成,哪些事务还没有完成。为了减少这个回溯的长度,恢复管理机制周期性地设置检查点。因此,在回溯时只需要回溯到上一个检查点即可。设置检查点的方式有两种:同步检查和异步检查。

在异步检查点的设置方式中,在检查点的设置处不中断系统进程,如图 8-2 所示,事务 TC2 和 TC3 在检查点处仍是活跃状态。

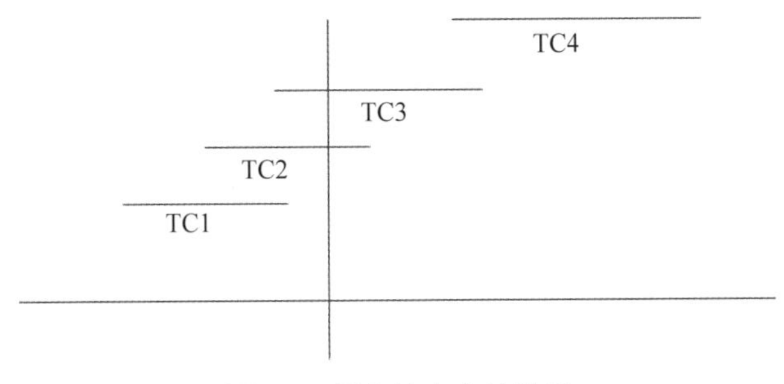

图 8-2　异步检查点的设置

在同步检查点的设置方式中,在检查点的设置处,系统停止接受新事务直至所有现行执行事务完成,如图 8-3 所示。

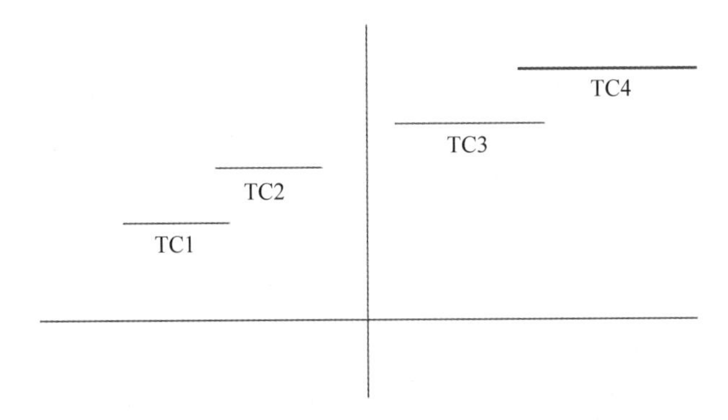

图 8-3　同步检查点的设置

在异步检查点和同步检查点上,系统执行不同的操作。

在异步检查点上系统执行的操作如下：

(1) 将当前所有活跃事务写入日志，这些信息可以来自并发控制器；

(2) 将检查点在日志中的地址写入一个称之为“重启动文件”的特殊文件中；

(3) 所有日志缓冲区和数据库缓冲区内容都被强制性写入永久存储介质中。

在同步检查点上系统执行的操作如下：

(1) 将检查点在日志中的地址写入一个被称为“重启动文件”的特殊文件中；

(2) 所有日志缓冲区和数据库缓冲区内容都被强制性写入永久存储介质中。

当系统中没有任何活跃事务时，称系统这时处于静止状态。在同步检查点的设置方式中，检查点上不会有事务要被重做和反做，因此恢复管理机制的工作被大大简化。然而为此付出的代价是许多新事务被延迟启动直到检查点的设置工作结束。

8.3 数据库故障类型

引发数据库故障的原因有很多，可能发生各种各样的故障，为了便于讨论在分布式数据库环境下的恢复，通常将这些故障分为局部事务内部故障、站点故障、存储介质故障、网络故障 4 类。

8.3.1 局部事务内部故障

局部事务内部故障主要指由事务隐式的终止、不可预知的事务故障、系统隐式的终止 3 个方面引起的故障。

1. 事务隐式的终止

对于事务隐式的终止来说，应用程序能够对这种异常情况进行处理，恢复管理机制只需将该事务回滚，其他事务不受影响。如银行转账事务中“资金不足”的例子就是这种情况，应用程序负责对这种异常情况进行处理。

2. 不可预知的事务故障

不可预知的事务故障一般由应用程序中的错误所引发，例如零做除数。当事务发生故障时，数据库系统必须判别出事务已经失败，并通知恢复管理机制将该事务回滚，其他事务不受影响。

3. 系统隐式的终止

当一个事务与其他事务相冲突，或是为了解除一个死锁，事务管理器可能会终止一个事务。此时恢复管理器需将该事务回滚，其他事务不受影响，或是从死锁中解脱出来。

在集中式数据库管理系统中，处理这些局部事务引发的故障相对简单，包括消除它对永久性存储器上数据库的影响也是比较简单的，只需要从日志中取出该事务数据对象的前像进行恢复即可。而在分布式数据库管理系统中，全局事务的任何一个局部代理故障，都将导致这个全局事务的所有代理被终止并且回滚，以保证该全局事务的原子性。当然，其他事务无论是全局的还是局部的都不受影响。

8.3.2 站点故障

站点故障是本地 CPU 故障、系统死循环、缓冲区溢出、系统断电等很多故障导致的系统崩溃。站点故障使得本机上正在执行的所有事务都受影响，主存的内容，包括所有缓冲区的内容都将丢失。在分布式数据库环境中，各个站点是独立运行的，因此有可能出现一些站点已经停止而另一些站点仍在运行的情况。这种情况下，仍在工作的站点要能确认其他站点的状态，而且要尽可能不被阻塞。

为了从站点故障中恢复，局部恢复管理机制必须知道局部系统在故障发生时所处的状态，尤其是哪些事务在当时是活跃的。在重新启动操作系统和 DBMS 后，通过日志文件提供的前后像记录对事务进行重做或反做，使得数据库恢复到一个一致性状态。另外，没有故障的站点在超过了“超时时限值”而未能和故障站点联系上，可以撤销该全局事务。

8.3.3 存储介质故障

存储介质故障是导致永久性存储器部分受损的故障。常见的存储介质故障是磁头破裂。故障介质故障后，恢复管理机制的工作就是恢复最近提交的数据。有两种方法：备份和镜像。

从小型的单用户 PC 到大型多用户系统，在数据处理时都有周期性备份的惯例，这些备份构成了数据库文档。备份工作应该在系统静寂时做，否则备份数据可能保存了不完整的修改结果，也就不能为恢复所用。因此，备份工作并不是频繁进行的，而是在一些精心选定的时刻进行的工作。例如，在数据库重组织之后或系统关闭之后。在许多数据库系统中，备份整个数据库是一个很长的过程，因此，一些数据库只备份数据库的一部分，而在该存档过程中让其余部分仍然处于系统正常运行状态。另外一些系统采取增量转储方法，即只记录自上次备份以来新的数据变化。这两种方法都适合数据库的一般使用情形，因为在数据库中总有一部分比其他部分更频繁地被访问，起码在一个局部时间内这一条件是成立的，因此也就需要更经常地备份。

如果需要在系统运行不停止和容错的环境下进行备份，则使用镜像方法。这种方法是在永久性存储器设备上联机保存两份完整的数据库副本。为了加强可靠性，各个永久性存储器应该由不同的磁盘控制器驱动，并且存放在不同存储区域内。读操作可在任何一个磁盘上进行，而写操作必须写入每个磁盘。如果一个磁盘坏了，所有的读操作都改在另一个磁盘(对坏的那个磁盘而言就是其镜像磁盘)上进行。因此，系统可以继续执行，无须中断，当磁盘恢复后，再将数据库当前状态从镜像磁盘中复制过来，如图 8-4 所示。

另外，有一种镜像技术，虽不是标准的方法，却可以提供相当好的可靠性。该方法将磁盘分为两个分区，即主分区和备用分区。数据库本身交叉分布在不同磁盘上的主分区上，而镜像副本则交叉分布在不同磁盘的备用分区上。这样数据库的数据分布在不同的磁盘上。如图 8-5 所示，数据段 A 和数据段 B 存放在磁盘 1 的主分区上，而它们的镜像则存放在磁盘 2 的备用分区上。每个磁盘控制器可访问所有磁盘。

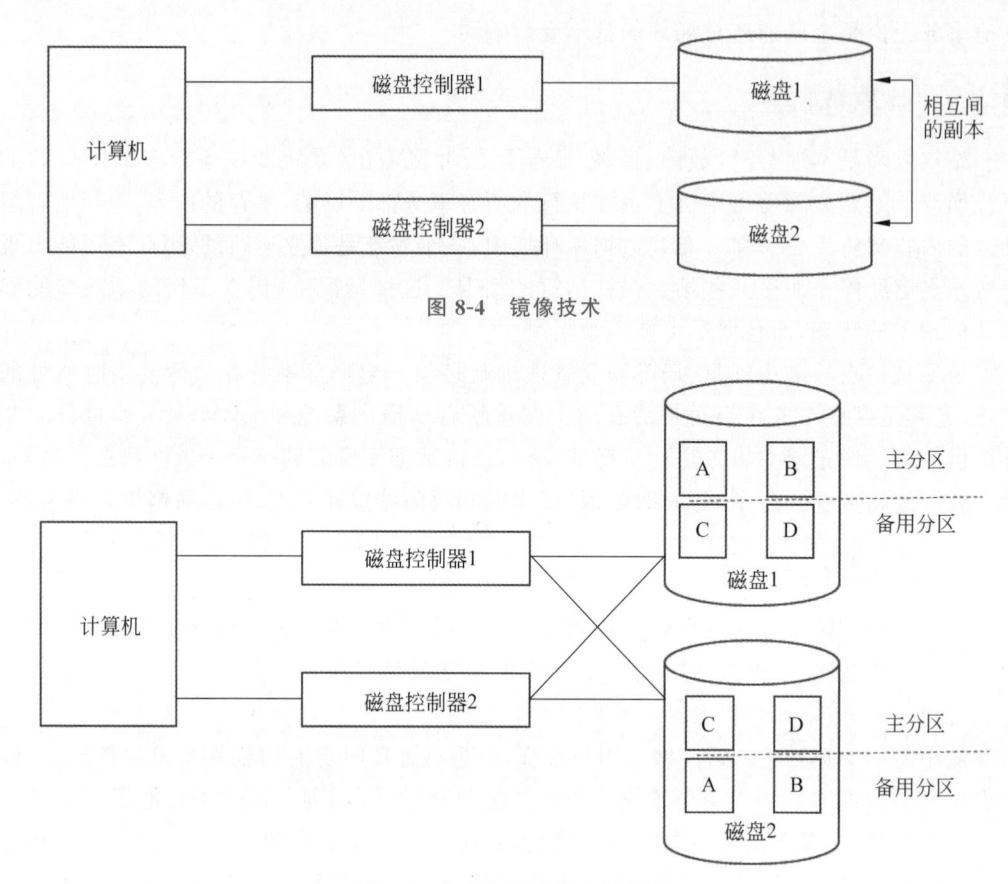

图 8-4 镜像技术

图 8-5 主分区和备用分区镜像

8.3.4 网络故障

局部事务内部故障、站点故障和存储介质故障都是针对集中式数据库而言的,处理这些故障局限在某个场地内。分布式数据库系统运行在网络环境中,尽管大多数网络都具有高可靠性,有一系列协议来确保以正确的顺序正确地传送数据,但是,通信故障仍然可能发生。网络故障包括通信网中信息的丢失、长时间的延迟、网络本身线路的中断等,主要表现形式为以下两个方面。

(1) 报文丢失。当一个报文从一个站点送至另一个站点时,在有限的时间内接收站点未收到报文。

(2) 网络分割。如果站点 A 不能与站点 D 通信,但能与站点 B 通信,站点 B 也不能与 D 通信,这种情况下,A 与 D 没有任何通信路径可走,于是网络被分成两个或两个以上的完全没有连接的子网,如图 8-6 所示。

对于网络故障,数据库恢复机制对故障的表现形式进行分析判断,分析故障产生的原因并进行相应处理,如重发报文等。

综上所述,数据库系统中的故障可以归纳为两大类,即硬故障和软故障。存储介质故障等硬故障通常是永久性的,不能自动修复。硬故障对数据库系统是致命的,应尽力避

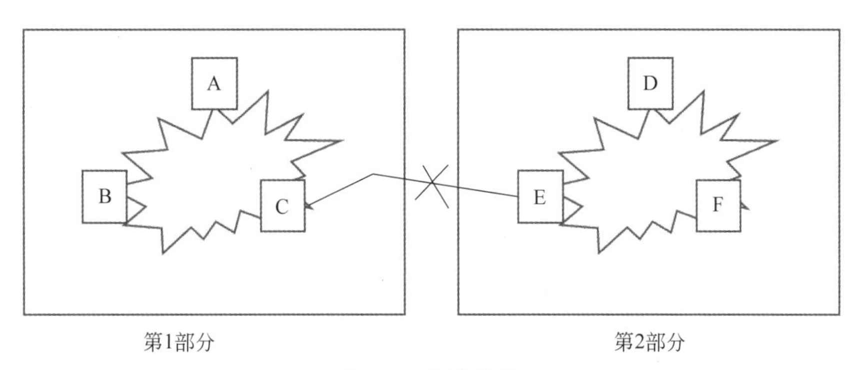

图 8-6 网络结构

免。局部事务内部故障、站点故障、网络故障等软故障通常是临时性的或间歇性的，多是由于系统不稳定造成的，比较容易恢复，如可通过恢复机制进行恢复或重新启动事务恢复。

8.4 故障恢复策略

数据库的恢复是指由于故障造成数据库数据的错误时使数据库正确再现。针对不同的数据库故障，数据库恢复时采取不同的恢复策略。

8.4.1 常用的恢复策略

数据库的恢复目前常用策略包括基于备份技术的恢复、基于日志的恢复、基于镜像数据库的恢复等。

1. 基于备份技术的恢复

对于一般的数据库采取的方法是定期备份转存，当正在使用的数据库发生问题时，进行代换。存在的问题是需要重做后续的事务。

2. 基于日志的恢复

基于日志的恢复是当数据库发生故障后根据数据库日志对事务进行重做(redo)或反做(undo)，使得数据库保持一致性状态。为了解决日志恢复中的不必要的工作，可在日志中设立检查点。系统在工作期间，按照一定的规则对日志文件进行动态维护，建立检查点记录，恢复时只对检查点以后的日志记录检查即可。

反做 (undo)也称撤销，是将一个数据库的值恢复到其修改之前的值，即取消一个事务所完成的操作结果。当一个事务尚未提交时，如果缓冲区管理器允许该事务修改过的数据写到外存储数据库，一旦此事务出现故障需要废弃时，就需要对被这个事务修改过的数据项进行反做，即根据日志文件将其恢复到前像。反做的目的是保持数据库的原子性，反做操作也称为回滚操作(rollback)。

重做(redo)是将一个数据项的值恢复到其修改后的值，即恢复一个事务的操作结果。

当一个事务提交时,如果缓冲区管理器允许该事务修改过的数据不立即写到外存储数据库,一旦此事务出现故障,需对被这个事务修改过的数据项进行重做,即根据日志文件将其恢复到后像。重做的目的是保持数据库的持久性,重做操作也称为前滚操作(rollforward)。

如果在进行反做处理时又发生了故障,则需要重新进行反做处理,对事务进行一次或多次反做处理应该是等价的,同样对事务进行一次或多次重做处理也应该是等价的。该特性称为反做或重做的幂等性,即:

```
undo(undo(undo(…T)))=undo(T)
redo(redo(redo(…T)))=redo(T)
```

3. 基于镜像数据库的恢复

镜像技术就是在同一块硬盘上(或第二块硬盘)做数据库的副本,对多用户数据库,对数据库写时要加锁保护,镜像库可供读使用。当主库出现故障时,直接将镜像库复制过来。镜像技术可以使数据库的可靠性大为提高。但是,镜像操作降低了系统的效率,在对效率要求不高的情况下可以使用。为兼顾两个方面,可对关键数据镜像(如日志数据)。

8.4.2 数据库故障恢复模型

数据库故障包括软故障和硬故障,对于软故障来说,数据库系统的恢复机制采取重做或反做机制恢复;对于硬故障来说,数据库系统采取重装数据库副本及基于数据库日志文件重新运行事务的恢复机制来恢复数据库。

1. 软故障恢复模型

对于数据库系统,当软故障发生时,造成数据库不一致性状态的原因包括两个方面:

(1) 一些未提交事务对数据库的更新已经写入外存储数据库。

(2) 一些已提交事务对数据库的更新还没有写入外存储数据库。

对于数据库软故障的恢复,基本操作为反做和重做,其恢复模型如图 8-7 所示。

2. 硬故障恢复模型

数据库硬故障的恢复依赖数据库转储的备份和数据库日志。当数据库被破坏时,首先将备份副本重新导入到数据库外存磁盘上,使数据库恢复到转储时的状态;然后利用数据库日志文件重新运行转储以后的所有更新事务,使数据库恢复到故障发生前的状态。硬件故障恢复模型如图 8-8 所示。在 T_a 时刻对数据库进行转储,直到 T_b 时刻转储结束并生成当前最新版本的数据库备份副本,若系统运行到 T_c 时刻发生故障,则开始进行恢复。首先,重新导入最新的数据库备份副本到数据库外存磁盘上,将数据库恢复到 T_b 时刻的状态;然后系统利用数据库日志文件重新运行在 T_b 时刻到 T_c 时刻的所有更新事务,执行完毕后数据库恢复到故障发生前的状态。

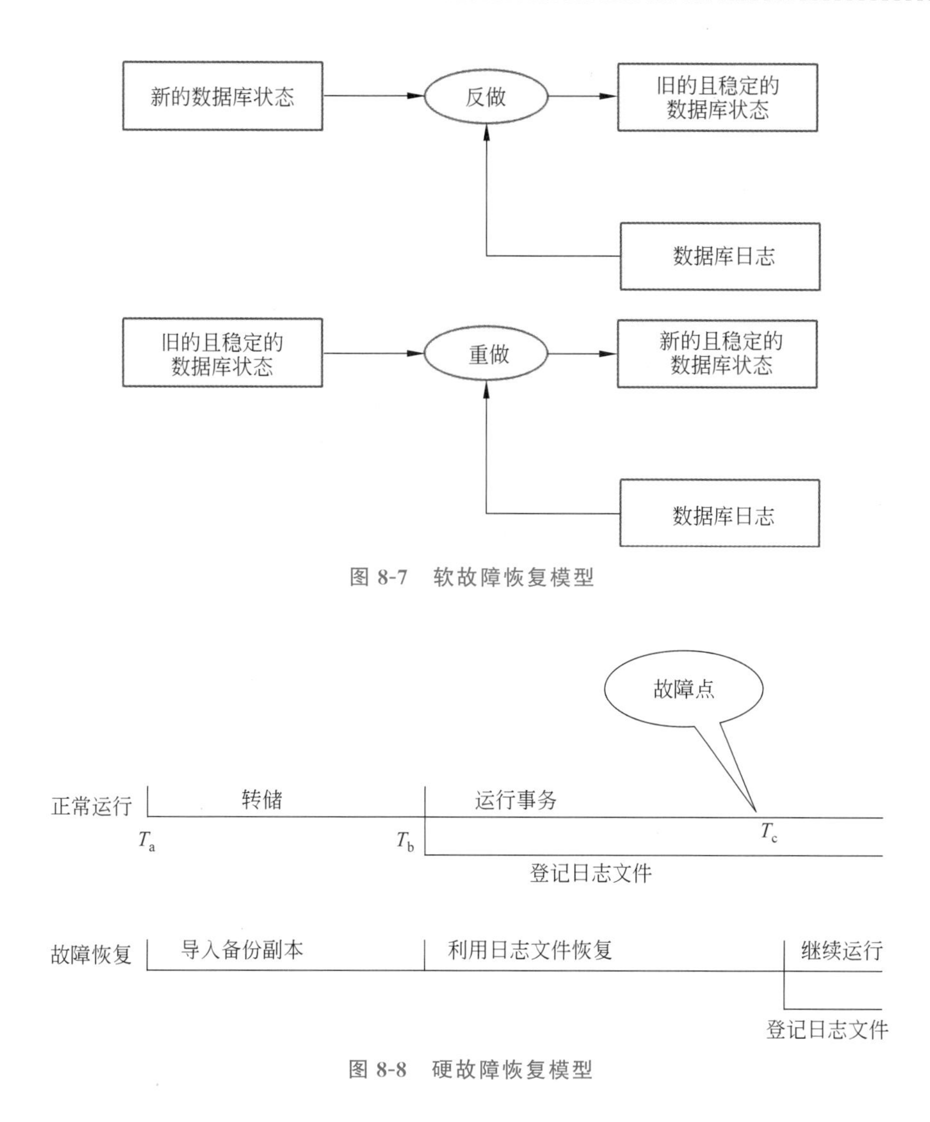

图 8-7　软故障恢复模型

图 8-8　硬故障恢复模型

8.5　集中式数据库恢复协议

在分布式数据库管理系统中，要兼顾本地和全局事务的原子性和一致性。局部数据库系统可以看成是一个集中式数据库系统，采用集中式数据库系统恢复机制。在集中式数据库中，由于数据库更新方法、缓冲区数据库的更新方法不同会采用不同的恢复协议。

8.5.1　数据库的更新问题

对于数据库来说，其存储在永久性的外存设备上，如磁盘等。为了提高数据存取效能，在内存中设置数据库缓冲区，以页为单位来缓存数据，用来存放最近执行的事务所使用的数据。数据库缓冲区管理器负责读写数据库和缓冲区中的数据，也就是说，所有数据的读写操作都必须借助于缓冲区管理器来完成。如果需要读取数据库数据，缓冲区管理器对缓冲区进行检测,判断当前缓冲区中是否存在想要读取的数据页。若存在,则缓冲区管理器直接从缓冲区中读取相应数据页提供给需要方使用;否则,缓冲区管理器直接从数据库中读取该数据页,并将其加载到空闲的缓冲区后提供给需要方使用。若当前缓冲区已无空闲空间,则缓冲区管理器需要从当前缓冲区中选取某个数据页写回到数据库中,将腾出的空间用于缓存新的数据页。若需要向数据库中写入数据,缓冲区管理器在当前缓冲区中查找该数据页,若存在,则将该数据页写回到数据库中;否则,缓冲区管理器将该页从数据库读取到缓冲区中,将其修改后写回到数据库。数据库数据读取过程如图 8-9 所示。

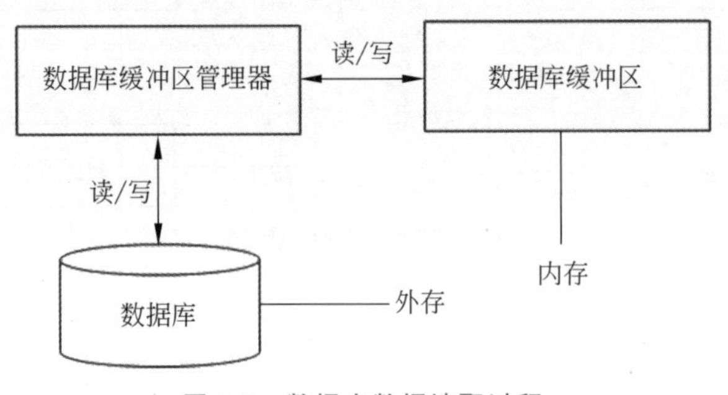

图 8-9　数据库数据读取过程

1. 数据库的数据更新方式

大多数数据库系统在更新数据时都采取现场写或称直接写的方式,即在进行数据库操作时,将数据从数据库缓冲区直接写入数据库中。这一方法的优点在于当事务提交时,事务对数据库的修改已经到位了,无须进行其他操作。然而这种直接性也带来了缺陷,即当事务发生故障时,可能要进行反做操作。为解决这个问题,许多系统采用了影像写或差额文件方法。

在影像写方式中,事务对数据库的修改结果将被写在基于外存储器的数据库的一个独立部分中,而数据库索引的指针并不指向这些数据。当事务提交后,才修改索引指针使之指向这些新数据。旧版本的数据可供恢复管理机制使用,实际上它们成了日志的一部分。

在差额文件方式中,主数据库被视为是只读的,因此根本不接受修改。事务对数据库的修改结果被记录在数据库的一个独立的部分,即差额文件上。当差额文件的尺寸大到对整体性能带来明显的影响时,其数据就与只读的主数据库合并为一个新的只读主数据库,而其本身又恢复为一个空的差额文件。

2. 缓冲区中数据的更新方式

缓冲区管理器对将数据库缓冲区中数据写入外存数据库的时机有如下 4 种方式。

(1) 允许数据库缓冲区内容在事务提交之前写入永久性存储器,也允许数据库缓冲区内容在事务提交之后写入永久性存储器。在这种情况中,由于缓冲区内容在事务提交之前可以写入永久性存储器,如果发生故障,未提交的事务和废弃的事务可能有数据已写入永久性存储器，事务需要反做。数据库缓冲区内容在事务提交之后可以写入永久性存储器，如果发生故障，已提交的事务可能有数据还没来得及写入永久性存储器，事务需要重做。

（2）允许数据库缓冲区内容在事务提交之前写入永久性存储器，不允许数据库缓冲区内容在事务提交之后写入永久性存储器。在这种情况中，由于缓冲区内容在事务提交之前可以写入永久性存储器，如果发生故障，未提交的事务和废弃的事务可能有数据已写入永久性存储器，事务需要反做。数据库缓冲区内容不允许在事务提交之后写入永久性存储器，所有已提交的事务在数据缓冲区内的更新内容在事务提交时均已写入永久性存储器，事务不需要重做。

（3）不允许数据库缓冲区内容在事务提交之前写入永久性存储器，允许数据库缓冲区内容在事务提交之后写入永久性存储器。在这种情况中，由于缓冲区内容不允许在事务提交之前写入永久性存储器，如果发生故障，未提交的事务和废弃的事务没有数据已写入永久性存储器，事务不需要反做。数据库缓冲区内容在事务提交之后可以写入永久性存储器，如果发生故障，已提交的事务可能有数据还没来得及写入永久性存储器，事务需要重做。

（4）规定缓冲区内容在事务提交的同时写入永久性存储器。在这种情况下，如果发生故障，未提交的事务和废弃的事务没有数据已写入永久性存储器，事务不需要反做。所有已提交的事务在数据缓冲区内的更新内容在事务提交时均已写入永久性存储器，事务不需要重做。

8.5.2 集中式数据库恢复协议概述

针对缓冲区中数据的更新方式，集中式数据库有如下 4 种基本的恢复协议。

（1）Undo/Redo 协议。

（2）Undo/No-Redo 协议。

（3）No-Undo/Redo 协议。

（4）No-Undo/No-Redo 协议。

这 4 种协议的不同之处在于，在故障发生之后是否要求进行重做、反做操作，是否采用这些操作取决于将数据库缓冲区回写入永久性存储器的时机。这 4 种协议算法描述了恢复管理器在事务的开始事务、读、写、提交、终止及故障后重启动等不同操作过程中相应的处理动作。

1. Undo/Redo 协议

基于 Undo/Redo 协议的恢复管理机制是最复杂的，因为在发生故障之后，既要考虑重做，又要考虑反做。这种方法的优点在于，允许缓冲区管理器自行确定回写时机，从而减少了 I/O 的开销。该算法的整体效果就是以在恢复时的大量集中式的 I/O 开销为代价，来换取平常状态下的最大性能。Undo/Redo 协议恢复管理机制在事务各操作阶段的动作如下。

（1）对于事务的开始事务操作。触发数据库管理系统的一些管理功能，例如将新事务加入现行活跃事务队列,在日志上开设一个新表项。

(2) 对于事务的读操作。如果读操作所需要的数据块在数据库缓冲区中,就从中将其读出,否则要先将数据读入缓冲区。只从恢复的角度来看,读操作无须在日志中记录,但可能会有一些其他原因要求此时在日志中进行记录。

(3) 对于事务的写操作。写操作的结果是修改数据库缓冲区上的数据对象,该数据对象可能已经在数据库缓冲区中,也可能临时从数据库中取出。恢复管理机制将该数据对象的前像和后像都写入日志中。

(4) 对于事务的提交操作。在日志中登记一个事务提交记录。

(5) 对于事务的终止操作。恢复管理机制必须反做这个事务,如果数据库采取了现场写技术,恢复管理机制将修改后的数据从数据库中调入数据库缓冲区,并根据日志中记录的前像进行恢复。

(6) 故障重启动。恢复管理机制回溯日志文件,重做最近一个检查点以来所有登记在案的已提交的事务,反做那些只有开始记录没有提交记录的事务。

对于 Undo/Redo 协议,针对如图 8-10 所示的事务序列与检查点和故障点来说,TC1 类事务在最近的检查点之前就已经结束了,所以无论其是提交还是终止,事务所做的一切修改已经永久地记录在数据库中了,以后的故障对此类事务没用影响,恢复管理机制也不考虑此类事务的恢复问题。TC2 类事务开始在检查点之前而在故障发生时已告结束,这类事务要用日志记录中后像重做,因为它们所修改的数据对象在故障发生时可能还在数据库缓冲区中而未进入数据库,因此也就丢失了。TC3 类事务开始在检查点之前而在故障发生时仍在活跃中,对这类事务必须利用日志记录中前像来反做。TC4 类事务开始在检查点之后故障发生时已告结束,这类事务要用日志记录中后像重做,因为它们所修改的数据对象在故障发生时可能还在数据库缓冲区中而未进入数据库,因此也就丢失了。TC5 类事务开始在检查点之后而在故障发生时仍在活跃中,对这类事务必须利用日志记录中前像来反做。

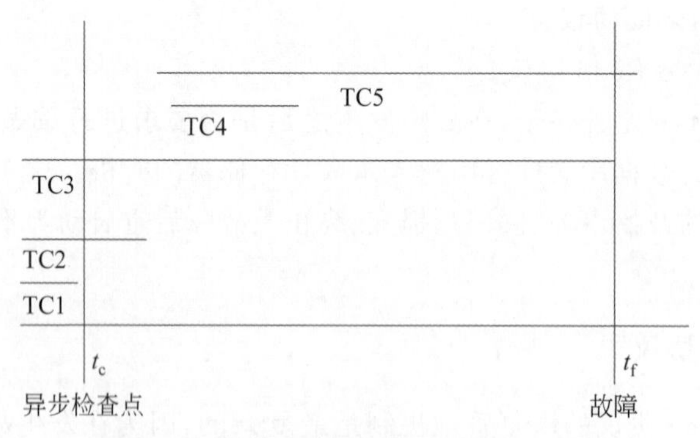

图 8-10 事务序列与检查点和故障点示例

Undo/Redo 协议故障重启动过程的算法描述如下。

第一步:定位最新的检查点记录。

(1) 从 RESTART 文件中读取最新的检查点地址。

（2）读取检查点记录。

（3）Undo-list=｛检查点记录活跃事务｝。

（4）Redo-list=｛｝。

第二步：分类。

```
Do while 日志记录未结束
    读下一个日志记录
    If 日志记录类型为开始事务或者废弃事务
      Undo-list=Undo-list+该事务
    If 日志记录类型为提交事务
      { Undo-list=Undo-list-该事务
          Redo-list =Redo-list +该事务
      }
End Do
```

第三步：恢复。

```
Do while Undo-list 未结束
    反做 Undo-list 中一个事务
End Do
Do while Redo-list 未结束
    重做 Redo-list 中一个事务
End Do
```

2. Undo/No-Redo 协议

在 Undo/No-Redo 协议下，数据库缓冲区内容在事务提交时同步写入永久性存储器，因此在重启动时无须任何重做，也无须在日志中保存后像。恢复管理机制只需关注在发生故障时仍然活跃的事务和废弃的事务，因为没有提交的事务有可能将其修改写入永久存储器中，这些事务需要反做。Undo/No-Redo 协议恢复管理机制在事务各操作阶段的动作如下：

（1）对于事务的开始事务操作。触发数据库管理系统的一些管理功能，例如将新事务加入现行活跃事务队列，在日志上开设一个新表项。

（2）对于事务的读操作。如果读操作所需要的数据块在数据库缓冲区中的话，就从中将其读出，否则要先将数据读入缓冲区。只从恢复的角度来看，读操作无须在日志中记录。但可能会有一些其他原因要求此时在日志中进行记录。

（3）对于事务的写操作。写操作的结果是修改数据库缓冲区中的数据对象，该数据对象可能已经在数据库缓冲区中，也可能临时从数据库中取出。恢复管理机制将该数据对象的前像写入日志中。

（4）对于事务的提交操作。将所有数据库缓冲区内容在事务提交时回写，同时在日志中记下一个提交记录。

(5) 对于事务的终止操作。恢复管理机制必须反做这个事务,如果数据库采取了现场写技术,恢复管理机制将修改后的数据从数据库中调入数据库缓冲区,并根据日志中记录的前像进行恢复。

(6) 故障重启动。恢复管理机制必须执行一次自上一个检查点以来的所有未提交事务的全局反做。

Undo/No-Redo 协议故障重启动算法描述如下。

第一步:定位最新的检查点记录。

(1) 从 RESTART 文件中读取最新的检查点地址。

(2) 读取检查点记录。

(3) Undo-list={检查点记录活跃事务}。

第二步:分类。

```
Do while 日志记录未结束
    读下一个日志记录
    If 日志记录类型为开始事务或者废弃事务
        Undo-list=Undo-list+该事务
    If 日志记录类型为提交事务
        Undo-list=Undo-list-该事务
End Do
```

第三步:恢复。

```
Do while Undo-list 未结束
    反做 Undo-list 中一个事务
End do
```

3. No-Undo/Redo 协议

在 No-Undo/Redo 协议中,事务提交前的修改并不直接写入永久性存储器,缓冲区管理器将被修改数据对象保留在主存的数据库缓冲区中,直到事务提交时才有可能将其修改写入到永久存储器中。已提交事务需要重做,因它们在提交后其数据可能还没有被写入永久性存储器中。此方法无须反做,因为没有提交的事务是不会将其修改写入永久存储器中的。No-Undo/Redo 协议恢复管理机制在事务各操作阶段的动作如下。

(1) 对于事务的开始事务操作。触发数据库管理系统的一些管理功能,例如将新事务加入现行活跃事务队列,在日志上开设一个新表项。

(2) 对于事务的读操作。如果读操作所需要的数据块在数据库缓冲区中的话,就从中将其读出,否则要先将数据读入缓冲区。只从恢复的角度来看,读操作无须在日志中记录,但可能会有一些其他原因要求此时在日志中进行记录。

(3) 对于事务的写操作。写操作的结果是修改数据库缓冲区中的数据对象,该数据对象可能已经在数据库缓冲区中,也可能临时从数据库中取出。恢复管理机制将该数据对象的后像写入日志中。

(4) 对于事务的提交操作。在日志中登记一个事务提交记录。

(5) 对于事务的终止操作。如果修改存在数据库缓冲区,抹去数据库缓冲区的内容,释放占用的数据库缓冲区资源。同时将终止记录写入日志文件中。

(6) 故障重启动。恢复管理机制必须重做最近一个检查点以来所有已提交的事务。

No-Undo/Redo 协议故障重启动过程的算法描述如下。

第一步:定位最新的检查点记录。

(1) 从 RESTART 文件中读取最新的检查点地址。

(2) 读取检查点记录。

(3) Redo-list={}。

第二步:分类。

```
Do while 日志记录未结束
    读下一个日志记录
    If 日志记录类型为提交事务
    Redo-list =Redo-list +该事务
End Do
```

第三步:恢复

```
Do while Redo-list 未结束
重做 Redo-list 中一个事务
End Do
```

4. No-Undo/No-Redo 协议

为了避免反做事务,恢复管理机制必须保证在提交前,事务的数据修改不得进入永久性存储器,而为了避免重做事务,又必须保证在提交前,事务的数据修改先行进入永久性存储器。在提交前用一个原子操作实现对数据库的写,可以解决这个看似显然的矛盾。为了达到这个目的,系统可采用影像写技术,将修改结果从缓冲区直接写入永久性存储器。但值得注意的是,数据对象并不是写入数据库,而是写入另一个独立部分。在影像地址列表中记下相应的地址信息,在事务提交时要做的就是,利用影像地址列表更新数据库索引使之指向新数据所在。这可以由一个原子操作来实现。因此,数据库一定是反映了已交付事务的结果,而不含未交付事务的任何信息,在重启动时也就无须任何操作。在进行事务处理时通常是在日志中记录前像和后像,此时这些信息记录在数据库本身和其镜像区中。单独的日志对恢复来说已经不必要了,但如前所述,有可能出于其他原因将保留日志。No-Undo/No-Redo 协议恢复管理机制在事务各操作阶段的动作如下:

(1) 对于事务的开始事务操作。触发数据库管理系统的一些管理功能,例如将新事务加入现行活跃事务队列,在日志上开设一个新表项。

(2) 对于事务的读操作。如果读操作所需要的数据块在数据库缓冲区中的话,就从中将其读出,否则要先将数据读入缓冲区。只从恢复的角度来看,读操作无须在日志中记录,但可能会有一些其他原因要求此时在日志中进行记录。

(3) 对于事务的写操作。数据对象修改的结果通过数据库缓冲区写入永久性存储器中的空闲区域,其地址记录在影像地址列表中。

(4) 对于事务的提交操作。数据库索引被修改以指向影像区,在日志中记录一个提交记录。

(5) 对于事务的终止操作。从影像地址列表中删去该事务的内容。与 No-Undo/Redo 算法一样,为了日志管理的目的,将终止记录写入日志。

(6) 故障重启动。记录了在发生故障时仍然活跃事务的相应信息的影像地址列表将被回收,数据库索引不做任何改动。

8.6 两阶段提交协议(2PC 协议)故障恢复

当分布式数据库系统发生故障时要恢复丢失的数据,只要在事务提交时严格遵守分布式事务提交协议就可以对各种故障进行恢复。两阶段提交协议的基本思想是:任命一个站点作为协调者,其他拥有该事务的站点为参与者,由协调者询问所有的参与者是否准备好提交事务,如果有一个参与者投了“赞成终止”票或在规定时间内未对协调者做出响应,则协调者将命令所有的参与者终止事务;如果所有的参与者都投了“赞成提交”票,则协调者决策所有的参与者提交事务。当两阶段提交协议的提交过程被某些故障中断时,故障发生场地和非故障场地都要采取一定的措施。一方面,故障场地通过重新启动进行恢复;另一方面,非故障场地需要启动终结协议来正确地终结该事务。

8.6.1 两阶段提交协议的终结协议

两阶段提交协议的终结协议

2PC 协议存在一个站点等待其他站点信息的可能。为了避免不必要的阻塞,就必须采用超时检测技术。开始时参与者都在等待协调者的 Prepare 命令。由于允许单方面终止,因此如果它在等待协调者的 Prepare 命令超时时,它就可以终止事务,也即一个参与者在其投票之前可能已经终止了自己的事务。在协调者发出 Prepare 命令后,等待所有的参与者投票。如果一个参与者未能按时投票,协调者就假设它投“终止”票,因而决定“全局性终止”。当参与者发送 Ready/Abort 应答后,所有参与者都在等待从协调者发来的“全局性终止”或者“全局性提交”命令。如果这个等待超时了,就会唤起一个终结协议,终结协议在正常运行的站点上执行。一般来说,终结协议在目标场地发现超时时发挥作用,也就是说,当目标场地没有在期望的时间内接收到源场地发来的消息时,目标场地将要启动终结协议。终结协议的目的就是使超时的参与者通过请求其他参与者来帮助其做出决定,具体来说,就是通过访问其他参与者的当前状态来推断协调者的决定,从而确定终结类型。终结协议要求所有参与者终结某事务的类型要完全一致(或者都提交或者都废弃),以保证事务的原子性。

最简单的终结协议就是将参与者进程停置在一旁,直至与协调者的通信得以重建,参与者再按接收到的命令恢复相应的进程。然而这种方法会带来不必要的阻塞。

假设 C 是一个事务的协调者进程,有两个参与者 P_i 和 P_j,C 做出了决策并且已经通

知了 P_i,但在将决策通知 P_j 之前发生故障了。如果 P_j 知道 P_i 的标识,那么它就可以通过询问 P_i 而得到协调者的决策并按之执行,也就没有阻塞了。实现让所有的参与者知道其他参与者标识的简单方法就是,让协调者在其 Prepare 命令中加入一个参与者标识列表。该方法可以扩展到 N 个参与者的情况,阻塞的参与者可以从其余的 $N-1$ 个参与者得知协调者的最后决策,这种协议称为"协同式终止协议"。算法描述如下:

```
Begin
      P0 is blocked
      Do while 还有未询问的 Pi
        SETP1:向 Pi 寻求帮助
          If Pi 收到全局性提交/全局性终止或 Pi 单方面终止
            Then Begin
              Pi 发送全局性提交/全局性终止或 Pi 单方面终止 To P0
              P0 完成全局性提交/全局性终止或单方面终止并解除阻塞
            End
          SETP2: Pi 参与投票了吗?
            If Pi 没有投票
                Then Begin
                  Pi 单方面终止
                  P0 被要求终止
                  P0 完成终止并解除阻塞
                End
          SETP3: Pi 不能给予帮助,询问 Pi+1
            Next pi
      End Do
 End
```

虽然协同式终止协议减少了阻塞的可能性,但仍有发生阻塞的可能。在每次故障恢复之前,被阻塞的进程都在尽可能打破阻塞。如果只是协调者发生故障,而所有的参与者由于协同式终止协议都了解到了这一情况,那么它们就可以选举一个新的协调者从而打破阻塞。"选举协议"是直观的。所有参与选举的站点(即所有正在运行的站点)都以某种方式线性排序,排在最前面的参与者就是协调者的第一替补。有可能是排在第一站点的参与者在与协调者联络的过程中发生了超时故障,那么它就唤起选举协议,推选自己为协调者。

2PC 协议参与者有 4 种状态,分别为"初始"状态、"准备就绪"状态、"提交"状态、"废弃"状态,如图 8-11 所示。需要强调的是,只有当参与者在成功发送完消息后才完成状态的转换。在开始时处于"初始"状态,在发送完 Ready 应答(或 Abort 应答)后,将由"初始"状态转换为"准备就绪"(或"废弃")状态;参与者在发送完 ACK 应答后,再转换为"提交"(或"废弃")状态。另外,不存在比其余进程多于一次状态转换的进程。例如,在任何时刻不存在一个参与者处于"初始"状态,而同时另一个参与者处于"提交"状态。

如果只是协调者发生故障,而所有的参与者会选举产生新的协调者,新的协调者将确

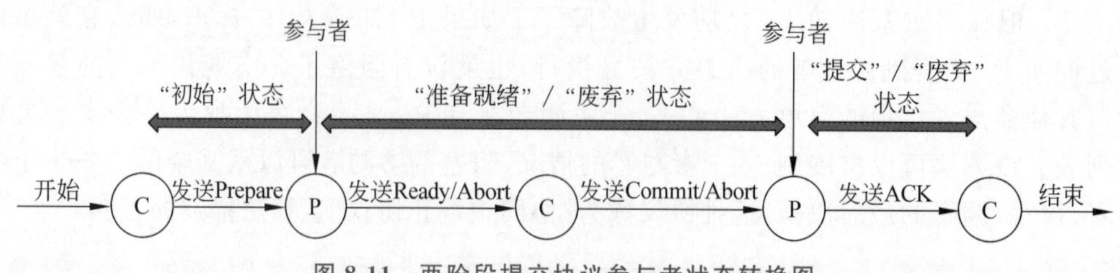

图 8-11 两阶段提交协议参与者状态转换图

定终结类型,终结类型可能是全局提交,也可能是全局废弃,这将取决于事务被故障中断时各参与者所处的状态。新的协调者协调算法如下。

假定某分布式事务采用两阶段提交协议的执行方式,P_T 是发生超时的参与者。两阶段提交协议终结协议由如下步骤组成。

(1) 选择一个参与者(例如可以选择 P_T)作为新的协调者。

(2) P_T 向所有参与者发送"访问状态"命令,各参与者根据自身的状态("初始""准备就绪""提交"或"废弃")向 P_T 返回应答。

(3) P_T 根据各参与者当前的状态做出决定,分为以下 5 种情况。

① 若 P_T 访问到的所有参与者 P_i 均处于"初始"状态,则 P_T 废弃该事务。这是由于 P_i 还没有发出 Ready/Abort 应答,因此它可以单方面废弃事务。根据全局提交规则,此时不存在其他参与者处于"提交"状态,即便是发生故障而没有被 P_T 访问到其状态的参与者也不可能处于"提交"状态。因此,P_T 决定废弃该事务,此决定与所有参与者终结事务的类型相一致。

② 若 P_T 访问到的部分参与者 P_i 处于"初始"状态,其余参与者 P_i 均处于"准备就绪"(或"废弃")状态,则 P_T 废弃该事务。与第一种情况类似,此时不存在其他参与者处于"提交"状态,所有的参与者将采用完全一致的终结类型(废弃)。

③ 若 P_T 访问到的所有参与者 P_i 均处于"准备就绪"状态,则 P_T 将无法做出决定而保持阻断。这是由于在 P_T 进行访问前,有可能存在某参与者 P_k 已经收到协调者的决定从而正确地终结了事务(提交或废弃),随后与协调者同时发生了故障。此时,如果 P_T 进行状态访问,虽然未发生故障的参与者 P_i 均处于"准备就绪"状态,但 P_T 无法获取到 P_k 的状态,P_T 将不敢贸然决定是提交还是废弃,因为任何一种决定都存在着与 P_k 所做决定不一致的风险,从而 P_T 仍旧保持阻断。

④ 若 P_T 访问到的部分参与者 P_i 处于"准备就绪"状态,其余参与者 P_j 均处于"提交"(或"废弃")状态,则 P_T 提交(或废弃)该事务。此时,一些参与者 P_j 已经收到了协调者发送的决定,而另一些参与者 P_i 仍在等待这个决定,P_T 可以根据 P_j 的终结类型来做决定。

⑤ 若 P_T 访问到的所有参与者 P_i 均处于"提交"(或"废弃")状态,则 P_T 提交(或废弃)该事务。此时,所有其他的参与者 P_i 均已收到了协调者发送的决定,P_T 可以根据 P_i 的终结类型来做决定。

(4) 若 P_T 决定废弃,则向各参与者发送"废弃"命令,各参与者接收到命令后执行"废弃"命令;若 P_T 决定提交,则向各参与者发送"提交"命令,各参与者接收到命令后执行“提交”命令。

由于在两阶段提交协议的执行过程中，参与者可以直接从“准备就绪”状态转换为“提交”（或“废弃”）状态，当参与者发生故障时，它可能已经执行“提交”（或“废弃”）命令。其终结方式对于其他参与者来说是不可知的。例如，对于第 3 种情况 P_T 将无法做出决定而保持阻断。因此，两阶段提交协议的终结协议是有阻断的协议。

8.6.2　两阶段提交协议的故障重启动协议

在两阶段提交协议中，故障站点重启动时执行重启动协议。参与者在发生故障之后重启动过程的操作取决于在故障时其进程执行到了哪个阶段。参与者进程的状态可在本地日志中查找。这样做的目的是保证参与者进程在重启动后的操作与其他参与者一致，并且这次重启动过程可以无须依赖协调者和其他参与者而独立进行。

假设 P_T 是一个企图重启动的参与点。如果 P_T 在发生故障之前未投票，那么它可以安全地单方面终止事务，并且独立地进行恢复。如果它在发生故障之前已经收到了全局决策（全局性提交或全局性终止），它也可以独立地进行恢复；但是如果 P_T 投了“提交”票而且在收到全局决策之前发生故障了，它就不能独立恢复，它必须向协调者或其他参与者询问全局决策。

两阶段提交协议故障重启动过程如下：

```
Begin
Do while PT is blocked
    SETP1:确定 PT 在故障发生前的状态
        If PT 在故障以前投了“赞成提交”
        Then goto SETP2
        Else Begin
            PT 在故障以前投了“赞成废弃”或者没有投票
            PT 单方面废弃
            PT 独立恢复并完成
            End
        End if
    SETP2: PT 已知全局决策
          If PT 已知全局决策
        Then Begin
            PT 根据全局决策采取行动
            PT 独立恢复并完成
          End
        End if
    SETP3: PT 不能独立恢复并需求帮助
        PT 利用协同终结协议寻求帮助
End Do
End
```

8.6.3 两阶段提交协议场地故障恢复

2PC 协议实现的概要图如图 8-12 所示，其中 C 和 P 分别表示协调者和参与者，C 向 P 发送 Prepare 命令和 Commit/Abort 命令，P 向 C 返回 Ready/Abort 应答和 ACK 确认应答。从概要图可以看出，两阶段提交协议影响全局提交的场地故障有 11 种类型。

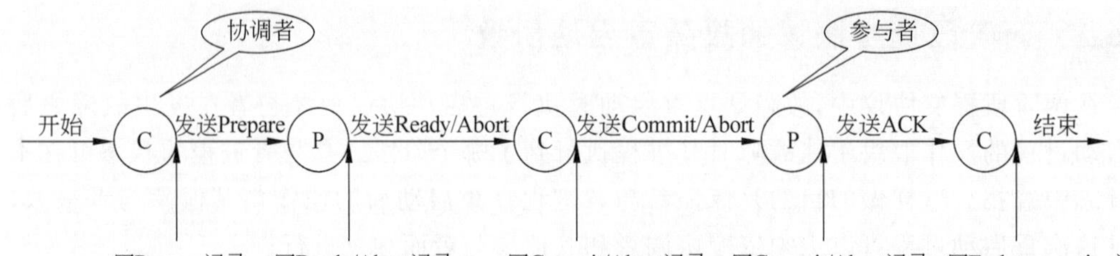

图 8-12 2PC 协议实现的概要图

(1) 当参与者把 Ready/Abort 写入本站点的日志文件以前出现故障，这种情况下该参与者无法向协调者发应答信息。因此，当协调者等待超时后将决定终止事务，所有工作着的参与者都终止其子事务。当该故障的参与者恢复时，重启动过程无须收集其他场地的信息即可终止事务。

(2) 当参与者在写入 Ready 后并且在发 Ready 应答之前发生故障，这种情况下，协调者收不到该参与者的应答。因此，当协调者等待超时后将决定终止事务，所有工作着的参与者都终止其子事务。当站点故障恢复时重启动过程不得不询问协调者或别的某个参与者关于该事务的结果，然后执行相应的动作。

(3) 当参与者在写入 Abort 后并且在发 Abort 应答之前发生故障，这种情况下，协调者收不到该参与者的应答。因此，当协调者等待超时后将决定终止事务，所有工作着的参与者都终止其子事务。当该故障的参与者恢复时，重启动过程无须收集其他场地的信息即可中止事务。

(4) 当参与者在写入 Ready 后并且在发 Ready 应答之后发生故障，这种情况下，协调者可以通过收集参与者的应答来决定全局提交或全局放弃，工作着的站点正确地结束该事务(提交或终止)。当站点故障恢复时重启动过程不得不询问协调者或别的某个参与者关于该事务的结果，然后执行相应的动作。

(5) 当参与者在写入 Abort 后并且在发 Abort 应答之后发生故障，这种情况下，协调者可以通过收集参与者的应答来决定全局放弃，工作着的站点正确地终止该事务。当该故障的参与者恢复时，重启动过程无须收集其他场地的信息即可终止事务。

(6) 当参与者在写入 Commit/Abort 后并且在发 ACK 应答之前发生故障，这种情况下，由于协调者没有收集到所有参与者返回的 ACK 应答，因此处于等待状态。协调者等待超时后给故障参与者重发 Commit/Abort 命令。

(7) 当参与者在写入 Commit/Abort 后并且在发 ACK 应答之后发生故障，这种情况下，参与者和协调者可以正常结束事务。

(8) 协调者在日志中写入 Prepare 记录后并且在发出 Prepare 之前发生故障，这种情况下，协调者重启后从 Prepare 记录中读出参与者的标识符，重新执行两阶段提交协议。

(9) 协调者在日志中写入 Prepare 记录后并且在发出 Prepare 之后发生故障，这种情况下，参与者处于等待状态，等待协调者向其发送 Commit/Abort 命令。若协调者在参与者发现超时前回复，从 Prepare 记录中读出参与者的标识符，重新执行两阶段提交协议。若协调者在参与者发现超时时仍未回复，则参与者启动终结协议。

(10) 协调者在日志中写入 Commit/Abort 记录后并且在发出 Commit/Abort 之前发生故障，这种情况下，参与者处于等待状态，等待协调者向其发送 Commit/Abort 命令。若协调者在参与者发现超时前回复，重发 Commit/Abort 命令。若协调者在参与者发现超时时仍未回复，则参与者启动终结协议。

(11) 协调者在日志中写入 Commit/Abort 记录后并且在发出 Commit/Abort 之后发生故障，这种情况下，协调者在故障过程中可能错过了对参与者 ACK 应答的接收，协调者故障重启后，给所用参与者重发 Commit/Abort 命令。

8.6.4　通信故障恢复

通信故障包括丢失报文和网络分割两种，对于两个场地 A 和 B 来说，丢失报文是指 A 在最大延迟内没有收到 B 发来的报文，网络分割是指网络被断开或存在两个以上不相互连接的子网。

1. 丢失报文故障恢复

两阶段提交协议报文传输概要图如图 8-13 所示，根据丢失报文信息类型不同，从报文传输概要图可以看出，丢失报文的故障包括丢失 Prepare 命令报文、Ready/Abort 应答报文、Commit/Abort 命令报文和 ACK 应答报文 4 种，相应的故障恢复策略如下。

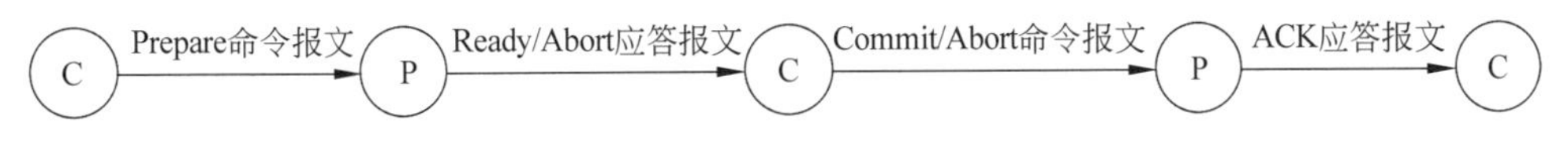

图 8-13　两阶段提交协议报文传输概要图

(1) 丢失 Prepare 命令报文。在这种情况下，由于至少一个参与者收不到 Prepare 命令，因此参与者处于等待状态，而协调者也等待参与者的回答，所以协调者会因为等待超时而废弃整个事务。

(2) 丢失 Ready/Abort 应答报文。在这种情况下，由于参与者的 Ready/Abort 应答报文至少丢失了一个。协调者将等待回答而超时，整个事务被废弃。这种故障只能由协调者来发现，它好像是某一参与者发生故障从而终止事务。但是，从参与者的观点来看，并不认为自己有故障，因而不会重启动过程。

(3) 丢失 Commit/Abort 命令报文。这种情况下，至少一个参与者收不到 Commit/Abort 命令，而处于等待协调者命令的状态。此时参与者会保持等待，如果出现超时，则参与者启动终结协议。

(4) 丢失 ACK 应答报文。这种情况下，协调者对参与者有无收到命令处于不肯定状态。可以在协调者中引入超时来消除这个问题；如果从发出“提交”或“终止”命令起到超过超时限定时间后仍未收到回答报文，协调者就再次发送该命令。在参与者站点处理这种情况的最好办法是再次发送子事务的 ACK 应答报文，即使子事务在那时已经完成并不再活跃也要重发。

2. 网络分割故障恢复

对于网络分割故障来说，整个网络被分为两个组，包括协调者的组和不包括协调者的组，包含协调者的组称为协调者组，其他的则组成参与者组。这种情况下，对于协调者来说相当于参与者组中的多个参与者同时发生故障，按照场地故障中参与者故障情况处理。对于参与者组的参与者来说，这时它们认为协调者出现故障，按照场地故障中协调者故障情况处理。

从以上论述可以看出，对于处理分布式事务的站点来说，其恢复过程要比集中式数据库复杂，在集中式数据库中只有两种可能，事务要么提交，要么不提交，所以恢复机制执行相应的重做或取消动作，在分布式数据库中还可能有其他情况。

(1) 一个参与者准备就绪，由于在日志文件中有一 Ready 记录而无提交或终止记录，所以恢复机制要能识别这种情况。

(2) 协调者已启动第一阶段，因为在日志文件中有一 Prepare 记录而无全局性提交或全局性终止记录，所以恢复机制要能识别这种情况。

(3) 协调者已启动第二阶段，由于在运行记录中有 Prepare 记录和全局性提交或终止记录而无事务的结束记录，所以恢复机制要能识别这种情况。

8.7 三阶段提交协议（3PC 协议）故障恢复

三阶段提交协议的基本思想是：由协调者询问所有的参与者是否准备好提交事务，参与者发出“提交”或“终止”事务的应答。如果协调者收到的都是“提交”票，就发出“全局性预提交”命令，当参与者收到协调者发出的全局预提交命令后，就向协调者发全局预提交确认，协调者一旦收到了所有参与者的预提交确认，就发出全局性提交命令；如果有一个参与者投了“终止”票或在规定时间内未对协调者做出响应，则协调者将命令所有的参与者终止事务。与两阶段提交协议一样。提交过程被某些故障中断时，故障发生场地和非故障场地都要采取一定的措施。一方面，故障场地通过重新启动进行恢复；另一方面，非故障场地需要启动终结协议来正确地终结该事务。

三阶段提交协议的终结协议

8.7.1 三阶段提交协议的终结协议

当三阶段提交协议的提交过程被某些故障中断时，如果目标场地没有在期望的时间内接收到源场地发来的消息，目标场地将要启动终结协议。也就是说，参与者在某状态下发生了超时，此时需要参与者启动终结协议，从而确定终结类型。终结协议要求所有参与者终结某事务的类型要完全一致（或者都提交，或者都废弃），以保证事务的原子性。三阶段提交协议的终结协议的终结类型与各参与者的状态相关。

三阶段提交协议参与者在各时间段上所处的状态如图 8-14 所示。三阶段提交协议参与者有 5 种状态，分别为“初始”“赞成提交”“准备就绪”“提交”“废弃”状态。这里认为只有当参与者在成功发送完消息后才完成状态转换。例如，参与者在发送完 Ready 应答（或 Abort 应答）后，将由“初始”状态转换为“赞成提交”（或“废弃”）状态；参与者在发送完 Ready-to-Commit 应答后，再转换为“准备就绪”状态；参与者在发送完提交 ACK 应答后转换为“提交”状态。在参与者状态转换过程中，要求所有参与者在一次状态转换内同步，也就是不存在比其余进程多于一次状态转换的进程。在参与者的 5 种状态中，有些状态是不相容的。不相容的状态对包括：“初始”状态与“准备就绪”状态、“初始”状态与“提交”状态、“赞成提交”状态与“提交”状态、“提交”状态与“废弃”状态、“准备就绪”状态与“废弃”状态，也就是说一个参与者在其他任何一个参与者处于“赞成提交”状态时，不可能进入提交状态；一个参与者在另一个参与者进入“提交”状态或者任何一个参与者已进入“准备就绪”状态时，不可能进入“废弃”状态。

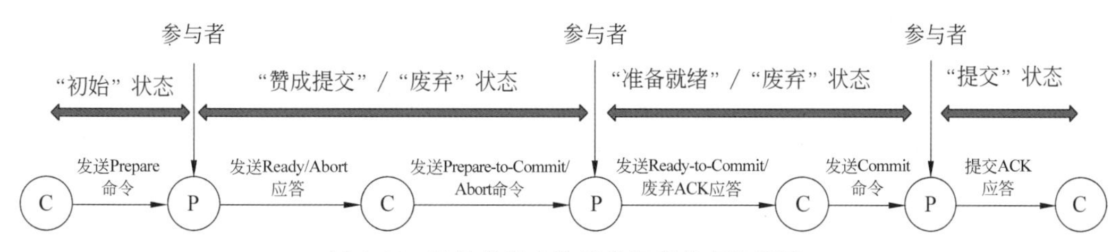

图 8-14　三阶段提交协议参与者状态转换图

三阶段提交协议的终结协议由如下步骤组成。

（1）选择一个参与者作为新的协调者。

（2）新的协调者向所有参与者发送“访问状态”命令，各参与者根据自身的状态（“初始”“准备提交”“准备就绪”“提交”或“废弃”）向协调者返回应答。

（3）协调者根据各参与者当前的状态做出决定，分为以下两种情况。

① 若所有参与者均处于“初始”“赞成提交”“废弃”状态，则协调者决定全局废弃。这是由于参与者状态的不相容性，此时没有任何一个参与者已提交。因此，可以令所有参与者统一地采取废弃的终结方式。

② 若存在某个参与者处于“准备就绪”或“提交”状态，则协调者决定全局提交。这是由于“准备就绪”状态和“提交”状态均与“废弃”状态不相容，也就是说，如果存在处于“准备就绪”或“提交”状态的参与者，就不可能同时存在处于“废弃”状态的其他参与者。因此，可以令所有参与者统一地采取提交的终结方式。

（4）若协调者决定废弃，则向各参与者发送“废弃”命令，各参与者接收到命令后执行“废弃”命令；否则，协调者首先将处于“赞成提交”状态的参与者转化为“准备就绪”状态。然后向其发送“提交”命令，各参与者接收到命令后执行“提交”命令。

在上述终结协议的执行过程中，如果新选举的协调者又发生了故障，则系统重新启动终结协议。只要至少存在一个参与者是活动的，系统就不会进入阻塞状态。因此，三阶段提交协议的终结协议是非阻断的协议。

8.7.2 三阶段提交协议场地故障恢复

三阶段提交协议将事务提交分为三个阶段：投票表决阶段、准备提交阶段和执行阶段，其实现的简要图如图8-15所示。协调者可以向参与者发送Prepare(预提交)命令、Prepare-to-Commit/Abort(准备提交/全局废弃)命令和Commit(提交)命令，参与者可以向协调者返回Ready/Abort（赞成提交/准备废弃)应答、Ready-to-Commit/废弃ACK(准备就绪/废弃确认)应答和提交ACK(提交确认)应答。

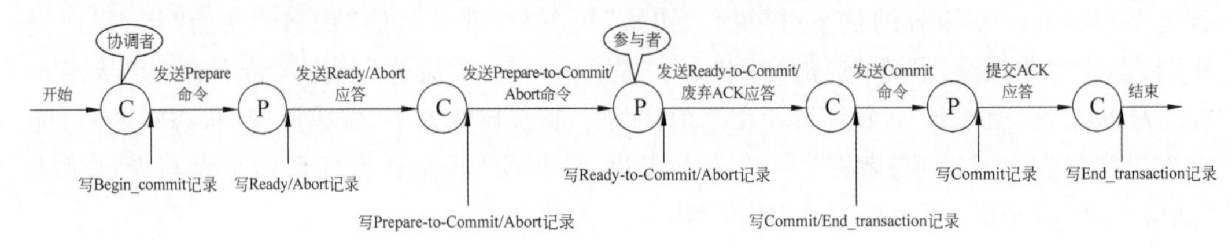

图 8-15 三阶段提交协议

与两阶段提交协议相似，三阶段提交协议也采用超时方法处理各种情况的场地故障。下面针对三阶段提交协议执行中可能发生的所有场地故障情况进行分析，并给出相应的恢复策略。

(1) 在参与者场地，参与者在写Ready/Abort记录之前出错。此时，协调者发完Prepare命令后在规定时间内收不到参与者的投票结果。针对该故障采用的恢复策略是：若故障参与者在协调者发现超时前恢复，则进行单方面的“废弃”；若故障参与者在协调者发现超时仍未恢复，则协调者做“废弃”处理，即默认为收到Abort应答。

(2) 在参与者场地，参与者出错时已写Ready记录，但未发送Ready应答。由于协调者没有收集到所有参与者返回的投票结果，因此处于等待状态。针对该故障采用的恢复策略是：若故障参与者在协调者发现超时前恢复，则该参与者将启动终结协议；若故障参与者在协调者发现超时仍未恢复，则协调者做“废弃”处理，即默认为收到Abort应答。

(3) 在参与者场地，参与者出错时已写Abort记录，但未发送Abort应答。针对该故障采用的恢复策略是：故障参与者在恢复后不需要做任何处理。协调者发现超时后，做“废弃”处理，即默认为收到Abort应答。

(4) 在参与者场地，参与者出错时已写Ready/Abort记录且已经将Ready/Abort应答返回给协调者。此时，协调者可以通过收集参与者的应答来决定“准备提交”或“废弃”，其他参与者均可以按照协调者的命令来执行。由于协调者没有收集到所有参与者返回的Ready-to-Commit/废弃ACK应答，因此处于等待状态。针对该故障采用的恢复策略是：若协调者已决定“废弃”，则协调者不需要做任何处理，故障参与者恢复后将启动终结协议；若协调者已决定“准备提交”并且故障参与者在协调者发现超时前恢复，则参与者启动终结协议。若协调者已决定“准备提交”并且故障参与者在协调者发现超时时仍未恢复，则协调者给故障参与者重发Prepare-to-Commit命令。

(5) 在参与者场地，参与者出错时已写Ready-to-Commit/Abort但未发送Ready-to-Commit应答。由于协调者没有收集到所有参与者返回的Ready-to-Commit应答，因此处于等待状态。针对该故障采用的恢复策略是：若故障参与者在协调者发现超时前恢复，则启动终结协议；若故障参与者在协调者发现超时时仍未恢复，则协调者给故障参与者重发 Prepare-to-Commit 命令。

（6）在参与者场地，参与者出错时已写 Ready-to-Commit/Abort 但未发送废弃 ACK 应答。由于协调者没有收集到所有参与者返回的废弃 ACK 应答，因此处于等待状态。针对该故障采用的恢复策略是：协调者发现超时后给故障参与者重发 Abort 命令。

（7）在参与者场地，参与者出错时已写 Ready-to-Commit/Abort 记录且已发送 Ready-to-Commit 应答。此时，协调者根据收集到的 Ready-to-Commit 应答决定是否进行全提交，发出 Commit 命令后等待参与者提交 ACK 应答。针对该故障采用的恢复策略是：协调者不需要做任何处理，故障参与者恢复后将启动终结协议。

（8）在参与者场地，参与者出错时已写 Ready-to-Commit/Abort 且已发送废弃 ACK 应答。此时，协调者和参与者均可以正常终结，因此无须采取任何措施。

（9）在参与者场地，参与者出错时已写 Commit 记录但未发送提交 ACK 应答。由于协调者没有收集到所有参与者返回的提交应答，因此处于等待状态。针对该故障采用的恢复策略是：协调者发现超时后给故障参与者重发 Commit 命令。

（10）在参与者场地，参与者出错时已写 Commit 记录且已发送提交 ACK 应答。此时，协调者和参与者均可以正常终结，因此无须采取任何措施。

（11）在协调者场地，协调者出错时已写 Prepare 记录但未将 Prepare 命令发送给参与者。针对该故障采用的恢复策略是：协调者重新启动后，从预提交记录中读出参与者的标识符，重新执行三阶段提交协议。

（12）在协调者场地，协调者出错时已写 Prepare 记录且已将 Prepare 命令发送给参与者。此时，参与者将处于等待状态，等待协调者向它们发送 Prepare-to-Commit/Abort 命令。针对该故障采用的恢复策略是：若协调者在参与者发现超时前重新启动，则重新执行三阶段提交协议；若协调者在参与者发现超时时仍未启动，则参与者启动终结协议。

（13）在协调者场地，协调者出错时已写 Prepare-to-Commit/Abort 记录但未将 Prepare-to-Commit/Abort 命令发送给参与者。此时，可能存在一些参与者正在等待协调者发来的 Prepare-to-Commit/Abort 命令。针对该故障采用的恢复策略是：若协调者在参与者发现超时时前恢复，则给所有参与者重发其决定的命令；若协调者在参与者发现超时仍未恢复，则参与者启动终结协议。

（14）在协调者场地，协调者出错时已写 Prepare-to-Commit/Abort 记录且已将 Prepare-to-Commit 命令发送给参与者。此时，可能存在一些参与者正在等待协调者发来的 Commit 命令。针对该故障采用的恢复策略是：若协调者在参与者发现超时前重新启动，则给所有参与者重发 Prepare-to-Commit 命令；若协调者在参与者发现超时时仍未启动，则参与者启动终结协议。

（15）在协调者场地，协调者出错时已写 Prepare-to-Commit/Abort 记录且已将 Abort 命令发送给参与者。此时，协调者在故障过程中可能错过了对参与者废弃 ACK 应答的接收。针对该故障采用的恢复策略是：协调者重新启动后，给所有参与者重发 Abort 命令。

(16) 在协调者场地,协调者出错时已写 Commit 记录但未将 Commit 命令发送给参与者。此时,参与者还未收到协调者发来的 Commit 命令,因此处于等待状态。针对该故障采用的恢复策略是:若协调者在参与者发现超时时前恢复,则给所有参与者重发 Commit 命令;若协调者在参与者发现超时仍未恢复,则参与者启动终结协议。

(17) 在协调者场地,协调者出错时已写 Commit 记录且已将 Commit 命令发送给参与者。此时,协调者在故障过程中可能错过了对参与者提交 ACK 应答的接收。针对该故障采用的恢复策略是:协调者重新启动后,给所有参与者重发 Commit 命令。

8.7.3 三阶段提交协议通信故障恢复

在三阶段提交协议中,通信故障包括丢失报文和网络分割两种。报文信息传输的过程如图 8-16 所示。根据丢失的报文信息类型不同,报文丢失故障分为发送 Prepare 命令报文故障、发送 Ready/Abort 应答报文故障、发送 Prepare-to-Commit/Abort 命令报文故障、发送 Ready-to-Commit/废弃 ACK 应答报文故障、发送 Commit 命令报文故障、发送提交 ACK 应答报文故障等 6 种情况。

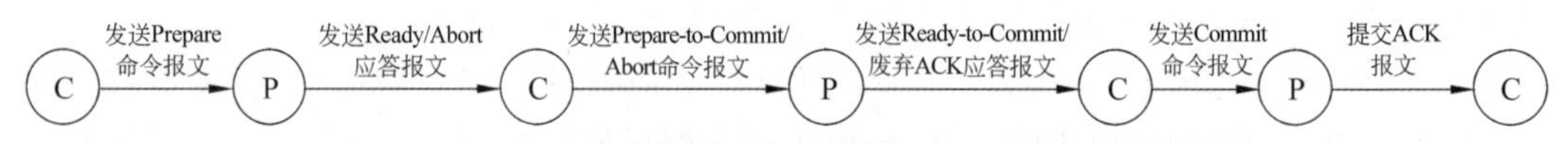

图 8-16 三阶段提交协议中报文信息传输的过程

1. 丢失报文故障

(1) 丢失 Prepare 命令报文。在这种情况下,参与者未收到协调者 Prepare 命令,处于等待状态。同时,协调者也在等待这些参与者的应答。针对该故障采用的恢复策略是:协调者发现超时时做“废弃”处理,即默认收到 Abort 应答报文。

(2) 丢失 Ready/Abort 应答报文。在这种情况下,协调者等待接收参与者返回的应答。针对该故障采用的恢复策略是:协调者保持等待,发现超时时做废弃处理。

(3) 丢失 Prepare-to-Commit/Abort 命令报文。在这种情况下,参与者启动超时机制,等待协调者发来的命令。针对该故障采用的恢复策略是:若参与者发现超时,则启动终结协议。

(4) 丢失 Ready-to-Commit/废弃 ACK 应答报文。在这种情况下,协调者没有收集到全部的 Ready-to-Commit/废弃 ACK 应答而处于等待状态。针对该故障采用的恢复策略是:协调者利用超时机制,向参与者重发 Prepare-to-Commit/Abort 命令,要求参与者给予应答。

(5) 丢失 Commit 命令报文。在这种情况下,参与者启动超时机制,等待协调者发来的命令。针对该故障采用的恢复策略是:若参与者发现超时,则启动终结协议。

(6) 丢失提交 ACK 应答报文。在这种情况下,协调者没有收集到全部的提交 ACK 应答而处于等待状态。针对该故障采用的恢复策略是:协调者利用超时机制,向参与者重发 Commit 命令,要求参与者给予应答。

2. 网络分割故障

对于网络分割故障，与两阶段提交协议类似，三阶段提交协议采用的故障恢复思想同样是将网络中所有场地节点分为两个群体：协调者群和参与者群，之后，分两种情况进行恢复处理。在协调者群中，若认为参与者群出故障，则故障恢复同参与者场地故障情况。在参与者群中，若认为协调者群出故障，则故障恢复同协调者场地故障情况。

8.8　分布式可靠性协议

分布式系统需要处理各种故障，例如，软件故障、服务器故障、网络故障、数据中心故障等，为了保证各种应用正确可靠地运行，除了要采取相应的恢复措施外，还要考虑数据库系统的可靠性和可用性，尽量将崩溃后数据库的不可用时间减少到最少，并保证事务的原子性和持久性。

1. 数据库系统的可靠性和可用性

数据库系统的"可靠性"和"可用性"看上去是十分相似的两个词语，但却是两个不同的概念，两者的定义和物理概念有着本质区别。

(1) 数据库系统的可靠性是指在给定环境条件下和规定的时间内，数据库系统不发生任何故障的概率。

(2) 数据库系统的可用性是指在给定时刻 t 上，数据库系统不发生任何故障的概率。

可靠性用来衡量在某时间段内系统符合其行为规范的概率；而可用性用来衡量在某个时间点之前系统正常运行的概率。可靠性强调数据库系统的正确性，是用来描述不可修复的或要求连续操作的系统的重要指标；而可用性强调当需要访问数据库时，系统的可运行能力。可靠性要求系统在$[0, t]$的整个时间段内必须正常运行；而对于可用性来说，它允许数据库系统在 t 时刻前发生故障，但如果这些故障在 t 时刻前都已经恢复了，使之不影响系统的正常运行，那么它仍然计入系统的可用性。因此，在难易程度上，创建高可用性的系统要比创建高可靠性的系统容易。另外，可靠性与可用性具有不同的影响因素。影响可靠性的关键因素是数据冗余性，可以通过建立复制数据、配备备用电源等措施来实现；影响可用性的关键因素是系统的鲁棒性和易管理性，可以通过提高系统的可恢复能力来实现。

2. 分布式数据库系统可靠性协议

分布式数据库系统可靠性协议描述了事务开始操作、数据库操作(包括读操作和写操作等)、事务提交操作以及事务废弃操作的分布式执行过程。分布式可靠性协议包括三部分：提交协议、恢复协议和终结协议。

(1) 提交协议是为了实现事务提交而采用的协议。例如，两阶段提交协议和三阶段提交协议均针对分布式事务的提交过程和提交条件给出了定义，所有子事务的正常提交是全局事务最终提交的前提。

(2) 恢复协议用来说明在发生故障时恢复命令的执行过程。例如,两阶段提交协议和三阶段提交协议在执行过程中,如果在协调者场地或参与者场地发生故障,该场地将根据恢复协议采取一定的恢复措施。

(3) 终结协议是分布式系统所特有的,用来描述非故障场地如何终止事务。例如,当一个分布式事务在执行时,若某场地发生故障,其他场地应积极主动地终止该事务(提交或废弃),而不必无止境地等待故障场地的恢复。其他场地终止该事务的过程就是基于终结协议来执行的。

在数据库系统可靠性协议中,恢复协议和终结协议是数据库系统发生故障时的两种解决措施,它们从相反的角度描述了如何处理各种故障。它们存在着本质区别:前者的执行方是故障场地;而后者的执行方是非故障场地。前者的执行过程是使故障场地尽快恢复到故障发生前的状态,而后者的执行过程是使非故障场地能够不受故障场地的影响而继续执行操作;前者要实现的目标是使恢复协议尽量独立化,也就是说,在发生故障时故障场地能够独立地恢复到正常状态而不必求助于其他场地,而后者要实现的目标是使终结协议非阻断化。所谓非阻断的终结协议是指允许事务通过非故障场地正确地终结而不必等待故障场地的恢复。

习 题 8

1. 简述目前主要的数据库恢复技术。
2. 数据库日志中主要包含哪些信息?
3. 数据库有哪几类故障?
4. 简述数据库缓冲区数据库写入外存数据库的方式。
5. 简述集中式数据库恢复协议。
6. 简述两阶段提交协议参与者场地故障恢复。
7. 简述两阶段提交协议协调者场地故障恢复。
8. 简述两阶段提交协议通信故障恢复。
9. 简述 3PC 提交协议参与者场地故障恢复。
10. 简述 3PC 提交协议协调者场地故障恢复。
11. 简述 3PC 提交协议通信故障恢复。

第9章

分布式并发控制技术

分布式数据库管理系统支持多用户访问，即多个用户同时对数据进行读写操作。因此，有可能会引发数据库事务并发访问的控制问题。并发控制是分布式事务管理的基本任务之一，其目的是保证分布式数据库系统中多个事务的高效正确执行。本章介绍分布式并发控制的概念、基于锁的分布式控制技术和基于时间戳的分布式控制技术。

9.1 并发控制的基本概念

9.1.1 事务的并发执行

在数据库管理系统中，事务是使数据库正确运行的最小单位。为保证多个事务执行后数据库中数据的一致性，最简单的办法是一个接一个地独立执行每一个事务。如图9-1所示，这种执行方式称为事务串行执行。

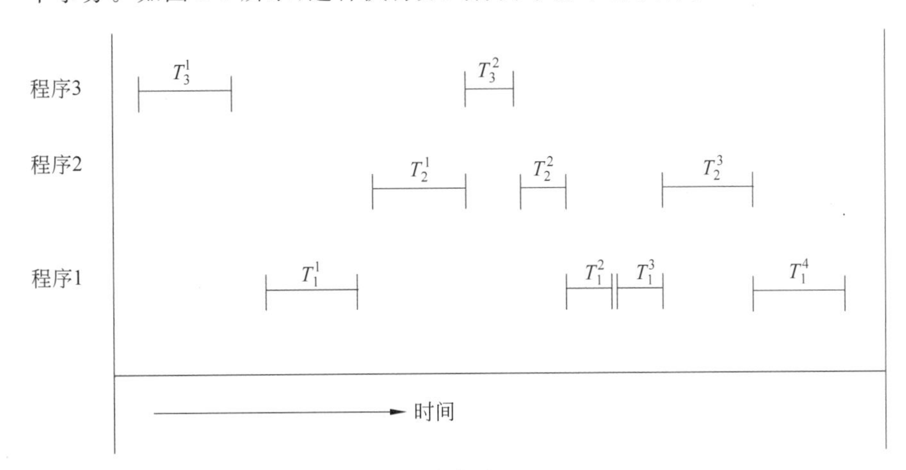

图9-1　事务串行执行

事务串行执行只是理论上的一种选择，并不能应用于实际系统，因为绝对串行地执行事务会限制系统的吞吐量，严重影响系统性能。事务并发执行是提高系统性能的根本途径。所谓事务并发执行就是在保证数据库正确的前提下，事务操作充分利用系统资源并行地进行,如图 9-2 所示。

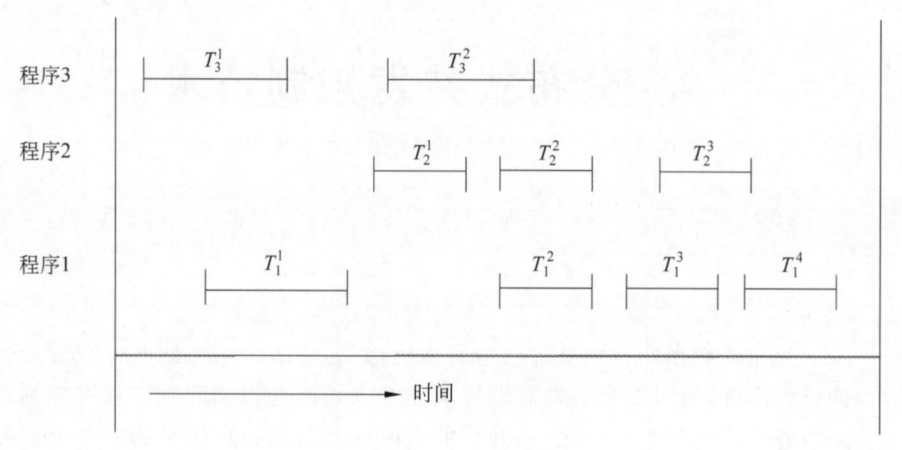

图 9-2 事务并发执行

并发事务的冲突

9.1.2 并发事务的冲突

当多个用户同时对数据库并发操作时,会带来丢失数据更新、读取脏数据、不可重复读、破坏完整性约束等问题。

1. 丢失数据更新

假设数据库中 A 的初值是 50,事务 T_1 对 A 值减去 20,事务 T_2 对 A 值乘以 2,加上 30。如果执行的顺序是 T_1、T_2,结果 A 值是 140;反之,如果执行的顺序是 T_2、T_1,A 值是 170。这两个结果都应该是正确的,但是如按照表 9-1 中并发执行,A 值是 200,显然是错误的,因为时间 t_7 丢失了事务 T_1 对数据库的更新操作,导致该并发操作不正确。

表 9-1 事务执行顺序一

时间	更新事务 T_1	数据库中 A 的值	更新事务 T_2
t_0		50	
t_1	读 A		
t_2			读 A
t_3	$A=A-20$		
t_4			$A=A\times2$,$A=A+30$
t_5	更新 A		
t_6		30	更新 A
t_7		130	

2. 读取脏数据

设 T_1 和 T_2 并发执行，执行顺序如表9-2所示。T_1 事务修改了数据，随后 T_2 事务又读出该数据，但 T_1 事务因为某些原因取消了对数据的修改，数据恢复原值，此时 T_2 事务得到的数据就与数据库内的数据产生了不一致。事务 T_2 在时间 t_4 读取未提交的 A 值(20)，即读取脏数据 A 值(20)，而且在时间 t_8 丢失自己的更新操作。

表9-2 事务执行顺序二

时间	更新事务 T_1	数据库中 A 的值	更新事务 T_2
t_0		50	
t_1	读 A		
t_2	$A=A-30$		
t_3	更新 A		
t_4		20	读 A
t_5			$A=A\times 2$, $A=A+30$
t_6			更新 A
t_7		70	
t_8	回滚		
t_9		50	

3. 不可重复读

设 T_1 和 T_2 并发执行，执行顺序如表9-3所示。用户1借助 T_1 事务读取数据，随后用户2通过 T_2 事务读出该数据修改并提交，此后用户1再读取数据时发现前后两次的值不一致。事务 T_1 两次读取同一数据 A，而在两次读操作的间隔中，事务 T_2 更新 A 值，因此事务 T_1 分别两次读取 A 值，却得到不一致的数据，进而造成数据的不可重复读问题。

表9-3 事务执行顺序

时　间	更新事务 T_1	数据库中 A 的值	更新事务 T_2
t_0		50	
t_1	读 A		
t_2			读 A
t_3			$A=A\times 2$, $A=A+30$
t_4			更新 A
t_5			提交
t_6	读 A	130	

4. 破坏完整性约束

假设教师课程安排关系 Teacher(tname，course，date)记录了教师的课程安排，其中 tname 为教师姓名，date 为授课时间，course 为授课课程名称；教师授课资格关系 TeacherC(tname，course)记录了教师有资格讲授的课程，其中 tname 为教师姓名，course 为有资格授课课程名称。该数据库的一个完整性约束就是被安排讲课的教师必须具有相应的资格。数据库初始状态分别如表 9-4 和表 9-5 所示。

表 9-4 关系 Teacher 的初始值

tname	course	date
张凯	计算机网络	2021.5.23.9：00
⋮	⋮	⋮

表 9-5 关系 TeacherC 的初始值

tname	course
张凯	计算机网络
张凯	数据库原理
王娜	计算机网络
⋮	⋮

有两个事务 T_1 和 T_2 访问该数据库，事务 T_1 将教师课程安排表中在 2021.5.23.9：00 安排的计算机网络课程所有记录改为数据库原理，条件是原来安排讲授计算机网络的教师有资格讲授数据库原理。该事务首先选择教师课程安排表 Teacher 中在 2021.5.23.9：00 安排课程为计算机网络且教师有资格讲授数据库原理的记录，读取其 course 属性的值，然后将这些记录的 course 属性的值改为数据库原理。另一个事务 T_2 将教师课程安排表在 2021.5.23.9：00 的所有王娜有资格讲授的课程任务交给王娜。该事务首先选择教师课程安排表 Teacher 中在 2021.5.23.9：00 安排课程为王娜有资格讲授的课程的记录，读取其 tname 属性的值，然后将这些记录的 tname 属性的值改为王娜。如果事务执行顺序为 T_1、T_2 串行执行，其事务执行序列如表 9-6 所示，则执行结果分别如表 9-7 和表 9-8 所示。执行后数据库满足完整性约束。

表 9-6 事务串行执行顺序

时 间	更新事务 T_1	更新事务 T_2
t_1	读取符合条件记录中的 course	
t_2	更新记录中的 course 为数据库原理	
t_3		读取符合条件记录中的 tname
t_4		更新记录中的 tname 为王娜

表 9-7　串行执行后关系 Teacher 的值

tname	course	date
张凯	数据库原理	2021.5.23.9：00
⋮	⋮	⋮

表 9-8　串行执行后关系 TeacherC 的值

tname	course
张凯	计算机网络
张凯	数据库原理
王娜	计算机网络
⋮	⋮

假设事务 T_1、T_2 并发执行，执行顺序如表 9-9 所示。执行后的结果分别如表 9-10 和表 9-11 所示，执行后的数据库不满足完整性约束。

表 9-9　事务并发执行顺序

时　间	更新事务 T_1	更新事务 T_2
t_1	读取符合条件记录中的 course	
t_2		读取符合条件记录中的 tname
t_3		更新记录中的 tname 为王娜
t_4	更新记录中的 course 为数据库原理	

表 9-10　串行执行后关系 Teacher 的值

tname	course	date
王娜	数据库原理	2021.5.23.9：00
⋮	⋮	⋮

表 9-11　串行执行后关系 TeacherC 的值

tname	course
张凯	计算机网络
张凯	数据库原理
王娜	计算机网络
⋮	⋮

从事务并发执行的问题看出，不加控制地并发执行事务可能导致数据库中的数据出现错误，因而事务管理器的基本任务之一就是对事务进行并发控制。并发控制就是利用

正确的方式调度事务中所涉及的并发操作序列,避免造成数据的不一致性,防止一个事务的执行受到其他事务的干扰,保证事务并发执行的可串行性。

与集中式数据库不同,分布式数据库中的数据分配于不同的场地上,也可能在多个场地上存在副本,因此需要合理的事务并发控制算法,使事务正确地访问和更新数据,确保分布式环境中各场地上有关数据库中数据的一致性。

9.2 调度表与可串行化问题

数据库管理系统并发控制的任务是合理安排这些事务的执行进程以避免冲突的出现。显然,如果 DBMS 在一个时间段内仅允许一个事务执行,即在允许下一个事务开始之前,当前事务必须提交,就不会出现并发控制问题。但数据库系统的一个重要指标是查询的响应速度,它又要求并发执行程度的最大化。因此,事务要尽量并发,而又不能出现相互间的冲突。通常以串行化理论为基础,并以事务执行顺序的可串行化来检验并发控制方法的正确性。

9.2.1 调度表

对于数据库管理系统中运行事务的所有操作,按其性质可分为对数据库的读和对数据库的写两类。

定义 9.1:将事务 T_i 对数据项 A 的读操作和写操作分别记为 $R_i(A)$ 和 $W_i(A)$。

定义 9.2:事务 T_i 所读取数据项的集合称为 T_i 的读集,记为 $R(T_i)$。

定义 9.3:事务 T_i 所写数据项的集合称为写集,记为 $W(T_i)$。

例 9.1 设有事务 T_i 完成的操作为 T_i:$A=A+1, B=B+1, C=A+B$,其中 A、B、C 分别为数据库中的数据项,则 T_i 的操作可表示为 $R_i(A)$、$R_i(B)$、$W_i(A)$、$W_i(B)$、$W_i(C)$。

$R(T_i)=\{A,B\}$

$W(T_i)=\{A,B,C\}$

定义 9.4:在一个数据库上,事务是由一系列数据库的读和写操作组成的。所有并发执行事务的操作构成的对数据库的读写序列称为调度表。

定义 9.5:对于调度表上的任何两个事务 T_i 和 T_j,如果 T_i 的最后一个操作在 T_j 的第一个操作之前完成,或 T_j 的最后一个操作在 T_i 的第一个操作之前完成,则称该调度表为串行执行的调度表,也称为串行调度表,否则称为并发调度表。

系统通常希望事务调度表中的各个事务是并发执行的,但同时它们的执行结果又等价于一个串行的事务调度表,即事务调度表是可串行化的。

例 9.2 设有事务 T_1 和 T_2,T_1 和 T_2 完成的操作分别如下。

$$T_1: R_1(A)R_1(B)W_1(A)\ W_1(B)\ W_1(C)$$

$$T_2: R_2(A)\ W_2(A)\ R_2(B)\ W_2(B)$$

设有调度表 S_1 和 S_2,分别如下。

S_1：$R_1(A)R_1(B)W_1(A)\ W_1(B)\ W_1(C))\ R_2(A)\ W_2(A)\ R_2(B)\ W_2(B)$

S_2：$R_1(A\ )R_2(A)\ R_1(B)W_1(A)\ W_1(B)\ W_1(C)\ W_2(A)\ R_2(B)\ W_2(B)$

对于调度表 S_1 来说，事务的操作构成的对数据库的读写序列是事务 T_1 先于事务 T_2，即 T_1 的最后一个操作在 T_2 的第一个操作之前完成，因此调度表 S_1 为串行执行的调度表。对于调度表 S_2 来说，操作 $R_2(A)$穿插在事务 T_1 中执行，T_1 的最后一个操作不在 T_2 的第一个操作之前完成，T_2 的最后一个操作也不在 T_1 的第一个操作之前完成，因此调度表 S_2 不满足串行执行调度的要求，是并发调度表。

9.2.2　集中式数据库事务调度可串行化问题

不同并发事务的调度表对数据库的一致性有着决定性的影响。并发控制算法的目标就是建立一个正确的调度表，使得在事务并发执行的情况下数据库的一致性不被破坏，使冲突操作能串行地执行，非冲突操作可并发执行。

所谓“串行调度表”就是依次执行每一个事务的每一个读写操作，因此没有事务并发产生。所谓“可串行化调度表”是指，如果将一个串行调度表 S 的读写操作顺序进行重排列，得到了一个新的调度表 S'，并且 S'与 S 的执行结果相同，则称 S'是与 S 等价的可串行化调度表。可串行化调度表对数据库的作用与串行调度表相同。

1. 可串行化定义

在集中式数据库系统中的一个调度表 S，如果等价于一个串行调度表，则称调度表是可串行化的。

2. 事务的冲突操作定义

分别属于两个事务的两个操作 O_i 和 O_j，如果它们操作同一个数据项且至少其中一个操作为写操作，则称 O_i 和 O_j 这两个操作是冲突的，如 $R_1(A)W_2(A)$和 $W_1(A)\ W_2(A)$ 均为冲突操作。

3. 事务的执行顺序定义

在一个调度表中，用符号“＜”表示先于关系。对分别属于事务 T_i 和 T_j 的两个冲突操作 O_i 和 O_j，若存在 $O_i<O_j$，则称 $T_i<T_j$。

4. 调度表等价的判别方法

若一个并发执行的调度表 S 是可串行化的，则一定存在一个等价的串行调度表。也就是对于一个并发调度表来说，如果能够证明它与一个串行调度表等价，那么它就是可串行化调度表。可用下面定理和引理判断调度表等价。

1）判断调度表等价的定理

任意两个调度表 S_1 和 S_2 等价的充要条件如下。

(1) 在 S_1 和 S_2 中，每个读操作读出的数据是由相同的写操作完成的；

(2) 在 S_1 和 S_2 中，每个数据项上最后的写操作是相同的。

2) 判断调度表等价的引理

对于两个调度表 S_1 和 S_2,如果每一对冲突操作 O_i 和 O_j 在 S_1 中有 $O_i < O_j$,在 S_2 中也有 $O_i < O_j$,则 S_1 和 S_2 是等价的。

例 9.3 设有事务 T_1 和 T_2 完成的操作分别为

$$T_1: R_1(A)R_1(B)W_1(A)\ W_1(B)$$

$$T_2: R_2(A)\ W_2(A)$$

有 S_1 和 S_2 两个调度表分别为

$$S_1: R_1(A)R_1(B)W_1(A)\ W_1(B)\ R_2(A)\ W_2(A)$$

$$S_2: R_1(A)R_1(B)W_1(A)\ R_2(A)\ W_1(B)\ W_2(A)$$

调度表 S_1 和 S_2 是否等价?S_2 是否为可串行化调度表?

(1) 调度表 S_1 和 S_2 是否等价?

根据引理判断 S_1 和 S_2 等价。要应用引理判断 S_1 和 S_2 等价,需要先找出调度表 S_1 和 S_2 上的冲突操作,S_1 上的冲突操作为

$$R_1(A) < W_2(A)$$

$$W_1(A) < R_2(A)$$

$$W_1(A) < W_2(A)$$

S_2 上的冲突操作为

$$R_1(A) < W_2(A)$$

$$W_1(A) < R_2(A)$$

$$W_1(A) < W_2(A)$$

可以看出,各冲突操作在 S_1 上和 S_2 上的先后顺序相同,根据判断调度表等价的引理得出调度表 S_1 和 S_2 等价。

(2) S_2 是否为可串行化调度表?

可以看出在调度表 S_1 上所有事务 T_1 的操作先于事务 T_2 的操作完成,因此调度表 S_1 是串行调度表,由于调度表 S_1 和 S_2 等价,所以 S_2 是可串行化调度表。

9.2.3 分布式事务调度可串行化问题

在分布式数据库系统中,事务是由分解为各个场地上的子事务执行实现的。因此,分布式事务之间的冲突操作转化为同一场地上的子事务之间的冲突操作,分布式事务的可串行化调度问题转化为子事务的可串行化调度问题。

1. 分布式可串行化定义

在分布式事务执行过程中,每个场地 S_i 上的子事务的执行序列称为局部调度表,用 $S(S_i)$表示。在分布式数据库系统中的一个调度表 S,如果等价于一个串行调度表,则称调度表是可串行化的。

2. 分布式调度表可串行化的判别方法

在分布式数据库系统中,需要将分布式事务的可串行化调度转化为以场地为基础的

子事务的可串行化调度。通常用下面的定理或引理判断分布式事务是否是可串行化的。

1）分布式调度表可串行化的判别定理

对于 n 个分布式事务 $T_1,T_2,\cdots,T_n$，在 m 个场地 $S_1,S_2,\cdots,S_m$ 上的并发执行序列记为 S。如果 S 是可串行化的，则必须满足以下条件：

（1）每个场地 S_i 上的局部调度表 $S(S_i)$是可串行化的。

（2）存在 S 的一个总序，使得在总序中，如果有 $T_i<T_j$，则在各局部调度表中必须有 $T_i<T_j$。

2）分布式调度表可串行化的判别引理

设 $T_1,T_2,\cdots,T_n$ 是 n 个分布式事务，S 是这组事务在 m 个场地上的并发执行序列，$S(S_1),S(S_2),\cdots,S(S_m)$是在这些场地上事务的局部调度表。如果存在一个总序，使得 T_i 和 T_j 中的任意两个冲突操作 O_i 和 O_j，如果在 $S(S_1),S(S_2),\cdots,S(S_m)$中有 $O_i<O_j$ 当且仅当在总序中也有 $T_i<T_j$，则 S 是可串行化的。

9.3 基于锁技术的并发控制

当多个事务在数据库中并发执行时，数据的一致性可能受到破坏。系统有必要控制各事务操作的执行顺序，这是通过并发控制机制来实现的。锁技术是最常见的并发控制机制。锁是事务对某个数据库中的资源（如表和记录）存取前，先向系统提出请求，封锁该资源，事务获得锁后，即取得对数据的控制权，在事务释放它的锁之前，其他事务是不能更新此数据的，只有当事务结束后，才释放被锁定的资源。锁在一段时间内禁止某些用户操作数据对象，防止其他事务访问指定资源，以避免产生数据不一致。

9.3.1 锁的类型与锁粒度

锁方式的基本思想是：事务对任何数据的操作必须先申请该数据项的锁，只有申请到锁（即加锁成功）以后，才可以对数据项进行操作。操作完了以后，要释放已申请的锁。通过锁的共享及排斥的特性，实现事务的可串行化调度。

1. 锁的类型

根据锁定资源方式的不同，有共享锁、排他锁、更新锁3种锁模式。

1）共享锁

共享锁也称为读锁，允许并行事务读取同一种资源，这时的事务不能修改访问的数据。当使用共享锁锁定资源时，不允许修改数据的事务访问数据。当读取数据的事务读完数据之后，立即释放所占用的资源。一般地，当使用SELECT语句访问数据时，系统自动对所访问的数据使用共享锁锁定。

2）排他锁

排他锁也称写锁，就是在同一时间内只允许一个事务访问一种资源，其他事务都不能在有排他锁的资源上访问。在有排他锁的资源上，不能放置共享锁。也就是说，不允许可以产生共享锁的事务访问这些资源。只有当产生排他锁的事务结束之后，排他锁锁定的资源才能被其他事务使用。对于那些修改数据的事务,例如使用 INSERT、UPDATE、DELETE 语句,系统自动在所修改的数据上放置排他锁。

3) 更新锁

如果两个事务获取了资源上的共享锁,然后试图同时更新数据,则一个事务尝试将锁转换为排他锁。其享锁到排他锁的转换必须等待一段时间,因为一个事务的排他锁与其他事务的共享模式锁不兼容,会发生锁等待。第二个事务试图获取排他锁以进行更新,由于两个事务都要转换为排他锁,并且每个事务都等待另一个事务释放共享模式锁,因此发生死锁。若要避免这种潜在的死锁问题,需要使用更新锁。所谓更新锁是指只给予事务读数据而不是写数据的权限,一次只有一个事务可以获得资源的更新锁。如果事务修改资源,则更新锁转换为排他锁。

读锁是对数据项进行读操作时要加的锁。由于读操作是可共享操作,所以读锁也称共享锁。写锁是对数据项进行写入操作时要加的锁。写操作是不可共享的,因此,写锁也称排他锁。更新锁是指只给予事务读数据而不是写数据的权限,一次只有一个事务可以获得资源的更新锁。读锁、写锁与更新锁之间的相容关系如表 9-12 所示。

表 9-12 读锁、写锁与更新锁之间的相容关系

锁的类型	读锁	写锁	更新锁
读锁	共享	排他	排他
写锁	排他	排他	排他
更新锁	排他	排他	排他

2. 锁粒度

封锁的对象可以是逻辑单元,也可以是物理单元。在关系数据库中,封锁的对象可以是数据库、表、行、列等逻辑单元,也可以是页、块等物理单元。封锁对象的大小称为锁粒度。选择多大的粒度,根据对数据的操作而定。如果是更新表中所有的行,则用表级锁;如果是更新表中的某一行,则用行级锁。行级锁是一种最优锁,因为行级锁不可能出现数据既被占用又没有使用的浪费现象。但是,如果用户事务中频繁对某个表中的多条记录操作,将导致对该表的许多记录行都加上了行级锁,数据库系统中锁的数目会急剧增加,这样就加重了系统负荷,影响系统性能。

锁粒度的大小对系统的并发度和开销有一定的影响,锁粒度越大,系统的开销越小,但降低了系统的并发度。针对并发控制,系统的并发度与锁粒度成反比,如表 9-13 所示。

表 9-13 锁粒度和系统开销及并发度的关系

粒度	开销	并发度
小	大	高
大	小	低

9.3.2　两阶段封锁协议(2PL协议)

两阶段封锁协议

2PL协议是并发控制算法中的重要算法之一。其主要内容是并发执行的多个事务中事务对数据进行操作以前要进行加锁,且每个事务中的所有加锁操作在第一个解锁操作以前执行。

1. 2PL协议简介

2PL协议的实现思想是将事务中的加锁操作和解锁操作分两阶段完成,并要求并发执行的多个事务在对数据进行操作之前要进行加锁,且每个事务中的所有加锁操作要在解锁操作以前完成。

2PL协议规定所有的事务应遵守如下规则:

(1) 在对任何数据进行读、写操作之前,首先要申请并获得对该数据的封锁;

(2) 在释放一个封锁之后,事务不再申请和获得其他任何封锁。

即事务的执行分为两个阶段。第一阶段是获得封锁的阶段,称为扩展阶段;第二阶段是释放封锁的阶段,称为收缩阶段。

在分布式数据库系统中,如果全部的分布式事务均以2PL协议加锁,则系统中的各场地上的局部调度是可串行化的。因为对于每个局部场地而言,其上执行的操作只是全局操作中的一部分,而全局操作采用2PL协议加锁,显然局部操作也遵循2PL协议。换言之,如分布式事务采用2PL协议加锁,那么它在不同场地的全部子事务也是采用2PL协议加锁的。对局部调度而言,2PL协议是正确的并发控制方法,所以每个局部场地的子事务是可串行化调度。

2. 2PL协议的正确性

分布式调度表可串行化的判别方法为:$T_1,T_2,\cdots,T_n$ 是 n 个分布式事务,S 是这组事务在 m 个场地上的并发执行序列,$S(S_1),S(S_2),\cdots,S(S_m)$ 是在这些场地上事务的局部调度表。如果存在一个总序,使得 T_i 和 T_j 中的任意两个冲突操作 O_i 和 O_j,如果在 $S(S_1),S(S_2),\cdots,S(S_m)$ 中有 $O_i<O_j$ 当且仅当在总序中也有 $T_i<T_j$,则 S 是可串行化的。

根据分布式调度表可串行化的判别方法,可以证明按照两段封锁协议执行的事务操作调度表是可串行化的。

假设按照两阶段封锁协议执行的调度 S 不存在满足上述要求的总的调度次序。这种情况下肯定有两个事务,不妨假设为 T_1 和 T_2,在 T_1 和 T_2 中至少存在两对冲突操作 O_{1i}、O_{2j} 和 O_{1s}、O_{2t},且 $O_{1i}(A)<O_{2j}(A)$、$O_{1s}(B)>O_{2t}(B)$,其中 O_{1i} 和 $O_{1s}\in T_1$,O_{2j} 和 $O_{2t}\in T_2$。

$O_{1i}(A)<O_{2j}(A)$ 表明 T_1 先封锁了数据对象 A,T_2 后封锁了数据对象 A,$O_{1s}(B)>O_{2t}(B)$ 表明 T_2 先封锁了数据对象 B,T_1 后封锁了数据对象 B。

根据两阶段封锁协议,T_1 在得到所有的封锁之前不会释放锁,T_2 也是如此。这样 T_1 在得到数据对象 B 的封锁之前不会释放数据对象 A 的封锁,T_2 在得到数据对象

A 的封锁之前不会释放数据对象 B 的封锁。可见不会出现 T_1 和 T_2 同时得到 A 和 B 的封锁情况,即 T_1 和 T_2 不会有顺序不一致的操作。因此,按照两阶段封锁协议执行的事务操作调度表是可串行化的。

3. 2PL 协议的性质

2PL 协议保证了全局事务执行的可串行化,但它并不允许产生全部的可串行的执行。换言之,2PL 协议的要求比可串行化的要求还要严格,某些事务在采用 2PL 协议时可能被迫等待比可串行化条件所要求的更长的时间。

考虑两个事务 T_1 和 T_2,它们的操作序列均为从一个场地读出 A,减少它;在另一个场地读出 B,增加它,然后回写。

$$T_1: R_1(A)W_1(A)\ R_1(B)\ W_1(B)$$

$$T_2: R_2(A)\ W_2(A)\ R_2(B)\ W_2(B)$$

设两个事务 T_1、T_2 几乎被同时激活,2PL 协议保证它们的可串行化,所以有一个总的次序,假设 $T_1 < T_2$。把操作执行分解得到以下两个局部场地的调度:

$$S_1: R_1(A)W_1(A)\ R_2(A)\ W_2(A)$$

$$S_2: R_1(B)W_1(B)\ R_2(B)\ W_2(B)$$

如果允许两个场地上操作最大程度地并发执行,则 S_1 场地的 $R_2(A)\ W_2(A)$ 和 S_2 场地的 $R_1(B)W_1(B)$ 可以并发执行,是可串行化所允许的并发执行。然而这样的并发执行在 2PL 协议中是不允许的,因为 T_1 直到获取对 B 的锁之前是不会释放对 A 的锁的,而且如果考虑到 2PC 协议,事务只有在提交时才释放锁,则事务被迫等待的时间将大于纯可串行化条件所要求的时间。2PL 协议虽然比可串行化条件更严格,降低了并发执行的程度,然而这种要求对保证分布式事务的正确调度必不可少。

9.3.3 基于锁的并发控制方法的实现

在分布式数据库系统中,两阶段封锁协议根据封锁调度器的设置主要分为集中式实现方法和分布式实现方法。设立中心封锁调度器的方法为集中式实现方法,每个参与场地都设立封锁调度器的方法为分布式实现方法。

1. 集中式实现方法

集中式实现方法是在分布式数据库中设立一个 2PL 调度器(LM),所有封锁请求均由该调度器完成。事务的执行需要协调场地上的事务管理器(协调 TM)、中心场地上的锁管理器(中心场地 LM)和其他参与场地上的数据处理器(DP)之间的通信。事务管理器(协调 TM)将数据库读写操作消息与加锁请求消息发送给 LM,中心场地 LM 端接收到操作类型是读或者写消息,则找到所有数据对象,并将是否允许加锁消息发送给协调 TM。协调 TM 根据加锁消息的不同,或者协调数据处理器处理数据,或者处理不加锁等信息。该实现方法实现简单,但易受调度器所在场地故障影响且需要大量通信费用。图 9-3 描述了采用集中式实现方法时事务的执行过程。

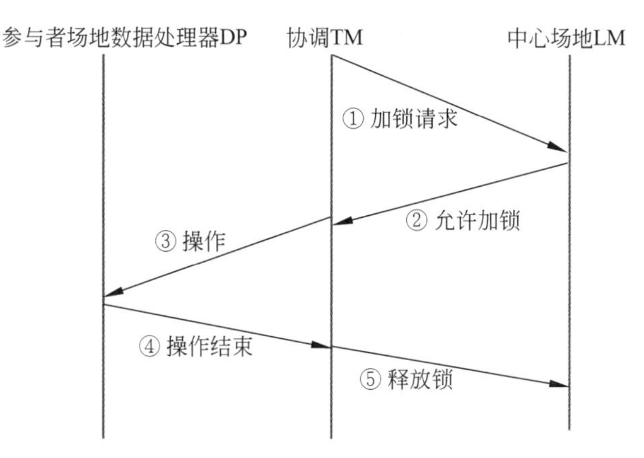

图 9-3 集中式实现方法时事务的执行过程

2. 分布式实现方法

分布式实现方法是在每个场地上都有一个 2PL 调度器，每个调度器处理本场地上的封锁请求，该实现方法避免了集中式实现方法存在的不足，但同时也增加了实现全局调度的复杂性。图 9-4 描述了采用分布式实现方算法时事务的执行过程。

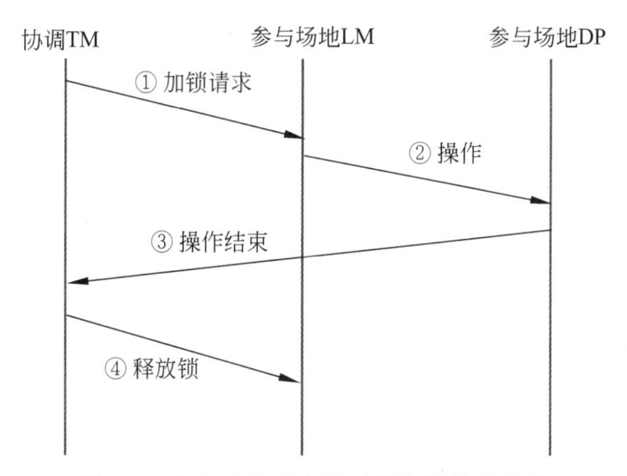

图 9-4 分布式实现方法时事务的执行过程

9.4 基于时间戳的并发控制算法

封锁是实现并发控制最广泛的使用技术。在锁模型中，事务冲突操作的执行顺序是通过锁的互斥来决定的，申请到锁的事务可以执行下去，而未申请到锁的事务处于等待状态，直至申请到锁或被终止时为止。并发控制的时间戳方法与锁方法有所不同，它是一种基于对事务进行时间标记的并发控制方法。

9.4.1 时间戳模型

时间戳模型采取的办法是对每个事务在激活时系统分配一个时间戳，这个时间戳可以唯一标识一个事务及事务激活的次序，事务中的操作拥有事务的时间戳，事务对数据项进行操作时把自己的时间戳赋给该数据项。当事务间存在冲突操作时，冲突操作间的执行次序由时间戳来决定，时间戳小的先执行，时间戳大的后执行，即先激活的事务先执行，后激活的事务后执行。当一个事务的时间戳小于另一个已执行的事务时，该事务被终止并重新启动被赋予一个新的时间戳。

1. 时间戳

时间戳是基于事务启动的时间点，由系统赋予该事务的全局唯一标识，即系统为每个事务赋予一个唯一的时间戳，并按事务的时间戳的优先顺序调度执行，同一事务管理器产生的时间戳是单调增加的，可以通过时间戳来区分事务。

时间戳可以用于在事务间进行排序。每个事务启动时，就被赋予一个唯一的时间戳。因此没有两个事务具有相同的时间戳。在集中式 DBMS 中，可以简单地利用系统时钟来产生时间戳。此时，时间戳就是事务启动时系统时钟的值。另一种可选的方法是使用一个简单计算器或顺序数字产生器，当一个事务被启动时，事务计数器就把下一个数字赋予它，然后事务计数器自增。为避免产生很大的时间戳值，计数器可以周期性地设置为数字 0。

在分布式数据库系统中，不存在类似集中式系统中的时钟和计数器的机制，每一个站点都有自己的时钟，并且不能保证这些时钟相互是同步的。在集中式环境中，由于事务管理器在一个时刻只能启动一个事务，两个或多个事务不可能同时发生；但是在分布式环境中，两个或多个事务可能在不同站点上同时启动，所以还应该有一个机制来制定两个同时发生的事务的顺序。在分布式系统中，由于缺乏所有站点共用的有效时钟，建立全局时间的一个简单算法就是使用站点局部时钟和站点标识的结合，即＜站点时钟，站点标识＞。这里的时钟不一定是系统的物理时钟，通常是一个可控的全局计数器，有时需要调整局部时钟来确保事件的先后顺序，这是系统时钟所无法做到的。

下面给出一些规则，它们用于对不同站点中提交的事务进行排序。

(1) 局部站点上每产生一个事件，该站点的时钟向前推进一个单位。这里的事件是指事务的启动，以及消息的发送与接收等。

(2) 站点间传递的消息由发送方加盖时间戳，当站点 B 接收到 A 发送的消息后，B 把自己的局部时钟修改为 max(消息的时间戳，B 站点的时钟)。

规则(1)确保了如果站点 A 上事件 e_i 比 e_j 先发生，就有 $ts(e_i) < ts(e_j)$ ，这里的 $ts(e_i)$和 $ts(e_j)$分别是事件 e_i 和事件 e_j 发生时站点 A 的时钟值。

规则(2)有效地维护了两个通信站点之间的时钟同步，例如站点 A 上的事件 e_i 在 t_i 时刻向站点 B 发送消息，站点 B 上的消息接收事件 e_k 发生的时刻为 t_k，规则(2)确保 $t_k > t_i$。如果两站点间没有通信，它们的时钟将会错开，但这并不重要，因为在不交互的站点之间没有同步的必要。

2. 基本思想

基于时间戳技术的并发机制的基本思想是：只有当数据项 X 上有一较年长的事务写入以后才允许另一较年轻的事务对 X 进行读写，否则它拒绝这个操作并重启动该事务，即一个事务只能读写它以前的事务写入的数据而不能读写它以后的事务写入的数据。当出现年长的事务读写年轻事务写入的数据时，该年长的事务遭拒绝且重新启动被赋予一个新的时间戳，直到此时间戳大于原来年轻的事务，即它变得比年轻的事务更年轻时才可以读写原年轻事务写入的数据。

3. 有时间戳的事务的原子性

事务提交操作的含义是：使事务所完成的数据更新永久地保存在数据库中，并使其他事务可见，即保证事物的原子性和永久性。已经提交的事务对数据库状态的改变是不能复原的。在基于锁协议的方法中，事务的原子性是通过对数据加写锁直至提交时才释放来保证的。特别是在 2PL 协议下，所有的写锁一同释放。然而在基于时间戳协议的方法中，由于没有锁机制，无法阻止其他事务看到一个事务对数据的部分更新结果，因而要采用另一种方法来有效地隐藏事务对数据的部分更新。通过预写(或称推迟更新)可以实现这一目标。例如，将未被提交的事务所更新的数据不写到数据库中，而是写到一组缓冲区里，当事务提交后才写到数据库中。

9.4.2 基本时间戳方法

基本时间戳方法是按照时间戳的顺序执行事务的操作，无论是在集中式还是在分布式 DBMS 中实现基本时间戳法，数据库中的每个数据项均需记录对其进行读操作和写操作的最大时间戳。基本时间戳方法采用预写的方式保证事务的原子性，事务对数据的修改实际上是预写到缓冲区，而不是到数据库，仅在事务提交时才向数据库做物理写操作。一旦决定提交某个事务，系统将保证执行相应的写操作，这些操作不能被拒绝。基本时间戳方法包括预写操作算法、写操作算法、读操作算法。

1. 基本概念

(1) 每个事务在启动时被赋予一个全局的唯一标识符，即时间戳，事务 T_i 的时间戳标记为 $\mathrm{Ts}(T_i)$，$\mathrm{Ts}(T_i)=$ 事务 T_i 启动时所加盖的时间戳。事务的每个读操作或写操作都带有本事务的时间戳。如果事务重新启动，则其被赋予新的时间戳。

(2) 数据库中的每个数据项都记录对其进行读操作和写操作的最大时间戳，数据项 x 的最大读时间戳标记为 $\mathrm{rts}(x)$，数据项 x 的最大写时间戳标记为 $\mathrm{wts}(x)$。

2. 基本时间戳方法的预写操作算法

基本时间戳方法的预写操作将修改的数据存在数据库数据缓冲区中，基本时间戳方法的预写操作算法如下。

(1) 事务 T_i 请求预写数据项 x。

(2) 如果 $Ts(T_i) < rts(x)$ 或者 $Ts(T_i) < wts(x)$，则拒绝 T_i 请求预写数据项 x 并重新启动 T_i，否则转第(3)步。

(3) 执行预写，即在缓冲区中记录修改的数据和该事务的时间戳 $Ts(T_i)$。

3. 基本时间戳方法的写操作算法

因为串行性要求相应的写操作按时间戳顺序进行，所以很可能有许多预写数据暂存在缓冲区中。因此，当一个对数据项 x 执行了写操作的事务 T_i 准备提交时，首先要查看是否有另一个时间更早的也对该数据项进行写操作的事务 T_j 还未提交。如果存在这样一个事务 T_j，则 T_i 必须在 T_j 提交后提交或者重新启动。

基本时间戳方法的写操作算法如下：

(1) 事务 T_i 请求更新数据项 x。

(2) 如果有一个更迟的事务 T_j 对 x 进行了更新操作，即 $Ts(T_i) < wts(x)$，则拒绝该操作并重启动 T_i，否则转第(3)步。

(3) 如果有一个更早的事务 T_j 对 x 的修改存在缓冲区中，即 $Ts(T_j) < Ts(T_i)$，则 T_i 等待 T_j 提交后提交或者重启动，否则，转第(4)步。

(4) 执行 T_i 的写操作，并使 $wts(x) = Ts(T_i)$。

4. 基本时间戳方法的读操作算法

类似地，在遇到事务 T_i 对数据项 x 的读操作时，系统不仅要检查该数据项是否被比 T_i 迟的事务更新过，而且还要检查有没有比 T_i 时间更早的事务对该数据项的修改存在缓冲区中。如果事务 T_j 对数据项 x 的修改存在缓冲区中，且事务 T_j 早于事务 T_i，若允许 T_i 读数据，则 T_j 的写操作将是非法的。因此，T_i 必须等待 T_j 提交后才能读数据，或者 T_i 重启动。这等同于在数据项的写操作和读操作之间使用互斥锁装置。如果 T_i 的读操作被接收，则 $rts(x)$ 被更新为 $ts(T_i)$。

基本时间戳方法的读操作算法如下。

(1) 事务 T_i 请求读数据项 x。

(2) 如果 x 已被一个更迟事务更新，即 $Ts(T_i) < wts(x)$，则拒绝该操作并重启动 T_i，否则转第(3)步。

(3) 如果有一个更早的事务 T_j 对 x 的修改存在缓冲区中，即 $Ts(T_j) < Ts(T_i)$，则 T_i 等待 T_j 提交或者重启动，否则转第(4)步。

(4) 执行 T_i 的读操作，并使 $rts(x) = Ts(T_i)$。

5. 基本时间戳方法的优缺点

基本时间戳方法的优点：因为所有等待都是时间较迟的事务等待时间较早的事务，所以不会出现死锁，

基本时间戳方法的缺点：有较多的重启动。

9.4.3 保守时间戳方法

基本时间戳方法不会产生死锁，但主要问题是当检测到冲突时，就采用代价极高的重

启动方法避免冲突。基本时间戳方法试图当接收到一个操作时就立即执行该操作，而保守时间戳方法是希望尽可能延迟每个操作，直到保证调度器中没有时间戳更小的操作。如果这个条件可以保证，调度器就不会拒绝操作。

1. 保守时间戳方法的基本思想

保守时间戳方法的基本思想是让年轻的操作进入缓冲区，使年轻的事务处于等待状态，直到所有年长的冲突操作执行结束才启动。这样不会出现拒绝的执行或重新启动。

2. 保守时间戳方法的算法

在保守时间戳方法中，每个站点维持几对队列，它们是网络中其他站点的读队列和写队列。每个读队列包含远程站点事务发出的对本地数据库进行读操作的请求，而每个写队列包含远程站点对本地数据的更新数据信息。每个读写请求都带有发出该请求事务的时间戳而且队列按时间戳递增的顺序排列，即最年长的事务总是在每一个队列的头部。对于各场地要求遵守下列规则。

(1) 所有站点确保按时间戳顺序提交事务。

(2) 事务不在远程站点上产生代理(子事务)，只是发出远程读写请求。

(3) 从站点 M 到站点 N 的读写请求必须按时间戳顺序到达。这样旧事务会在新事务之前发出自己的读(写)请求，可以通过让站点 M 上的新事务等待所有的旧事务的读(写)操作请求都被发送到站点 N 后，才发送自己的请求来实现。

为了描述保守时间戳方法的读操作算法和写操作算法，定义符号如下。

(1) RQ_A^B 表示场地 A 上源自场地 B 的事务的读请求队列。

(2) UQ_A^B 表示场地 A 上源自场地 B 的事务的写请求队列。

(3) $ts(RQ_A^B)$ 表示位于队列 RQ_A^B 头读操作的时间戳。

(4) $ts(UQ_A^B)$ 表示位于队列 UQ_A^B 头写操作的时间戳。

(5) r_A^B 和 u_A^B 分别表示从场地 B 到场地 A 的读请求和写请求，它们的时间戳分别为 $ts(r_A^B)$ 和 $ts(u_A^B)$。

保守时间戳方法的读操作算法如下。

(1) 场地 B 向场地 A 发出读操作请求 r_A^B。

(2) 依照时间戳 $ts(r_A^B)$ 将其插入队列 RQ_A^B 的适当位置。

(3) 在从各个场地 i 发至场地 A 的更新请求队列中，检查是否所有的请求都比 r_A^B 迟，若不是则 r_A^B 等待，若是则执行操作 r_A^B。

即：

```
Begin
    For all 场地 i
        Do while is ts(UQ_A^i)<ts(r_A^B)
        wait
        End Do
    End For
执行操作 r_A^B
End
```

保守时间戳方法的写操作算法如下。

(1) 场地 B 向场地 A 发出写操作请求 u_A^B。

(2) 依照时间戳 $ts(u_A^B)$将其插入队列 UQ_A^B 的适当位置。

(3) 检查从各个场地 i 发至场地 A 的更新请求队列是否为空,若空则等待。即:

```
Begin
    For all 场地 i
      Do while UQ_A^i=ϕ
        wait
      End Do
    End For
End
```

如果所有更新请求队列都不为空,执行第(4)步。

(4) 调度器比较各个场地 i 发至场地 A 的更新请求队列的头部操作时间戳,选择时间戳最小的操作执行。

3. 保守时间戳方法的优缺点

保守时间戳方法的优点:保守时间戳方法不会出现拒绝的操作或者事务重启动,但这依赖于写操作所有的队列都是非空的。在写操作算法中如果允许队列为空可以执行操作,还是会存在重启动现象。

如图 9-5 所示,存在 3 个场地,假设 UQ_1^3 是空队列,调度器 1 选择一个来自于 UQ_1^1 和 UQ_1^2 的时间戳最小的操作执行,但后来从场地 3 到达了一个带有更小时间戳的冲突操作,那么这个操作就必须被拒绝并重启动。

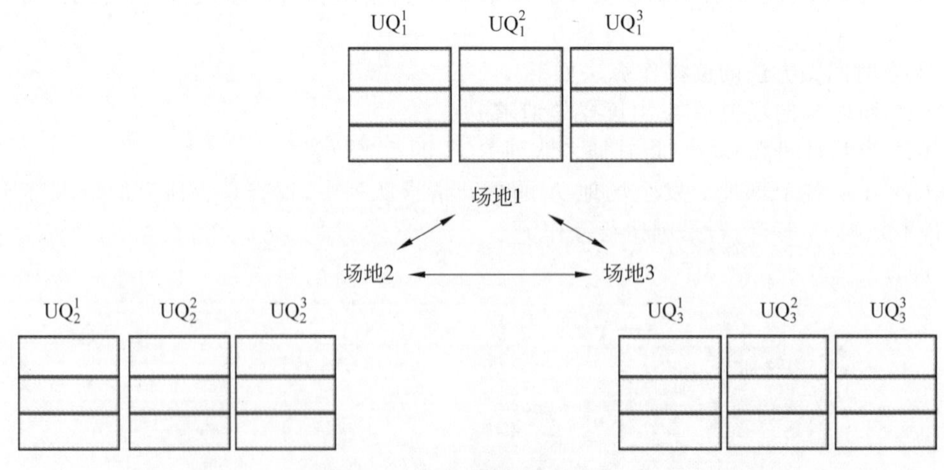

图 9-5 保守时间戳方法示例

保守时间戳方法的缺点:由于保守时间戳方法操作按照时间戳顺序执行,降低了事务执行的并发度。

9.5 乐观并发控制方法

并发控制方法本质上都是悲观方法，它们假定事务间的冲突是非常频繁的，不允许多个事务同时访问同一个数据对象，因而总是先验证事务的操作之间是否冲突，然后再进行读写操作。而乐观方法等到写阶段开始时，才进行冲突验证，也就是说将验证阶段延迟到执行写操作之前。因此，提交给乐观调度器的操作永远不会被延迟。

1. 乐观方法的基本思想

并发控制的乐观方法是基于冲突很少发生，以及并发控制的最佳途径是通过采用复杂的同步控制让事务无阻碍地执行(即不需要等待)这两个前提之上的。该方法的基本思想是让事务尽可能地执行，在提交时系统才进行冲突检测。如有冲突发生，重新启动该事务。

为保证事务的原子性，所有的更新操作都只作用于数据的局部备份上，在提交时才写入数据库中。但事务重新启动的开销是很大的，意味着对整个事务重新操作，如果这种情况不是频繁发生，这种开销还是可以容忍的。

2. 乐观方法的执行过程

乐观方法中把事务的执行分为读阶段、有效性检测阶段和写阶段 3 个阶段，3 个阶段的具体描述如下。

(1) 读阶段。从事务开始到提交前，是事务的主体阶段，此阶段不对数据库执行写操作。

(2) 有效性检测阶段。检测事务的执行结果(更新操作)，以确定是否有冲突发生。

(3) 写阶段。如果没有冲突发生，则将更新的数据写入数据库中；如果有冲突发生，则回退事务和重新启动。

在低度竞争的环境或只读事务占主要地位的环境中，使用乐观法是很有效的，因为它允许大部分事务通过同步达到无阻塞地执行。但除非系统中的竞争程度极低，否则其他并发控制方法比乐观方法的效果要更好一些。其主要原因是让即将提交的事务重新启动将带来巨大的开销，尤其是在分布式数据库里，这种开销往往是系统无法忍受的。目前没有一个主流分布式数据库原型使用这种方法，IMF-Fast Path 是一种使用乐观并发控制方法的少数几个集中式系统之一。

9.6 分布式死锁及处理

系统中有两个以上的事务都处于等待状态，并且每个事务都在等待其中另一个事务解除封锁才能继续执行下去，结果造成任何一方都无法继续执行，这种现象称为系统进入了死锁状态。死锁问题是数据库系统中一个非常重要的问题，一般而言，死锁状态是资源竞争的结果，例如，多个数据库事务请求以独占方式访问数据项时就会出现死锁。在分布式并发控制中，当采用锁方法时就可能出现死锁的情况，特别是采用强制性的 2PL 协议，即所有事务只在提交时才释放锁，出现死锁的概率更高。因为对每个子事务而言都可能在申请了部分资源锁以后，申请锁住已由别的事务锁住的资源，从而进入等待状态。对于数据库死锁需要由一个死锁处理算法对其进行处理。本节介绍超时法解决死锁、死锁等待图、集中式死锁检测、层次死锁检测、分布式死锁检测、分布式死锁的预防等死锁的检测算法和处理死锁方法。

9.6.1 超时法解决死锁

超时法是解决死锁问题最简单的方法。其原则是，当事务申请对某数据项加锁时，如果在一个一定长的时间内未申请到锁，则认定系统处于死锁状态，进入死锁处理过程，放弃该事务，释放由其占用的资源。这种方法的最大优点是，没有额外的控制报文的传送。其最关键的地方在于如何确定超时，应有多长的等待时间。等待时间不可太长，否则在真的出现死锁时要等待较长的时间；等待时间也不可太短，否则会出现频繁放弃事务，甚至出现放弃所有的事务的倾向。在分布式数据库系统中，确定超时的时限更加困难，因为各场地计算机的性能差异，负荷的大小及通信代价均是影响事务执行效率的因素，设立一个统一的时限非常困难。

9.6.2 死锁等待图

事务等待图（Wait-for-Graph，WFG）是表达事务（代理）间等待关系的数学模型。在数据库系统中，当使用锁方式实现并发控制时，对死锁的检测可以采用等待图的方法。

1. 事务等待图

所谓等待图是指图中的顶点代表了事务代理。图中的有向边代表事务代理之间的阻塞关系。带有出边的顶点对应一个处于停顿状态的事务代理。当事务 T_1 对数据项 X 要获得锁时，而 X 已被另一事务 T_2 锁住，这时 T_1 必须等待 T_2 释放对 X 的锁，在图上即有从 T_1 指向 T_2 的边。出现死锁，当且仅当图中的边有回路。

2. LWFG 和 DWFG

等待图检测数据库死锁的方法完全适用于分布式数据库系统，只是分布式死锁的检测要难于集中式死锁的检测，因为要判断有无死锁的循环等待仅仅只检测局部场地等待图有无回路是不够的，还必须考虑全局事务等待图中有无回路。因此，在用等待图检测分布式死锁时必须要产生一个分布式的等待图。

局部场地的等待图记为 LWFG，全局事务等待图即分布式的等待图记为 DWFG。分布式的等待图由各局部场地的等待图构成。局部场地的等待图由在同一场地上的事务间的相互等待的状态组成，并且需要在站点外加上一些节点代表其他场地的代理者，用有向边把它们和局部场地等待状态连接起来。图 9-6 表示一个分布式的等待图，记号 T_iA_j 表示事务 T_i 在 A_j 场地上的代理者进程（或子事务），节点间的有向边表示各子事务间的等待状态。在图中，T_1A_1 等待 T_2A_1 执行，T_2A_1 等待 T_2A_2 执行，T_2A_2 等待 T_1A_2 执行，T_1A_2 等待 T_1A_1 执行，因此形成一个循环等待的回路，即出现了死锁。图 9-7 表示一个局部场地的等待图，它实际上是全局等待图的一部分。因此，在给出全局等待图时必须先给出局部等待图，然后把它们连接起来构成全局等待图。

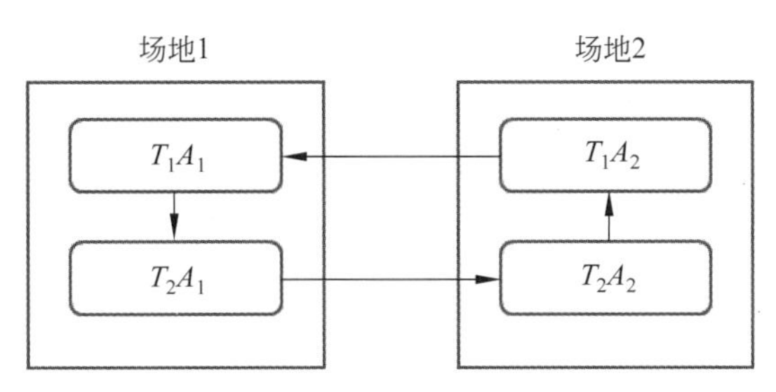

图 9-6　分布式的等待图

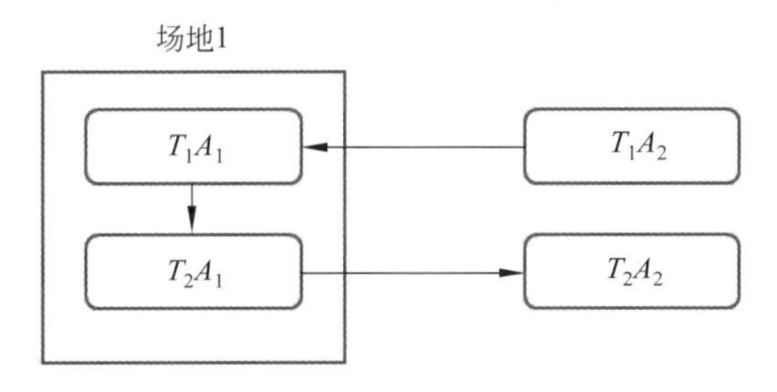

图 9-7　局部场地的等待图

进行死锁检测时，当 LWFG 中存在回路时，这时产生的死锁为局部死锁。它由集中式的死锁检测机制解决。当 DWFG 中存在回路时，这时产生的死锁为全局死锁，由分布式死锁的检测机制解决。分布式死锁的检测显然需要各场地间的信息交换，因此是一分布式的任务。

当系统中出现死锁后，要解除死锁，即要消去等待图中的回路，一般采取的方法是终止或重新启动一个和几个事务，从而消除等待回路，让其他事务可以继续执行。如果能够预测每次终止并重启回路中的一个事务所花费的系统代价，那么可以终止并重启总代价最小的那个事务。然而，这一问题已经被证实是极其困难的问题。所以一般可以依据以下准则选择要终止的事务。

(1) 终止最年轻的事务，使得系统之前完成的结果得到最大程度地保留。

(2) 终止占用资源最少、代价最小的事务。

(3) 终止预期完成时间最长的事务，减少资源占用时间。

(4) 终止可消除多个回路事务。

9.6.3　集中式死锁检测

使用集中式死锁检测方法时，首先要选择一个场地来运行集中式的死锁检测程序；然后从系统中的其他场地接收 LWFG。当收到所有的 LWFG 后，由该程序生成 DWFG，最后在 DWFG 中检测回路，如有回路，则发现死锁并进行死锁解除处理；否则没有死锁。这种方法中会有 LWFG 的传送等站点间的信息传递，为了减少报文传输量，在传送 LWFG

时把可能产生死锁回路的初始代理者和最终代理者传送出去,即各场地上的 LWFG 输入端口和输出端口,而不关心 LWFG 内的等待状态。一般来说,输入端口和输出端口的个数可能多于 1 个,如图 9-8 所示的 LWFG 有两个输入端口、一个输出端口,其潜在的死锁回路有两条,如图 9-9 所示。

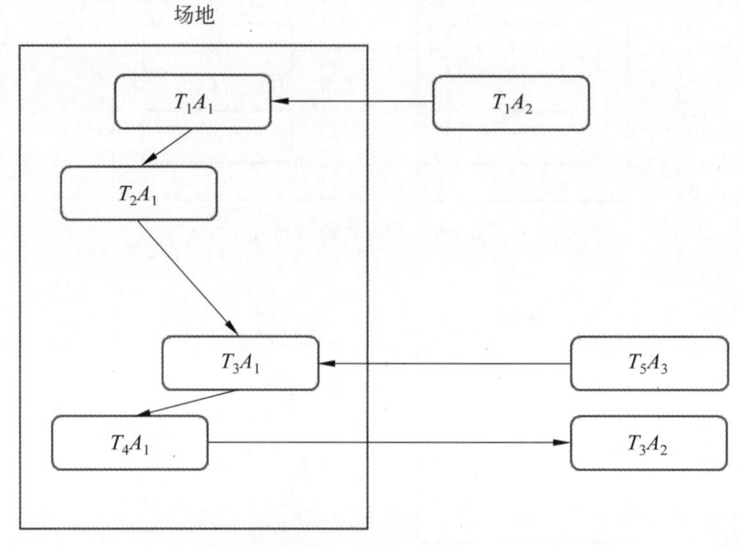

图 9-8 局部等待图

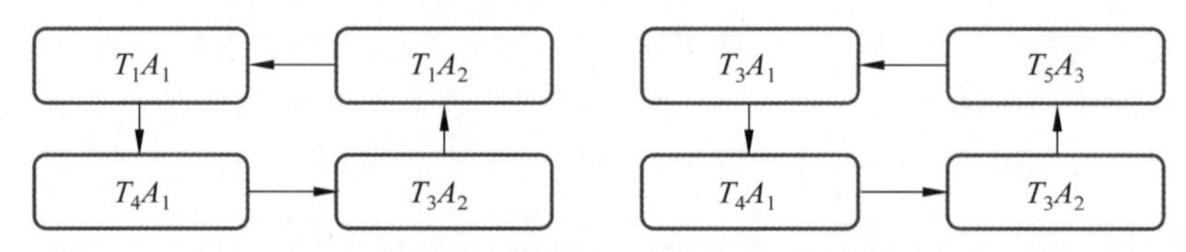

图 9-9 从 LWFG 中导出的潜在的死锁回路

全局死锁检测程序收集从各场地发送来的潜在死锁回路的输入端口和输出端口,构造简单的 DWFG,然后检查有无回路,选择要终止的事务。这个操作可以周期执行,也可以当潜在死锁回路存在时执行。

集中式死锁检测方法比较简单。但它存在两个主要的缺点。

(1) 容易受运行集中式死锁检测程序的场地故障的影响。

(2) 可能需要大量的通信费用。因为被选择运行检测程序的场地可能离网络中的其他场地很远。另外,产生死锁时也不一定包含网上的所有场地。事实上产生死锁时一般只涉及少数几个场地,在这种情况下,集中式死锁检测程序的通信费用浪费很大。

9.6.4 层次死锁检测

集中式死锁检测程序的通信费用较大,为了减少这种浪费,人们提出了层次死锁检测方法。层次死锁检测方法是建立一个死锁检测层次树,每个站点的局部死锁检测程序(记作 LDD)作为一个叶子节点,中间层节点是部分全局死锁检测程序(记作 PGDD),根节点是全局死锁检测程序(记作 GDD)。LDD 判断是否有局部死锁,同时把存在的潜在死锁回路信息发送给层次结构中上一层的部分全局死锁检测程序,部分全局死锁检测程序负责发现所包含的下层节点的局部场地的死锁,并把存在的潜在死锁回路信息发送到上节点层。由根节点全局死锁检测程序判断全局事务是否产生死锁。死锁检测层次树结构如图 9-10 所示。

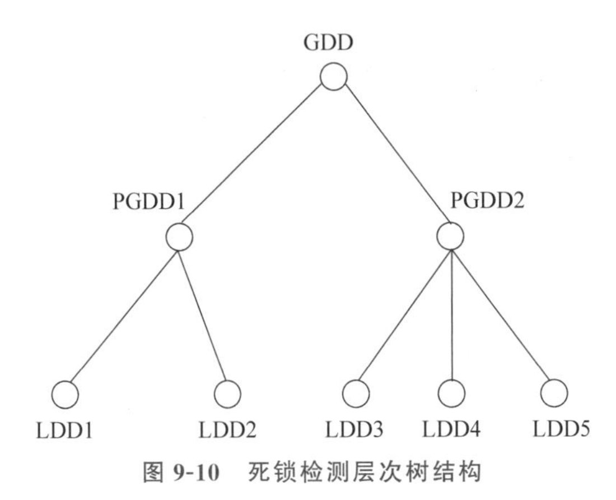

图 9-10　死锁检测层次树结构

9.6.5　分布式死锁检测

分布式死锁检测算法的检测由各个场地共同完成。在分布式死锁检测机构中没有局部和全局死锁检测程序的区别,每个场地都具有检测全局死锁的责任。其算法的基础仍然是寻找有无死锁回路,因此仍需要在各场地间传送潜在的死锁回路的信息,由各场地在自己的 LWFG 上寻找死锁回路。这种方法中的 LWFG 模型和前面讲到的 LWFG 稍有不同,即不区分输入端口和输出端口而统一称之为外部节点(Ex)。例如,图 9-6 和图 9-7 中的 LWFG 用新模型表示如图 9-11 所示。

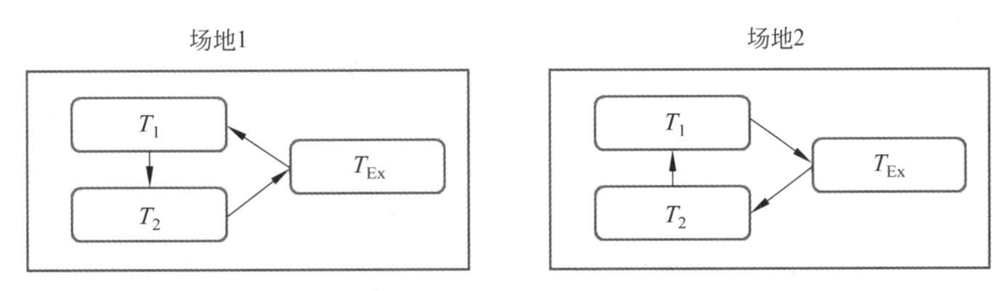

图 9-11　LWFG 新模型表示示例

采用这种 LWFG 模型后,潜在的死锁回路是 LWFG 中的一个回路,该回路包括 Ex 节点在内。然后,站点间彼此交换这些潜在的死锁信息,并根据这些死锁信息修改自己的等待图,从而发现死锁的发生。如果把信息传送给系统中的所有死锁检测程序,将带来巨大的代价,有以下两种方法沿潜在死锁回路发送信息检测死锁。

(1) 沿回路反向传送信息。如图 9-11 中的场地 1,接收场地中有一个正等着 T_1 的代理者。

(2) 沿回路正向传递信息。接收场地中有一 T_2 的代理，而场地 1 的 T_2 正等待它。

9.6.6 分布式死锁的预防

在分布式系统中，发现死锁及对死锁的处理可能花费很大，因而应避免在系统运行过程中出现死锁。预防死锁的基本思想是在有可能出现死锁的情况下，先终止或重新启动若干事务，从而避免死锁的发生。

由于预防死锁的方法不可能最终出现死锁，因此不需要死锁的检测及解除算法。常用的方法有以下两类。

1. 顺序封锁法

顺序封锁法预先对数据对象规定一个封锁顺序，所有事务都按照这个顺序实行封锁，避免在等待图中出现回路。在分布式数据库中，封锁的顺序有全局排序和每个场地上的局部排序两种。如果采用局部排序方式，则对场地也要排序。这样才能唯一地确定封锁顺序。

2. 时间戳死锁预防

采用时间戳死锁预防算法分为非强制性死锁预防算法和强制性死锁预防算法两种，具体规则如下。

采用时间戳的非强制性死锁预防算法是，如果 T_i 申请对 T_j 已加锁的数据加锁，只有当 T_i 比 T_j 老时才允许 T_i 等待。如果 T_i 比 T_j 年轻，则 T_i 被终止且以同一时间戳重新启动。

采用时间戳的强制性死锁预防算法是，如果 T_i 申请对 T_j 已加锁的数据加锁，只有当 T_i 比 T_j 年轻时才允许 T_i 等待，否则终止 T_j 且 T_i 得到申请的锁。在这一方法中当 T_j 处于两阶段提交的第二阶段时 T_j 不可终止，这时也不会造成死锁，因为 T_j 不再占用资源，所以 T_i 不必等待。

以上两种方法都不会产生死锁，而且都是终止和重启较为年轻的事务，但它们也存在一些差别，这些差别是选用它们的依据。

(1) 在非强制性方法中，只终止没有存取数据项的事务，对已存取数据项的事务不可终止。在强制性方法中，年轻的事务会被年老的事务终止。

(2) 在非强制性方法中，年老的事务等待年轻的事务，因此随着事务的变老失去优先权，在强制性方法中则相反。

(3) 在非强制性方法中，年轻的事务可能被终止和重启动多次，在强制性方法中，年轻的事务只被终止和重启动一次。

习 题 9

1. 事务并发执行不加控制会存在哪些问题？
2. 什么是可串行化调度表？

3. 如何判断两个调度表等价？
4. 数据库锁有哪些类型？
5. 锁粒度是什么？
6. 基于时间戳并发机制的基本思想是什么？
7. 基于锁模型并发机制的基本思想是什么？
8. 分布式死锁预防的方法有哪些？
9. 设有事务 T_1 和 T_2 完成的操作如下：

$$T_1: R_1(A)W_1(A)\ R_1(B\ W_1(B))$$

$$T_2: R_2(A)\ W_2(A)$$

有 S_1 和 S_2 两个调度表如下：

$$S_1: R_1(A)\ W_1(A)\ R_1(B)W_1(B)\ R_2(A)\ W_2(A)$$

$$S_2: R_1(A)R_1(B)W_1(A)\ R_2(A)\ W_1(B)\ W_2(A)$$

判断调度表 S_1 和 S_2 是否等价？S_2 是否为可串行化调度表？

10. 设有事务 T_1 和 T_2 完成的操作如下：

$$T_1: R_1(A)W_1(A)\ R_1(B\ W_1(B))$$

$$T_2: R_2(A)\ W_2(A)$$

有调度表 S_1 如下：

$$S_1: R_1(A)\ R_2(A)W_1(A)\ R_1(B)W_1(B)\ W_2(A)$$

判断调度表 S_1 是否为可串行化调度表？

第10章

P2P 数据管理系统

P2P 系统是一种分布式网络系统，其中的参与者共享他们所拥有的一部分硬件资源、软件资源及数据资源。本章主要介绍 P2P 系统的拓扑结构、资源定位方式、数据管理系统及其体系结构和 P2P 系统的查询处理方式。

10.1 P2P 系统概述

随着网络技术的发展，人们希望可充分利用遍布全球的个人闲置资源，来完成单台计算机无法胜任的任务。在这样的时代环境下，P2P 系统的应用越来越广泛，在文件共享、流媒体服务、即时通信交流、计算和存储能力共享以及协同处理与服务等方面都能看到 P2P 的存在，一些 P2P 应用如 Napster、eMule、BitTorrent 等早已是家喻户晓了。P2P 计算是一种分布计算模型，在这种模型中参与的每个节点没有 Client 和 Server 之分，既分享其他节点的资源，同时又为其他节点提供资源，也就是说每个节点是对等的。

P2P 打破了传统的 Client/Server(C/S)模式，在网络中的每个节点的地位都是对等的。每个节点既充当服务器，为其他节点提供服务，同时又享用其他节点提供的服务。网络中不存在中心控制节点，网络中的资源和服务分散在所有节点上，信息传输和服务的实现都直接在节点之间进行，可以无须中间环节和服务器的介入，避免了可能的瓶颈。在 P2P 网络中，随着用户的加入，不仅服务的需求增加了，系统整体的资源和服务能力也在同步地扩充，始终能较容易地满足用户的需要。整个体系是全分布的，不存在瓶颈。理论上其可扩展性几乎可以认为是无限的。P2P 架构天生具有耐攻击、高容错的优点。由于服务是分散在各个节点之间进行的，部分节点或网络遭到破坏对其他部分的影响很小。P2P 网络一般在部分节点失效时能够自动调整整体拓扑，保持其他节点的连通性。P2P 网络通常都是以自组织的方式建立起来的，并允许节点自由地加入和离开。P2P 网络还能够根据网络带宽、节点数、负载等变化不断地做自适应式的调整。在 P2P 网络中，由于信息的传输分散在各节点之间进行而无须经过某个集中环节，用户的隐私信息被窃听和泄露的可能性大大缩小。此外，目前解决 Internet 隐私问题主要采用中继转发的技术方法，从而将通信的参与者隐藏在众多的网络实体之中。在传统的一些匿名通信系统中，实现这一机制依赖于某些中继服务器节点。而在 P2P 中，所有参与者都可以提供中继转发的功能，因而大大提高了匿名通信的灵活性和可靠性，能够为用户提供更好的隐私保护。在 P2P 网络中，每个节点既是服务器又是客户机，减少了对传统 C/S 结构服务器计算能力、存储能力的要求，同时因为资源分布在多个节点，更好地实现了整个网络的负载均衡。与传统的分布式系统相比，P2P 技术具有无可比拟的优势。

与传统的 C/S 模式相比，P2P 模式具有如下优点。

(1) 资源的利用率高。

在 P2P 网络上，闲散资源有机会得到利用，所有节点的资源总和构成了整个网络的资源，整个网络可以被用作具有海量存储能力和巨大计算处理能力的超级计算机。C/S 模式下，即使客户端有大量的闲置资源，也无法被利用。

(2) 系统稳定性好。

随着节点的增加，C/S 模式下，服务器的负载就越来越重，形成了系统的瓶颈，一旦服务器崩溃，整个网络也随之瘫痪。而在 P2P 网络中，每一个对等点具有相同的地位，既可以请求服务也可以提供服务，同时扮演着 C/S 模式中的服务器和客户端两个角色，因此对等点越多，网络的性能越好，网络随着规模的增大而越发稳固。P2P 的技术方式将导致信息数据资源向所有用户的 PC 均匀分布，即“边缘化”趋势。

(3) 资源搜索方便。

P2P 是基于内容的寻址方式。基于内容的寻址方式处于一个更高的语义层次，因为用户在搜索时只需指定具有实际意义的信息标识而不是物理地址，P2P 软件将会把用户的请求翻译成包含此信息标识的节点实际地址，这个地址对用户来说是透明的，每个标识对应包含这类信息的节点的集合。这将创造一个更加精炼的信息仓库和一个更加统一的资源标识方法。

(4) 服务成本低。

资源信息在网络各节点间直接流动，高速及时，不需要专用的昂贵的服务器，降低了中转服务成本。

10.2 P2P 系统的拓扑结构

P2P 系统的可用性依赖于对数据的高效查找和提取方法，如何高效快速地定位 P2P 网络上的资源是 P2P 系统实现的关键问题。系统的拓扑结构是影响高效快速定位 P2P 网络上资源的重要因素之一。拓扑结构是指分布式系统中各个计算单元之间的物理或逻辑的互联关系，节点之间的拓扑结构一直是确定系统类型的重要依据。按照资源组织和定位方法，传统 P2P 网络可分为非结构 P2P 网络和有结构 P2P 网络。非结构 P2P 网络是基于泛洪搜索，搜索较慢而且消耗大量的资源，扩展性较差。有结构 P2P 网络是基于分布式哈希表(Distributed Hash Tables，DHT)的，搜索速度快，产生的查询消息少，资源消耗少，但有结构 P2P 网络中的节点在加入和离开网络时需要进行修复操作，由此产生大量的消息，因此有结构 P2P 网络不适合高度动态的网络环境。

1. 非结构 P2P 网络

所有的 P2P 网络都有一个共同点,即实际的数据传输是在资源请求者和接收者间直接进行的。但 P2P 网络控制层面的实现有不同的方式,据此,非结构 P2P 网络可以归结为 3 种结构：中心目录服务器结构、纯 P2P 结构和混合式结构。

1）中心目录服务器结构

该结构使用了一个中心目录服务器来进行控制操作,所有客户机登录到该中心服务器,中心服务器负责管理所有客户机的文件和用户数据库。资源搜索请求发送到服务器,若找到资源,则资源就可以从拥有该资源的对等体上直接下载。这种 P2P 网络结构的特点是有高效的查找效率,查找需要较小的开销,查找经过的路径跳数少;但该结构与传统客户机/服务器结构类似,容易造成单点故障和访问的“热点”现象,即当中心目录服务器发生故障时,系统会瘫痪,系统的可靠性完全依赖于中心服务器。中心目录服务器结构如图 10-1 所示。

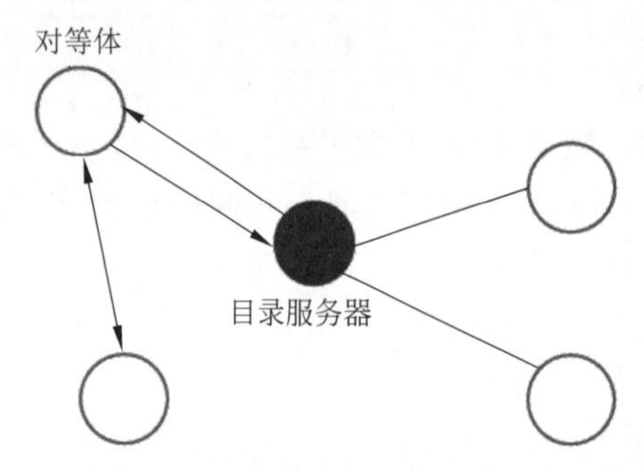

图 10-1 中心目录服务器结构

2）纯 P2P 结构

在纯 P2P 结构的网络中没有服务器,链状的节点之间构成一个分散式网络。通过基于对等网协议的客户端软件搜索网络中存在的对等节点,节点之间不必通过服务器,可直接建立连接。纯 P2P 网络不设置中心服务器,查询以泛洪方式在网络中传播,收到查询消息的节点先查找本地文件,然后把结果发给查询节点。这种网络结构在基于泛洪的查询过程中会产生大量查询消息,容易造成网络拥塞。随着联网节点的不断增多,网络规模不断扩大,通过这种泛洪方式定位对等点的方法将造成网络流量急剧增加,从而导致网络中部分低带宽节点因网络资源过载而失效。纯 P2P 结构如图 10-2 所示。

3）混合式结构

该结构是中心目录服务器结构和纯 P2P 结构两种结构的折中。通过引入超级对等体,混合结构既有中心目录服务器结构的特点,又有纯 P2P 的特点。超级对等体成为与其相邻的对等体的服务器,就像中心目录服务器结构一样,超级节点完成这些对等体的查询工作。超级节点通过纯 P2P 结构连接起来。混合式结构在控制层面引入了两层：一层是普通对等体通过客户机/服务器模式连接到超级对等体;另一层是这些超级节点通过纯 P2P 非结构网络连接到一起。混合式结构如图 10-3 所示。该结构的优点是性能、可扩展性较好,较容易管理,但对超级节点依赖性大,易于受到攻击,容错性也受到影响。

由于非结构化网络将网络认为是一个完全随机图,节点之间的链路没有遵循某些预先定义的拓扑来构建。这些系统一般不提供性能保证,但容错性好,支持复杂的查询,并受节点频繁加入和退出系统的影响小。但是查询的结果可能不完全,查询速度较慢,采用广播查询的系统对网络带宽的消耗非常大,并由此带来可扩展性差等问题。

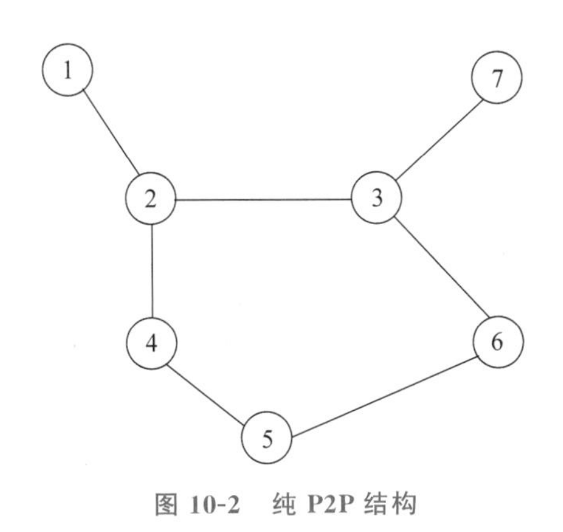

图 10-2　纯 P2P 结构

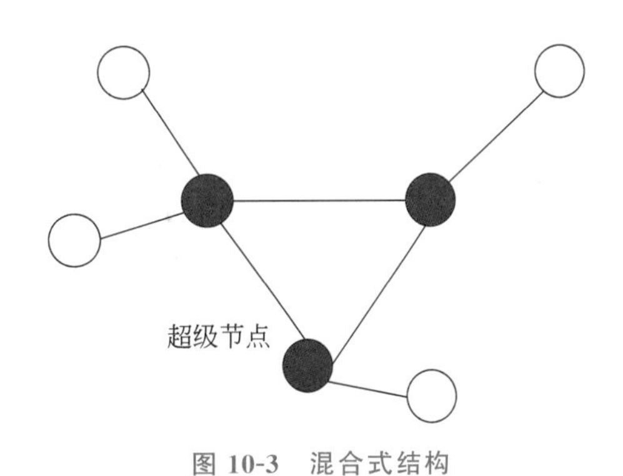

图 10-3　混合式结构

2. 有结构 P2P 网络

有结构 P2P 网络使用文档路由模型，这是 P2P 网络最新的搜索方法。文档路由模型需要用分布式哈希表，这也是有结构和非结构 P2P 网络的根本区别。DHT 分布式散列表实际上是一个由广域范围大量节点共同维护的巨大散列表。散列表被分割成不连续的块，每个节点被分配给一个属于自己的散列块，并成为这个散列块的管理者。DHT 的节点是动态节点，数量是巨大的，因此有结构 P2P 网络采用非中心化和原子自组织方式。通过加密散列函数，一个对象的名字或关键词被映射为 128 位或 160 位的散列值。在这种模型下，每个对等体都有一个 ID 号，每个文件有一个关键字 Key，当发布一个关键字为 K1 的文件时，先通过哈希映射得到对应的 K1→ID1，然后将该文件信息(可以是文件本身的内容，或者是文件的位置)存到 ID 号为 ID1 的节点，文件信息的存放过程需要将文件信息从当前节点路由到目标节点 ID1。反过来，当查找一个关键字为 K1 的文件信息时，先进行哈希映射得到 K1→ID1，然后将查找消息路由到节点 ID1，再将该文件信息从 ID 号为 ID1 的节点上取到。

DHT 类结构能够自适应节点的动态加入/退出，有着良好的可扩展性、鲁棒性、节点 ID 分配的均匀性和自组织能力。由于网络采用了确定性拓扑结构，DHT 可以提供精确的发现。只要目的节点存在于网络中，DHT 总能发现它，发现的准确性得到了保证。

3. P2P 系统资源定位

应用 P2P 系统的主要目的是实现信息共享。在 P2P 网络中进行数据搜索，需要进行网络资源定位。目前主要有两种 P2P 资源定位策略。

1) 面向非结构 P2P 网络的资源定位方法

针对非结构化拓扑的 P2P 系统采用的资源定位方法主要有：使用中心目录服务器来支持的资源定位、随机泛洪法实现的资源定位以及启发式算法技术实现的资源定位。中心目录服务器支持的资源定位使用了一个中心目录服务器来进行控制操作。随机泛洪法的核心思想是从查询节点向所有邻居节点迭代地泛洪查询，用户可以规定查询传播的最远跳数，这种方法简单而且健壮性好，但是只提供在查询节点有限半径内的查询回答，影响了结果的准确性。启发式搜索是在搜索过程中利用一些已有的信息来辅助查找过程，因此能较快地找到所需资源。

2）面向有结构 P2P 网络的资源定位方法

结构化拓扑的 P2P 系统通常采用分布哈希表方法作为资源定位技术。哈希表方法同时实现了 P2P 系统的拓扑构造、消息路由和资源搜索三大功能。在哈希表方法中，每个节点都有唯一的节点标识，系统根据节点标识构建 P2P 网络拓扑。每个节点都维护一个路由表，保存相关邻居节点的信息。每个节点根据其路由表将消息转发到相应的邻居节点上，直到消息最终到达目标节点。

10.3 P2P 数据管理系统

由于 P2P 网络中每个节点的地位都是平等的，没有主从之分，因此 P2P 数据管理系统与其他数据管理系统也有很大的区别。P2P 数据管理系统的核心问题包括：数据的存储策略、索引的构造策略、语义异构性的调整策略和查询传播与查询处理策略。

1. P2P 数据管理系统

尽管 P2P 系统提供了资源(CPU 时间、存储空间及丰富的数据)共享的分布式平台，具有高可扩展性和可用性，但是在 P2P 广域网环境中，数据模式、各节点的计算能力、网络结构及带宽都存在很大差异，而且 Internet 中的节点可以自由加入和离开，网络具有波动性，网络中节点间的关系也是动态的，精确地定位或推断资源的位置很困难；在 P2P 环境下因为要涉及数据的一致性和可用性问题，数据的放置策略是一个很大的挑战；P2P 网络忽略数据语义，或者仅仅提供很弱的语义，提供粗粒度的数据服务，使用文件名标识数据对象。P2P 面临的这些问题恰恰是数据库技术的优势，如查询、视图和一致性约束可以表达对象之间的语义关系；采取一些数据放置策略，可以加快查询速度，优化查询。因此，在数据管理领域，P2P 技术和数据库技术的结合，把 P2P 技术推向了更高的应用层次。基于 P2P 体系结构的数据管理系统称为 P2P 数据管理系统(Peer Data Management System，PDMS)。P2P 数据管理系统在文件共享、分布式数据管理等方面具有的奇特潜能，随着互联网的普及以及它处理大规模应用的魅力，使它越来越受到人们的关注。

P2P 数据管理系统和分布式数据库系统的不同主要表现如下。

(1) P2P 是动态网络，节点可以自由离开和加入，分布式数据库中节点是固定的。

(2) P2P 中不存在数据全局模型，而分布式数据库中有全局视图。

(3) P2P 中多数是对于关键字的精确匹配查询，分布式数据库提供复杂查询。

(4) P2P 中数据的位置是变动的，分布式数据库中数据的位置一般是固定的。

2. P2P 数据库系统

将分布式数据库的每个单独的数据库称为数据节点，则可以将分布式数据库看成一个由多个数据节点组成的大型软件系统。按照 P2P 的思想来构建这些数据节点的关系，即使节点间的数据服务是对等的，这样就构成一种全新的体系结构，称为 P2P 数据库系统。

P2P 数据库系统在信息共享、信息加工、信息搜索等方面有着广泛的用途，符合当今信息系统应用的需求，符合当今企业组织的管理思想和管理方式，尤其适合那些地域上分散的大集团、大机关、大企业、银行、连锁店、保险业、各类交通运输业以及全国性管理机构和军事国防部门等。在这些组织中往往既要有各部门的局部控制和分散管理，也要有整个组织的全局控制和协同工作，这就要求各部门的信息既能够灵活交流和共享，又能够全局控制和使用。

P2P 数据库系统与原有的分布式数据库系统有着很大的差异，其区别主要表现在以下 3 个方面。

(1) 在 P2P 数据库系统中，节点可以动态地加入和离开系统，可扩展性好；而分布式数据库系统的节点相对固定，且被全局数据库严格管理，不能随意加入和离开。

(2) 在 P2P 数据库系统中，没有统一的全局模式，能很好地反映节点数据变化情况，动态性好；而分布式数据库需要一个全局数据库来控制和管理各节点数据，每个节点数据变化需通知全局数据库。

(3) 在 P2P 数据库系统中，数据存放的位置是不固定、不可预知的，当有查询任务时，需要实时地在网络上路由搜索；而在分布式数据库中数据的位置一般是固定的，全局数据库事先知道各数据存放的具体位置。

10.4　P2P 数据管理系统的体系结构

由于 P2P 技术与传统分布式数据库技术不同，P2P 数据管理系统进行数据查询和数据更新实现的方式也不同于分布式数据库。P2P 数据管理系统按功能分为用户接口层、数据管理层和 P2P 网络子层，用户应用程序通过用户接口层提交用户查询，数据管理层控制查询处理和元数据信息(目录服务)，P2P 网络子层管理 P2P 网络的连接。P2P 数据管理系统的体系结构如图 10-4 所示。

查询通过用户接口层或数据管理 API 提交给数据管理层，并且在数据管理层的查询管理模块处理，当系统集成了异构数据源时，查询管理模块处理往往需要从语义映射库中检索语义映射信息。语义映射库中包含了一些元数据，利用这些元数据，查询管理器可以找到存储查询相关数据的节点，并且把查询语句用这些节点能够理解的词汇重新组织。某些 P2P 系统或许利用某个特定节点(如超级节点)存储这些语义信息，处理查询语句时，查询管理器将和该节点进行通信或者把查询语句传递给该节点，由其执行查询语句。如果系统中的数据源具有相同的模式，语义映射库和查询语句重写都是完全不必要的。

采用一个语义映射库，这样查询管理器就可以发起一个由 P2P 网络子层实现的、旨在和另一个在查询中将被激活的节点进行通信服务。查询的实际执行因不同的 P2P 实现而不同。在一些系统中，数据将被发送到查询的发起节点，并在此节点进行综合处理。另外一些系统则提供了一个特定的节点，用以进行节点的定位和查询的执行。还有一些系统，把返回的查询结果缓存起来，用以加快相似查询执行速度。缓存管理维护每一个节点的局部缓存，在某种情况下，仅仅在某个特殊的节点进行数据缓存。

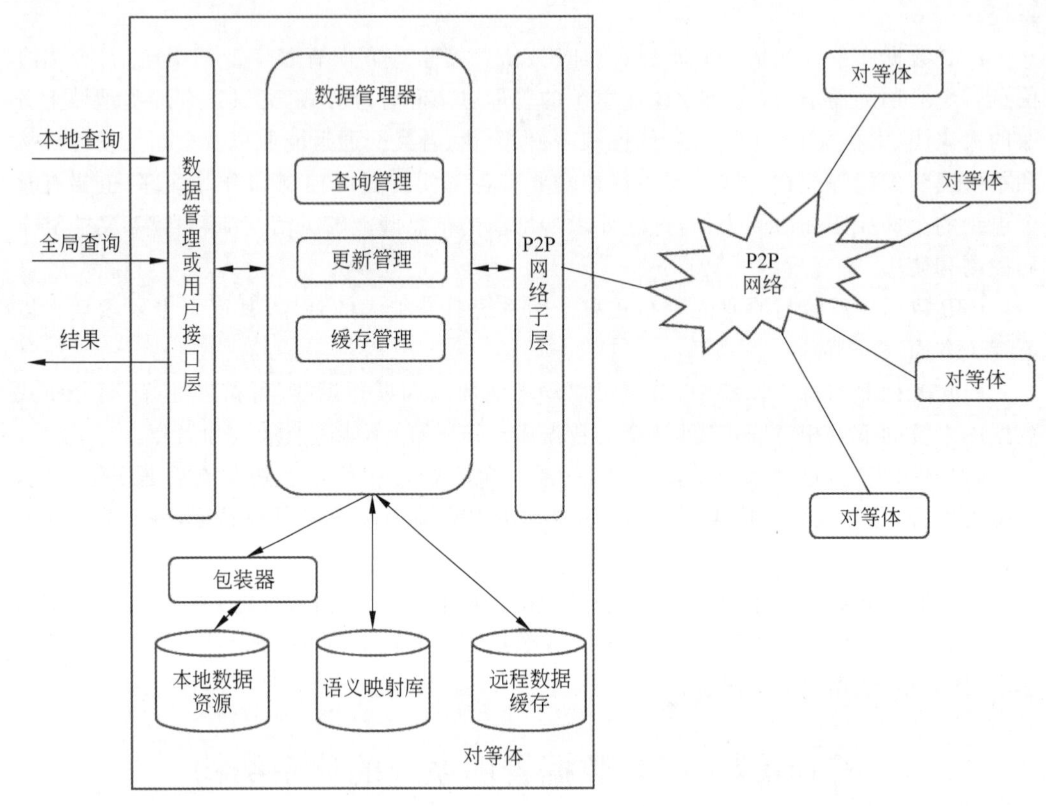

图 10-4 P2P 数据管理系统的体系结构

当一个远程节点请求某节点的数据时,该节点的查询管理器也负责执行局部查询。在数据管理层和局部数据源之间引入包装器(wrapper),这样可以隐藏二者之间在数据、查询语言和其他方面的非兼容性。当数据被更新时,更新管理器在存有数据副本的节点之间协调更新的执行。

P2P 网络子层主要是为数据管理层提供通信服务的。依据网络拓扑结构的不同,P2P 网络子层的实现方法在不同的 P2P 系统中有所不同。在非结构化的网络中,节点可以在网络中的任何一点加入。另一方面,有结构 P2P 网络对拓扑结构和消息路由严格控制,因此,加入系统的节点被赋予网络中固定的位置,并且承担一些网络职责,如路由到其他节点等。

P2P 数据管理系统查询处理

10.5 P2P 数据管理系统查询处理

P2P 数据管理系统也存在分布式查询的问题,P2P 数据管理系统查询处理由查询管理负责调度执行。按照 P2P 数据管理系统查询数据处理的地点和方式的不同,P2P 数据管理系统的查询处理策略包括数据传递、查询传递、代理传递、基于 DHT 的查询处理、突变查询计划等。数据传递是所有数据都在查询发起者节点处理,查询传递是只将符合条件的数据传输到查询发起者,代理传递是查询传递的延伸，突变查询计划是不断完善查询结果。

1. 数据传递

数据传递(data shipping)是将源数据移动到查询的发起者，在查询发起者处完成所有操作，从而获得查询结果。数据传递查询处理方法的缺点是传输开销大，响应时间长。

2. 查询传递

查询传递(query shipping)是查询请求向数据移动，在数据所在的场地完成所有操作，只有满足查询请求的数据才传递给查询的发起者，在查询的发起者处进行最终处理。查询传递减少了需要移动的数据量，具有较高的查询效率。

3. 代理传递

代理传递(agent shipping)是查询传递的延伸，代理中不仅携带查询请求，而且携带数据处理代码，代理到达远程节点后开始执行，只返回执行结果，进一步缩减了需要传输的数据量，也减轻了查询发起者的处理负载。PeerDB 率先使用了代理传递的查询处理机制，用关系匹配代理找到可能包含查询结果的对等节点，然后由数据检索代理翻译和提交 SQL 查询。将结果发送回产生查询的主代理。代理技术发展的重要阻碍就是安全问题，特别是在 P2P 这样的松散自组织网络中，代理的安全性认证机制至关重要。

PeerDB 是基于 BestPeer 的 P2P 数据管理系统，其节点使用一个数据库系统来管理本地数据，如存储、检索等，在该系统中使用的是开源数据库系统 MySQL。这样一来可以利用 DBMS 提供的功能对局部数据进行管理。PeerDB 把查询分为两个阶段：首先，采用关系表匹配策略来定位潜在的关系表。然后，通过代理把查询消息传递给关联节点，执行查询操作，每个站点都有一个主代理用来管理用户的查询请求，当用户在本地站点没有找到所要查询的信息，则复制查询要求，然后传送给相邻站点；最后，把查询结果反馈给用户。PeerDB 数据管理系统的体系结构如图 10-5 所示。

4. 基于 DHT 的查询处理

DHT 使用分布式哈希算法来解决结构化的分布式存储问题。分布式哈希算法的核心思想是通过将存储对象的特征(关键字)经过哈希运算，得到键值，对象的分布存储依据键值来进行。在基于 DHT 的查询处理方面，代表工作为 PIER 系统。PIER 采用 DHT 技术实现了 CAN 网络，并将对称散列型连接和 Fetch-Matches 型连接扩展到 DHT 上，这提供了大规模结构化 P2P 网络中查询处理的高可扩展性和效率保证。

PIER 是一种基于 DHT 覆盖网络的 P2P 查询处理系统，其体系结构如图 10-6 所示，包括三层，分别为应用层、PIER 层和 DHT 层。应用程序与 PIER 查询处理器交互，同时查询处理使用底层的 DHT。

PIER 提供了一种称之为 UFL(Unnamed Flow Language)的代数数据流查询语言和类 SQL 查询语言，支持复杂的查询手段，包括语义查询、查询计划的生成、连接操作及聚合操作等。UFL 代数数据流查询语言直接对物理查询语句执行计划进行描述，并支持多

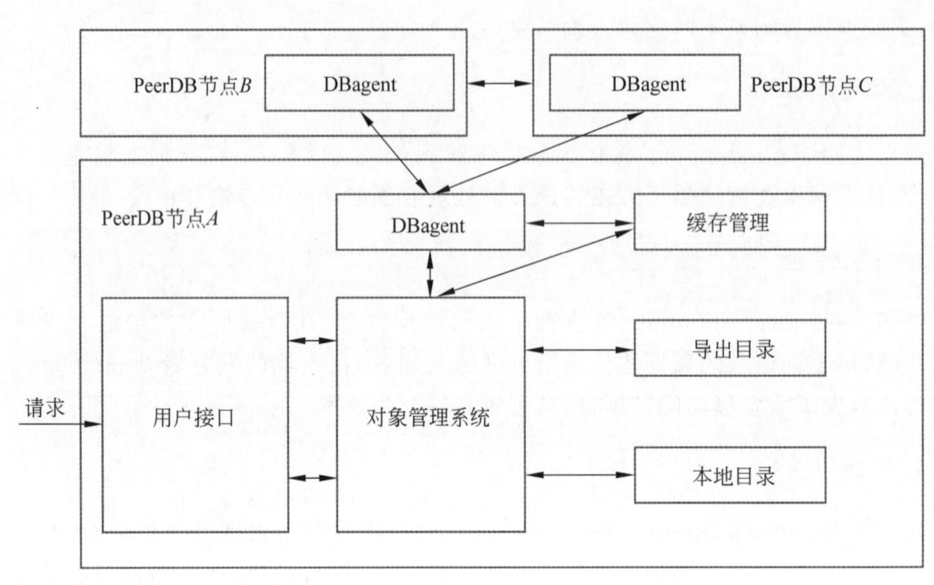

图 10-5 PeerDB 数据管理系统的体系结构

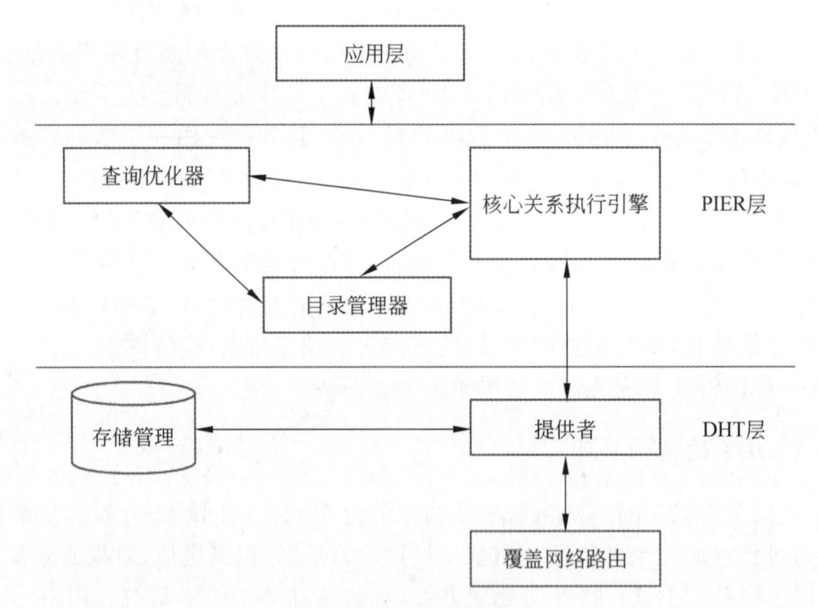

图 10-6 PIER 体系结构

个操作同时执行,这些同时执行的操作配置在一起可以构成传统的查询计划。

5. 突变查询计划

在传统的分布式数据库中,查询可分为 3 种类型：局部查询、远程查询和全局查询。局部查询是指在本机上执行查询,不涉及网络交互;远程查询是查询网络中另一个节点上存放的数据;全局查询是涉及网络上的多个节点的查询。全局查询经全局事务管理器分解并映射为局部场地上的子查询。在全局事务管理器的协调下,各个子查询同步地执行。

突变查询计划(mutant query plan，MQP)是指各服务器先用局部的和不完备的知识执行查询计划的部分内容，然后将部分结果合并成新的查询(突变的查询)，传递给能够继续处理的其他服务器。突变查询计划放弃了传统分布式查询处理模型的集中优化和同步，可实现分布式优化，同时最大可能地尊重执行节点的自治性，求值的过程也可根据服务器和网络条件即时调整。

习　题　10

1. 与传统的 C/S 模式相比，P2P 模式有哪些优点？
2. P2P 系统的拓扑结构有哪些？
3. P2P 系统资源定位有几种类型？
4. P2P 数据管理系统和分布式数据库系统有哪些不同？
5. 简述 P2P 数据管理系统的体系结构。
6. P2P 数据管理系统查询处理策略有哪些？

参考文献

[1] 高红云.分布式数据库技术[M].呼和浩特：内蒙古大学出版社，2008.
[2] 赵宇兰.分布式数据库查询优化研究[M].成都：电子科技大学出版社，2016.
[3] 杨成忠，郑怀远.分布式数据库[M].哈尔滨：黑龙江科学技术出版社，1990.
[4] 贾焰.分布式数据库技术[M].北京：国防工业出版社，2000.
[5] 欧阳京武，王辽生.分布式数据库系统概论[M].北京：航空工业出版社，1989.
[6] 鲁宁.数据库原理与应用[M].成都：西南交通大学出版社，2015.
[7] 谢霞冰，陈晓峰，赵雷，等.数据库原理及应用[M].上海：上海交通大学出版社，2016.
[8] 唐铸文，黎能武.数据库原理及应用[M]. 3 版.武汉：华中科技大学出版社，2014.
[9] 申德荣，于戈.分布式数据库系统原理与应用[M].北京：机械工业出版社，2013.
[10] 陈建荣，严隽永.分布式数据库设计导论[M].北京：清华大学出版社，1992.
[11] 林诗兵.分布式数据库查询优化算法研究[D].合肥：安徽大学，2008.
[12] 王宁.分布式数据库查询优化算法研究与实现[D].哈尔滨：哈尔滨工业大学，2018.
[13] 谢健.分布式数据库技术研究[D].天津：南开大学，2004.
[14] 周鹏.分布式数据库数据复制技术研究与实现[D].西安：西北大学，2007.
[15] 周维.P2P 数据管理系统中的事务技术研究[D].长沙：中南大学，2008.
[16] 王玮.分布式内存数据库事务管理的设计与实现[D].北京：北京邮电大学，2006.
[17] 许海洋.分布式事务处理协议的研究与应用[D].泰安：山东科技大学，2011.
[18] 朴勇.分布式数据库事务处理与并发控制策略[D].大连：大连理工大学，2001.
[19] 王琳.分布式实时数据库的事务恢复机制[D].武汉：中南民族大学，2003.
[20] 贺杰. 分布式数据库中数据库复制的研究与实现[D].南京：东南大学，2014.
[21] 李娟.分布式数据库数据复制技术研究[D].东营：中国石油大学(华东)，2007.
[22] 郑全.Oracle 流复制技术在集团医院的应用研究[D].重庆：重庆大学，2007.
[23] 盖九宇.分布式数据库复制技术研究与应用[D].上海：上海交通大学，2003.
[24] 王璐.分布式数据库数据复制技术的应用研究[D].兰州：兰州理工大学，2005.
[25] 朱振.基于 MySQL 复制改进的多主复制数据库扩展实现[D].上海：上海交通大学，2013.
[26] 樊将(斌全).基于 Oracle 的数据复制在 SHXepc CMS 中的研究与应用[D].太原：太原理工大学，2008.
[27] 管东华.基于 Oracle 流复制技术的数据库容灾备份应用研究[D].成都：成都理工大学，2009.
[28] 王春晓.基于数据库复制技术的公安机关固定资产汇总系统[D].北京：北京化工大学，2009.
[29] 单劲松.P2P 分布式数据库研究[D].贵阳：贵州大学，2006.
[30] 杨曦.P2P 数据库系统的协同查询策略[D].武汉：华中科技大学，2007.
[31] 王焕涛.采用 P2P 技术的分布式数据库研究[D].成都：电子科技大学，2006.
[32] 宋倩.SDD-1 算法的改进及其应用研究[D].西安：西安电子科技大学，2010.
[33] 肖卫军.多数据库系统的事务管理研究[D].武汉：华中科技大学，2002.
[34] 韩飞.多数据库系统的研究与设计[D].合肥：合肥工业大学，2003.
[35] 陈海燕.多数据库系统中的关键技术研究[D].武汉：武汉理工大学，2007.
[36] 姜明俊.分布式关系数据库事务管理器的设计与实现[D].南京：东南大学，2019.
[37] 张杨.分布式数据库查询优化算法的研究[D].东营：中国石油大学(华东)，2010.

[38] 陈一栋.分布式数据库查询优化算法研究与实现[D].长沙：长沙理工大学,2008.
[39] 李想.分布式数据库数据分配策略研究[D].大连：大连理工大学,2009.
[40] 陆海晶.分布式数据库系统查询优化算法的研究[D].阜新：辽宁工程技术大学,2007.
[41] 南菊松.分布式数据库系统中数据分配算法研究[D].武汉：华中科技大学,2013.
[42] 张淑珍.分布式数据库中垂直分片算法研究[D].西安：西安工程大学,2007.
[43] 宿方文.分布式数据库中间件 Server 层的设计与实现[D].哈尔滨：哈尔滨工业大学,2014.
[44] 杨洲.分布式数据库中数据分配策略的研究[D].哈尔滨：哈尔滨工程大学,2007.
[45] 杨艺.分布式数据库中数据分配方法的研究[D].重庆：重庆大学,2004.
[46] 薛皓.基于分布式数据库中间件的混合类型数据管理研究[D].上海：东华大学,2017.
[47] 王荣.基于中间件的分布式数据库应用系统的研究与设计[D].西安：西安建筑科技大学,2000.
[48] 陈业斌.企业分布式数据库管理的实现[D].南京：南京理工大学,2004.
[49] 田雪锋.分布式数据库日志管理系统[D].成都：电子科技大学,2003.
[50] 梁作娟.分布式数据库系统的故障恢复技术研究[D].青岛：中国海洋大学,2003.
[51] 陈鹏.分布式数据库死锁检测算法研究[D].重庆：重庆大学,2004.
[52] 吴华晖.基于 P2P 的分布式网络数据管理[D].长沙：中南大学,2006.
[53] 朱爱军.基于数据分类的 P2P 网络查询优化研究[D].长沙：湖南大学,2012.
[54] 赖坤锋.基于 DHT 的 P2P 复杂搜索机制的设计与实现[D].成都：电子科技大学,2008.
[55] 刘冰.基于 Chord 的 P2P 查询方法的研究[D].郑州：郑州大学,2006.